面向 21 世纪全国高校数学规划教材

高 等 数 学

林 益 李 伶 主 编

肖兆武 杨殿生 副主编

内 容 提 要

本书是为普通高校和高职高专学生编写的基础课教材《高等数学》，内容包括函数与极限、导数及其应用、不定积分、定积分及其应用、空间解析几何、多元函数微分学、二重积分、微分方程、级数等。

本书本着"立足基本理论和基础知识，普及科学教育，适应专业需要，保证未来发展"的指导思想，按照"必需、够用"的原则，努力提高学生学习兴趣和数学素养，增强应用数学的能力。

图书在版编目（CIP）数据

高等数学/林益，李伶主编. —北京：北京大学出版社，2005.8
（面向 21 世纪全国高校数学规划教材）
ISBN 978-7-301-09163-0

Ⅰ. 高·· Ⅱ. ①林···②李··· Ⅲ. 高等数学—高等学校：技术学校－教材 Ⅳ. O13

中国版本图书馆 CIP 数据核字（2005）第 069422 号

书　　　名：	高等数学
著作责任者：	林益　李伶　主编
责 任 编 辑：	黄庆生　刘标
标 准 书 号：	ISBN 978-7-301-09163-0/O·0651
出 版 者：	北京大学出版社
地　　　址：	北京市海淀区成府路 205 号　100871
电　　　话：	邮购部 62752015　发行部 62750672　编辑部 62765013　出版部 62754962
网　　　址：	http://www.pup.cn
电 子 信 箱：	xxjs@pup.pku.edu.cn
印 刷 者：	北京飞达印刷有限责任公司
发 行 者：	北京大学出版社
经 销 者：	新华书店
	787 毫米×1092 毫米　16 开本　15.5 印张　320 千字
	2005 年 8 月第 1 版　2007 年 7 月第 3 次印刷
定　　价：	26.00 元

未经许可，不得以任何方式复制或抄袭本书之部分或全部内容。
版权所有，侵权必究
举报电话：010－62752024；电子信箱：fd@pup.pku.edu.cn

编辑委员会

策　划：詹卫东　黄庆生

主　编：林　益　李　伶

副主编：肖兆武　杨殿生

编写者：张兴鹤　陈旭松

　　　　李　伶　周金诚　肖兆武

前　　言

高等数学，既是一门必修的基础课程，又是一门重要的工具课。针对当前普通高校、大专及高职教育的特点，本着"立足基本理论和基础知识，普及科学教育，适应专业需要，保证未来发展"的指导思想，我们组织了一些长期从事高等数学教学的教师编写了此书，供普通高校和高职学生使用。

本书有以下特点：

（1）每章框架构成包括：学习要求、教学内容、每节习题、每章复习题。特别是学习要求的设定，对学生抓住重点、掌握知识有很好的引导作用。

（2）在教学内容的取舍上按照"必需、够用"的原则，不过分追求理论上的系统性和完整性，忽略了一些繁琐的公式推导及证明过程，更加突出应用。

（3）兼顾了各专业的需要，尽可能联系专业实际，体现实用性。

本书重点突出，语言精练，通俗易懂、使用方便。章节内容可选择空间大，教师可根据普通高校专科或高职的教学特点，以及专业需要对教学内容进行取舍，教学时数可安排在90～120之间。

本书由詹卫东、黄庆生策划，林益、李伶任主编，肖兆武、杨殿生任副主编，参加编写的还有周金诚、张兴鹤、陈旭松。其中张兴鹤编写第1章、第2章，陈旭松编写第3章、第4章，李伶编写第5章，周金诚编写第6章、第7章，肖兆武编写第8章、第9章。

本书作为一种教材，广泛吸取了国内众多专家学者的研究成果，编写的主要参考书目附后，未及一一注明，在此谨表谢意，并请谅解。由于成书时间仓促，同时限于水平，本书存在着种种不足和缺点，恳切希望得到大家的批评指正。

编　者
2005年2月

目 录

第1章 函数、极限和连续 1
- 1.1 函数 1
  - 1.1.1 变量和区间 1
  - 1.1.2 函数的概念 2
  - 1.1.3 函数的性质 4
  - 1.1.4 反函数 5
- 1.2 基本初等函数和初等函数 7
  - 1.2.1 基本初等函数 7
  - 1.2.2 复合函数 9
  - 1.2.3 初等函数 9
  - 1.2.4 函数模型举例 9
- 1.3 极限 11
  - 1.3.1 数列极限 11
  - 1.3.2 函数极限 12
  - 1.3.3 极限的性质 两个重要极限 14
  - 1.3.4 无穷小量和无穷大量 17
- 1.4 函数的连续性 20
  - 1.4.1 连续函数的概念 20
  - 1.4.2 初等函数的连续性 21
  - 1.4.3 闭区间上连续函数的性质 22
- 复习题1 24

第2章 一元函数微分学 27
- 2.1 导数的概念 27
  - 2.1.1 瞬时速度 曲线的切线斜率 27
  - 2.1.2 导数的定义 28
  - 2.1.3 用导数的定义求导数 29
  - 2.1.4 导数的几何意义 31
- 2.2 求导法则 31
  - 2.2.1 函数和、差、积、商的求导法则 32

    2.2.2 复合函数的求导法则 33
    2.2.3 反函数的导数 33
    2.2.4 隐函数的导数 34
    2.2.5 高阶导数 35
  2.3 微分 37
    2.3.1 微分概念 37
    2.3.2 微分的几何意义 38
    2.3.3 微分公式和法则 38
    2.3.4 一阶微分形式不变性 39
  2.4 中值定理与罗必达法则 41
    2.4.1 中值定理 41
    2.4.2 罗必达法则 43
  2.5 函数的单调性与极值 45
    2.5.1 函数的单调性 45
    2.5.2 函数的极值 48
  2.6 函数的最值及其应用 50
  2.7 曲线的凹凸性与函数作图 52
    2.7.1 曲线的凹凸性与拐点 52
    2.7.2 函数图形的描绘 53
  2.8 导数在经济学中的应用 55
    2.8.1 成本函数　收入函数　利润函数 55
    2.8.2 边际分析 55
    2.8.3 弹性的概念 58
  复习题 2 59
第 3 章 一元函数积分学 62
  3.1 不定积分的概念和性质 62
    3.1.1 不定积分的概念 62
    3.1.2 不定积分的性质 63
    3.1.3 直接积分法 64
    3.1.4 基本积分表 64
  3.2 基本积分法 67
    3.2.1 换元积分法 67
    3.2.2 分部积分法 72
  3.3 积分表的使用 76
  3.4 定积分的概念与性质 78

   3.4.1 定积分的概念 78
   3.4.2 定积分的几何意义和简单的物理意义 81
   3.4.3 定积分的性质 82
   3.4.4 牛顿－莱布尼兹公式 83
  3.5 定积分的计算 86
   3.5.1 定积分的换元积分法 86
   3.5.2 定积分的分部积分法 88
  3.6 无穷区间上的广义积分 90
  3.7 定积分的应用 91
   3.7.1 定积分的元素法 91
   3.7.2 平面图形的面积 93
   3.7.3 旋转体体积 94
   3.7.4 定积分在物理上的应用 95
   3.7.5 定积分在经济上的简单应用 96
 复习题 3 97
第 4 章 常微分方程 100
 4.1 常微分方程的基本概念 100
 4.2 一阶微分方程 104
   4.2.1 可分离变量的一阶微分方程 104
   4.2.2 一阶线性微分方程 107
 4.3 几种可降阶的二阶微分方程 110
   4.3.1 形如 $y''=f(x)$ 的二阶微分方程 110
   4.3.2 形如 $y''=f(x,y')$ 的二阶微分方程 111
   4.3.3 形如 $y''=f(y,y')$ 的二阶微分方程 111
 4.4 二阶常系数线性微分方程 113
   4.1.1 二阶常系数线性齐次微分方程 113
   4.4.2 二阶常系数线性非齐次微分方程 118
 复习题 4 120
第 5 章 空间解析几何 123
 5.1 向量代数 123
   5.1.1 空间直角坐标系 123
   5.1.2 向量及其坐标表示 124
   5.1.3 向量的乘法 128
 5.2 平面与直线 133

  5.2.1 平面及其方程 133
  5.2.2 直线及其方程 136
 5.3 二次曲面 140
  5.3.1 空间曲面 140
  5.3.2 常见二次曲面及其方程 143
 复习题 5 147

第 6 章 二元函数微分学 149
 6.1 二元函数 149
  6.1.1 二元函数的概念及几何意义 149
  6.1.2 二元函数的极限与连续 151
 6.2 偏导数与全微分 152
  6.2.1 偏导数 152
  6.2.2 全微分 155
  6.2.3 二元复合函数与隐函数的偏导数 156
 6.3 二元函数的极值 160
  6.3.1 二元函数的无条件极值 160
  6.3.2 二元函数的条件极值 162
 复习题 6 163

第 7 章 二重积分 166
 7.1 二重积分的概念与性质 166
  7.1.1 二重积分的概念 166
  7.1.2 二重积分的性质 168
 7.2 二重积分的计算与应用 169
  7.2.1 二重积分的计算 169
  7.2.2 二重积分的简单应用 176
 复习题 7 179

第 8 章 无穷级数 181
 8.1 数项级数 181
  8.1.1 数项级数的概念 181
  8.1.2 数项级数的性质 183
  8.1.3 正项级数收敛的判别法 184
  8.1.4 交错级数的莱布尼兹判别法 187
  8.1.5 一般数项级数的收敛性 188
 8.2 幂级数 189
  8.2.1 幂级数及其收敛性 189

            8.2.2 幂级数运算性质 193
    8.3 函数展开成幂级数 194
            8.3.1 泰勒级数 195
            8.3.2 函数展开成幂级数 196
    复习题 8 200
第 9 章 Mathematica 数学软件简介 202
    9.1 算术运算 202
    9.2 代数式与代数运算 203
    9.3 微积分运算 205
    9.4 函数作图 208
附录 积分表 210
参考答案 220

第1章 函数、极限和连续

学习要求：
1. 理解函数的概念、复合函数的概念，了解反函数的概念．
2. 掌握基本初等函数的性质，会建立简单实际问题中的函数关系式．
3. 理解极限的概念．
4. 掌握极限四则运算法则，会用两个重要极限求极限；了解无穷小、无穷大以及无穷小的阶的概念．
5. 理解函数在一点连续的概念．了解间断点的概念；了解初等函数的连续性和闭区间上连续函数的性质（介值定理和最大、最小值定理）．

函数是微积分研究的主要对象，极限方法是研究微积分的最基本的方法．本章将在复习函数知识的基础上，学习极限的概念、连续函数的概念与性质等，为以后各章的学习奠定必要的基础．

1.1 函　　数

1.1.1 变量和区间

在研究实际问题、观察各种现象的过程中，人们会遇到各种各样的量．在某个问题的研究过程中，始终保持恒定值的量称为常量，而能取不同数值的量称为变量．例如，一个超市的面积为常量，而每天到超市购物的人数是变量．在数学中常抽去常量或变量的具体含义，只从数值方面加以关注，表示常量和变量数值的分别是实常数或实变数，但仍称为常量或变量．习惯上，常用字母 a,b,c 等表示常量，而用 x,y,z 等表示变量．

为描述一个变量，常需指出其变化范围，这就要用到实数的集合，特别是区间的概念．

区间是特殊的数集．设 a,b 是实数，且 $a<b$，集合 $\{x|a<x<b\}$ 称为开区间，记做 (a,b)，它可在数轴上用点 a 和 b 之间，但不包括端点 a 及 b 的线段来表示（图 1-1）．集合 $\{x|a\leqslant x\leqslant b\}$ 称为闭区间，记做 $[a,b]$，它可在数轴上用点 a 和 b 之间、包括两个端点的线段来表示（图 1-2）．

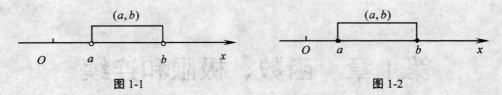

图 1-1　　　　　　　　　　图 1-2

还有其他类型的区间：$\{x|a<x\leq b\}$，记做$(a,b]$称为左开右闭区间；$\{x|a\leq x<b\}$记做$[a,b)$，称为左闭右开区间.

上述区间均为有限区间，其区间长度为$(b-a)$. 还有无限区间，这就需先引进记号"∞"，读作"无穷大"，于是

$\{x|x>a\}$记做$(a,+\infty)$，$\{x|x<a\}$记做$(-\infty,a)$，$\{x|x$为任何实数$\}$记做$(-\infty,+\infty)$，它们均为无穷区间.

设ε为任一给定的正数，则集合$\{x||x-a|<\varepsilon\}$称为点a的ε邻域，它表示以a点为中心，以ε为半径的开区间，可用$(a-\varepsilon,a+\varepsilon)$表示；集合$\{x|0<|x-a|<\varepsilon\}$称为点$a$的去心邻域，该集合不含$a$.

1.1.2　函数的概念

1. 函数

在同一自然现象或技术过程中，往往同时有几个变量一起变化，但是这几个变量不是彼此孤立的，而是相互联系的，遵从一定的规律变化着.

现在，考虑两个变量的简单情形.

例 1　自由落体运动. 设物体下落的时间为t，下落距离为s，假定开始下落的时刻$t=0$，那么s与t之间的依赖关系由

$$s=\frac{1}{2}gt^2$$

给出，其中g为重力加速度. 在这个关系中，距离s随着时间t的变化而变化. 其特点是，当下落的时间t取定一个值时，对应的距离s的值也就惟一地确定了.

例 2　球的体积问题. 考虑球的体积V与它的半径r的依赖关系

$$V=\frac{4}{3}\pi r^2$$

当半径r取定某一正的数值时，球的体积V的值也就随着确定，当半径r变化时，体积V也随着变化.

还可以举出更多的例子. 在上面举的两个例子中，如果抽去所考虑量的具体意义，可

以看到，它们都表达了两个变量间的依赖关系：当其中一个变量在某一范围内取一个数值时，另一个变量就有惟一确定的一个值与之对应. 两个变量间的这种对应关系就是函数关系.

定义 1 设 x、y 是同一过程中的两个变量，若当 x 在数集 D 内取任一值时，按某种规则 f 总能惟一确定变量 y 的一个值与之对应，则称 y 是 x 的**函数**，记做

$$y = f(x)$$

称变量 x 是**自变量**，变量 y 是**因变量**. 表示对应法则的 f 是函数的记号，集合 D 是函数的定义域.

由定义看出，定义域与对应法则是函数概念的两大要素，对于定义域 D 上的函数 $y = f(x)$，集合

$$\{y | y = f(x),\ x \in D\}$$

称为函数的**值域**，显然一个函数的值域由定义域及对应法则完全确定.

2. 分段函数

分段函数是函数的一种特殊表达形式. 当一个函数的自变量在定义域内不同区间上用不同式子表示时，称该函数为**分段函数**.

例 3 函数

$$y = f(x) = |x| = \begin{cases} x & x \geqslant 0 \\ -x & x < 0 \end{cases}$$

定义域 $D = (-\infty, +\infty)$，它的图形如图 1-3 所示.

例 4 符号函数

$$y = \operatorname{sgn} x = \begin{cases} 1 & x > 0 \\ 0 & x = 0 \\ -1 & x < 0 \end{cases}$$

图形如图 1-4 所示.

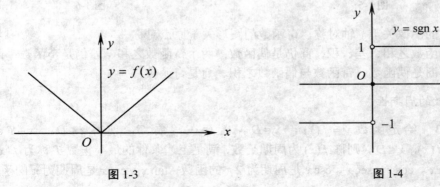

图 1-3　　　　　　　　图 1-4

对于分段函数，要注意以下几点.

（1）分段函数是由几个公式合起来表示一个函数，而不是几个函数；

（2）分段函数的定义域是各段定义域的并集；

（3）在处理问题时，对属于某一段的自变量就应用该段的函数表达式.

1.1.3 函数的性质

1. 函数的奇偶性

定义 2 设函数 $y = f(x)$ 的定义域 D 关于原点对称，即 $x \in D \Leftrightarrow -x \in D$，若 $f(-x) = f(x)$，$x \in D$，则称 $f(x)$ 为**偶函数**；
若 $f(-x) = f(x)$，$x \in D$，则称 $f(x)$ 为**奇函数**.

例如，$y = x^2$，$x \in \mathbf{R}$，是偶函数，其图像如图 1-5 所示.
$y = x^3$，$x \in (-\infty, +\infty)$，是奇函数，其图像如图 1-6 所示.

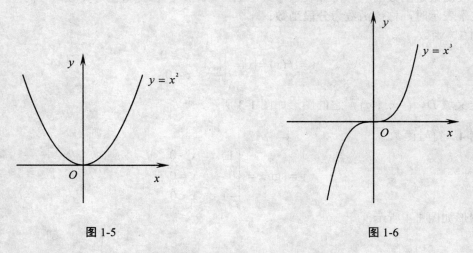

图 1-5　　　　　　　　　　图 1-6

偶函数的图像关于 y 轴对称，奇函数的图形关于原点对称.

两个偶函数之和、差、积、商仍是偶函数；两个奇函数之和、差仍是奇函数；两个奇函数之积、商是偶函数；奇函数与偶函数之积、商是奇函数.

2. 函数的周期性

定义 3 给定函数 $y = f(x)$，$x \in D$，若存在常数 T，使得 $x \in D \Leftrightarrow x + T \in D$ 且 $f(x + T) = f(x)$，$x \in D$，则称 $f(x)$ 为**周期函数**. 满足上述条件的最小正数 T 称为 $f(x)$ 的**周期**. 例如 $\sin x$、$\cos x$、$\sec x$、$\csc x$ 是周期为 2π 的函数，$\tan x$、$\cot x$ 是周期为 π 的函数. 以

T 为周期的函数将其函数图像沿 x 轴方向左右平移 T 的整数倍后,图像将重合.

3. 函数的单调性

定义 4 给定函数 $f(x)$, $x \in D$, 设区间 $I \subset D$, 若对 $x_1, x_2 \in (a,b)$, $x_1 < x_2$,

(1) 有 $f(x_1) < f(x_2)$, 则称 $f(x)$ 在区间 I **单调增加**(图 1-7).

(2) 有 $f(x_1) > f(x_2)$, 则称 $f(x)$ 在区间 I **单调减少**(图 1-8).

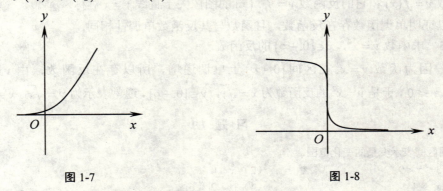

图 1-7　　　　　　　　图 1-8

(3) 有 $f(x_1) \leqslant f(x_2)$, 则称 $f(x)$ 在区间 I 单调不减.

(4) 有 $f(x_1) \geqslant f(x_2)$, 则称 $f(x)$ 在区间 I 单调不增.

单调增加与单调减少分别称为递增与递减. 单调增加与单调减少的函数统称为**单调函数**.

例如 $y = x^2$, 在 $x \geqslant 0$ 时;单调增加, 而在 $x \leqslant 0$ 时, 单调减少.

4. 函数的有界性

定义 5 给定函数 $f(x)$, $x \in D$, 集合 $X \subset D$, 若存在正数 M 使得对任何 $x \in X$ 都有
$$|f(x)| \leqslant M$$
则称 $f(x)$ 在 X 上**有界**, 否则称为**无界**.

例如函数 $y = \cos x$ 在区间 $(-\infty, +\infty)$ 内有 $|\cos x| \leqslant 1$, 所以函数 $y = \cos x$ 在 $(-\infty, +\infty)$ 内是有界的.

1.1.4　反函数

定义 6 设函数 $y = f(x)$, $x \in X$, $y \in Y$ ($Y = \{y | y = f(x), x \in X\}$), 如果对于 Y 内的任一 y, X 内都有惟一确定的 x 与之对应, 使 $f(x) = y$, 则在 Y 上确定了一个 x 是 y 的函数,

这个函数称为 $y=f(x)$ 的**反函数**，记做 $x=f^{-1}(y)$，$y\in Y$．

但习惯上，用 x 表示自变量，用 y 表示因变量，于是把 $y=f(x)$ 的反函数 $x=f^{-1}(y)$ 记做

$$y=f^{-1}(x)$$

函数 $y=f(x)$ 的定义域和值域分别是函数 $y=f^{-1}(x)$ 的值域和定义域．

函数 $y=f(x)$ 和它的反函数 $y=f^{-1}(x)$ 的图像关于直线 $y=x$ 对称．

可以证明单调函数存在反函数，且函数与其反函数单调性相同．

例5 求函数 $y=x^2$，$x\in[0,+\infty)$ 的反函数．

解 因为函数 $y=x^2$ 在区间 $[0,+\infty)$ 上单调递增，所以存在反函数．由 $y=x^2$ 解得 $x=\sqrt{y}$，$y\geqslant 0$，于是 $y=x^2$ 的反函数为 $x=\sqrt{y}$，$y\in[0,+\infty)$，通常表示为 $y=\sqrt{x}$，$x\in[0,+\infty)$．

习 题 1.1

1．用区间表示变量的变化范围．

(1) $3\leqslant x<9$ (2) $x\leqslant 0$

(3) $x^2>4$ (4) $|x-2|\leqslant 6$

2．求下列函数的定义域．

(1) $y=\dfrac{1}{1-x^2}+\sqrt{x+2}$ (2) $y=\dfrac{1}{x}-\sqrt{1-x^2}$

(3) $y=\dfrac{1}{\sqrt{4-x^2}}$ (4) $y=\dfrac{2x}{x^2-3x+2}$

3．设 $\varphi(x)=\begin{cases}|\sin x|, & |x|<\dfrac{\pi}{3}\\ 0, & |x|\geqslant\dfrac{\pi}{3}\end{cases}$，求 $\varphi\left(\dfrac{\pi}{6}\right)$，$\varphi\left(\dfrac{\pi}{4}\right)$，$\varphi\left(-\dfrac{\pi}{4}\right)$，$\varphi(-2)$，并作出函数 $y=\varphi(x)$ 的图形．

4．判断下列函数是奇函数、偶函数还是非奇函数非偶函数．

(1) $y=x^3\cos x$ (2) $y=\dfrac{1}{2}(e^x+e^{-x})$

(3) $y=\dfrac{|x|}{x}$ (4) $y=\sin x-\cos x+1$

5．判断下列函数是否是周期函数，若是求出其周期．

(1) $y=\sin\dfrac{x}{3}$ (2) $y=\sin x+\cos x$

(3) $y=x\cos x$ (4) $y=\tan\dfrac{1}{x}$

6．研究下列函数的单调性．

(1) $y=2-3x$ (2) $y=3^{-x}$

7. 求下列函数的反函数，并写出反函数的定义域.
(1) $y = x^2$, $x \leqslant 0$
(2) $y = 10^{x+1}$
(3) $y = \dfrac{1-x}{1+x}$
(4) $y = \lg(x^2 - 1)$, $x > 1$

1.2 基本初等函数和初等函数

1.2.1 基本初等函数

在中学学过的常数函数、幂函数、指数函数、对数函数、三角函数和反三角函数统称为基本初等函数. 这些函数中的多数函数我们已经比较熟悉，这里只做简要复习.

（1）常数函数 $y = C$（C 为常数），定义域为 $(-\infty, +\infty)$，图像为过点 $(0, C)$ 且平行于 x 轴的直线. 微积分中也经常将常数视为常数函数，读者可根据具体情况予以识别.

（2）幂函数 $y = x^\alpha$（α 为实数），该函数的定义域因 α 的取值不同而不同. 但无论 α 为何值，它在区间 $(0, +\infty)$ 内总有定义，且图像过点 $(1, 1)$. $\alpha > 0$ 和 $\alpha < 0$ 时的图像分别如图 1-9 和 1-10 所示.

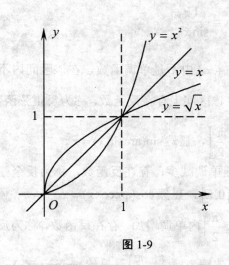

图 1-9

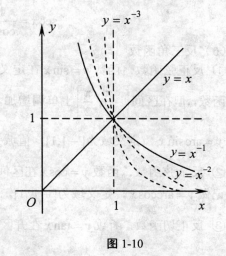

图 1-10

（3）指数函数 $y = a^x$（$a > 0$ 且 $a \neq 1$），定义域为 $(-\infty, +\infty)$，值域为 $(0, +\infty)$. $a > 1$ 时，函数单调递增；$a < 1$ 时，函数单调减少. 图像过点 $(0,1)$. 在科学记数中常用到以 e（e 为无理数，e = 2.71828…）为底的指数函数 $y = e^x$.

（4）对数函数 $y = \log_a x$（$a > 0$ 且 $a \neq 1$），定义域为 $(0, +\infty)$，值域为 $(-\infty, +\infty)$. $\alpha > 1$ 时函数单调递增；$0 < \alpha < 1$ 时函数单调减少. 图像过点 $(1, 0)$.

在科学记数中，常用到以 e 为底的对数函数，称为自然对数，记做 $y = \ln x$.

（5）三角函数.

① 正弦函数 $y = \sin x$ 的定义域为 $(-\infty, +\infty)$，值域为 $[-1, 1]$，在 $\left[2k\pi - \dfrac{\pi}{2},\ 2k\pi + \dfrac{\pi}{2}\right]$ 上单调增加，在 $\left[2k\pi + \dfrac{\pi}{2},\ 2k\pi + \dfrac{3\pi}{2}\right]$ 上单调减少（$k \in \mathbf{Z}$），它是以 2π 为周期的周期函数.

② 余弦函数 $y = \cos x$ 的定义域、值域和周期与正弦函数相同，在 $[(2k-1)\pi,\ 2k\pi]$ 上单调增加，在 $[2k\pi,\ (2k+1)\pi]$ 上单调减少（$k \in \mathbf{Z}$）.

③ 正切函数 $y = \tan x$，定义域为 $\left(k\pi - \dfrac{\pi}{2},\ k\pi + \dfrac{\pi}{2}\right)$（$k \in \mathbf{Z}$），值域为 $(-\infty, +\infty)$，是以 π 为周期的周期函数，在有定义的区间上单调增加.

④ 余切函数 $y = \cot x$，定义域为 $(k\pi,\ (k+1)\pi)$（$k \in \mathbf{Z}$），值域为 $(-\infty, +\infty)$，是以 π 为周期的周期函数，在有定义的区间上单调减少.

⑤ 在微积分中还会遇到正割函数和余割函数，它们的记号和定义分别为
$$\sec x = \frac{1}{\cos x},\ \csc x = \frac{1}{\sin x}$$

（6）反三角函数

① 反正弦函数. 函数 $y = \sin x$ 在定义域 $(-\infty, +\infty)$ 内不是单调函数，在该区间内不存在反函数，但在区间 $\left[-\dfrac{\pi}{2}, \dfrac{\pi}{2}\right]$ 上单调增加，所以在该区间上存在反函数，称为反正弦函数，记做 $y = \arcsin x$，定义域为 $[-1, 1]$，值域为 $\left[-\dfrac{\pi}{2}, \dfrac{\pi}{2}\right]$，显然 $\sin(\arcsin x) = x$.

② 反余弦函数. 函数 $y = \cos x$ 在区间 $[0, \pi]$ 上单调减少，存在反函数，称为反余弦函数，记做 $y = \arccos x$，定义域为 $[-1, 1]$，值域为 $[0, \pi]$，显然 $\cos(\arccos x) = x$.

③ 反正切函数. 函数 $y = \tan x$ 在开区间 $\left(-\dfrac{\pi}{2}, \dfrac{\pi}{2}\right)$ 内单调增加，存在反函数，称为反正切函数，记做 $y = \arctan x$，定义域为 $(-\infty, +\infty)$，值域为 $\left(-\dfrac{\pi}{2}, \dfrac{\pi}{2}\right)$，显然 $\tan(\arctan x) = x$.

④ 反余切函数. $y = \operatorname{arccot} x$，$x \in (-\infty, +\infty)$，$y \in (0, \pi)$，显然 $\cot(\operatorname{arccot} x) = x$.

1.2.2 复合函数

先来看一个例子，对于给定的两个函数：$y=u^2$ 及 $u=(1+3x)$. 由于 $y=u^2$ 的定义域为全体实数，故用 $1+3x$ 代替 $y=u^2$ 中的 u 时便得到一个新的函数 $y=(1+3x)^2$. 这就是说，函数 $y=(1+3x)^2$ 是由 $y=u^2$ 经过中间变量 $u=1+3x$ 复合而成的.

一般地，有如下的复合函数的概念：

定义 7 设函数 $y=f(u)$，$u\in U$，$u=\varphi(x)$，$x\in X$ 且由 $x\in X$ 确定的函数值 $u=\varphi(x)$ 均落在函数 $y=f(u)$ 的定义域 U 内，则 $y=f[\varphi(x)]$ 称为由 $y=f(u)$ 和 $u=\varphi(x)$ 构成的**复合函数**，称 u 为**中间变量**，称 $u=\varphi(x)$ 为**里层函数**，称 $y=f(u)$ 为**外层函数**.

例 6 设 $y=2^u$，$u=\sin x$，因 $u=\sin x$ 的值域含在 $y=2^u$ 的定义域内，故它们的复合函数为 $y=2^{\sin x}$.

复合函数也可以由两个以上的函数经过复合构成. 例如，由函数 $y=\sin u$，$u=\mathrm{e}^v$，$v=\tan x$ 复合后可得复合函数 $y=\sin \mathrm{e}^{\tan x}$.

例 7 函数 $y=\sin \mathrm{e}^{x^2}$ 是由哪些基本初等函数复合而成的？

解 设 $u=\mathrm{e}^{x^2}$，$v=x^2$，则 $y=\sin \mathrm{e}^{x^2}$ 是由函数 $y=\sin u$，$u=\mathrm{e}^v$，$v=x^2$ 复合而成的复合函数.

1.2.3 初等函数

基本初等函数以及对基本初等函数作有限次四则运算与有限次函数复合运算而得到的由一个式子表示的函数叫做初等函数，否则就是非初等函数. 例如 $y=\sqrt{x^2+1}$，$y=7\sin 9x$，$y=x^2\ln x$ 等都是初等函数，而某些分段函数，如

$$f(x)=\begin{cases} \dfrac{\sin x}{x} & x\neq 0, \\ 1 & x=0. \end{cases}$$

就不是初等函数，而分段函数 $y=|x|$，则为初等函数.（固 $|x|=\sqrt{x^2}$）

1.2.4 函数模型举例

用数学解决实际问题时，往往要建立相应的数学模型，其中一类较简单的问题便是建立函数关系. 下面给出几个建立函数关系的实例.

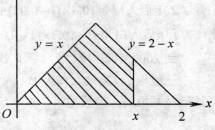

图 1-11

例8 由直线 $y=x$，$y=2-x$ 及 x 轴围成一个等腰直角三角形 AOB，如图 1-11 所示，在底边 OB 上任取一点 $x\in[0,2]$，过 x 作垂直 x 轴的直线，将图上阴影部分的面积表示成 x 的函数．

解 设阴影部分的面积为 S，当 $x\in(0,1)$ 时，$S=\dfrac{1}{2}x^2$．

当 $x\in[1,2]$ 时，$S=1-\dfrac{1}{2}(2-x)^2=2x-\dfrac{1}{2}x^2-1$．

所以

$$S=\begin{cases}\dfrac{1}{2}x^2 & x\in(0,1)\\ 2x-\dfrac{1}{2}x^2-1 & x\in[1,2]\end{cases}$$

例9 单利问题．在金融业务中有一种利息叫做单利，设 P_0 是本金，r 是计息期的利率，n 是计息期数，I 是 n 个计息期应付的单利，P 是本利和，求本利和 P 与计息期数 n 的函数模型．

解 一个计息期的利息为 $P_0 r$，n 个计息期应付的单利为 $I=P_0 r n$，本利和为

$$P=P_0+I=P_0+P_0 r n$$

这便是本利和与计息期数的函数关系，即单利模型 $P=P_0(1+rn)$．

例10 复利问题．设本金为 P_0，计息期（如一年）的利率为 r，t 是计息期数．如果每期结算一次，则第一个计息期满后的本利和为 $P_1=P_0+P_0 r=P_0(1+r)$．

把 P_1 作为第 2 个计息期的本金，则第 2 个计息期满（如两年）后的本利和为

$$P_2=P_1+P_1 r=P_1(1+r)=P_0(1+r)^2$$

于是第 t 个计息期满后的本利和为 $P_t=P_0(1+r)^t$，这就是复利模型．

例11 人口模型．已知 1982 年底我国人口为 10.3 亿，如果不实行计划生育政策，按照年均 2% 的自然增长率计算，那么到 2000 年底，我国人口将是多少？

解 设 t 年后我国人口为 P，已知 1982 年底人口为 10.3 亿，那么

1 年后人口为 $10.3+10.3\times 0.02=10.3\times(1+0.02)$（亿），

2 年后人口为 $10.3\times(1+0.02)+10.3\times(1+0.02)\times 0.02=10.3\times(1+0.02)^2$（亿），

t 年后人口为 $P=10.3\times(1+0.02)^t=10.3\times 1.02^t$（亿），

到 2000 年底，即 18 年后，我国人口为 $P=10.3\times 1.02^{18}\approx 14.71$（亿）．

一般地，设某地人口为 P_0，人口自然增长率为 r，那么 t 年后的人口 P 为 $P=P_0(1+r)^t$，这就是某地的人口模型．

习 题 1.2

1. 指出下列各复合函数的复合过程.
   (1) $y = \sin 3x$
   (2) $y = \cos^2(3x+1)$
   (3) $y = \ln(1+x^2)$
   (4) $y = 2^{\arctan x^2}$
2. 设 $f(\sin x) = 3 - \cos 2x$，求 $f(\cos x)$.
3. 设 $f(x) = \dfrac{1}{1+x}$，求 $f[f(x)]$.
4. 将半径为 R，中心角为 α 的扇形做成一个无底的圆锥体，试将圆锥体体积 V 表示为 x 的函数.

1.3 极 限

函数给出了变量间的对应关系，但研究变量，仅靠对应关系是不够的，还需要通过变量变化的趋势来研究．若一个变量在变化过程中表现出与某一常数无限接近的趋势，则说此变量在该变化过程中有极限，并称这常数值为变量的极限．极限是微积分中最基本最重要的概念．

1.3.1 数列极限

数列是我们熟知的概念，它本质上是以自然数 n 为自变量的函数 $a_n = f(n)$，当 n 依次取 1，2，3，…所得的一列函数值 $a_1, a_2, a_3, \cdots, a_n, \cdots$，称为无穷数列，简称数列．数列中的各个数称为数列的项，$a_n = f(n)$ 称为数列的通项，数列常简记为 $\{a_n\}$．

下面分析一个数列的变化趋势，并由此引出数列极限的概念．

例 12 早在 2300 年前，我国春秋战国时期的哲学名著《庄子》记载了庄子的朋友惠施的名言："一尺之棰，日取其半，万世不竭"．意思是：一尺长的杆第一天截取一半，第二天截取余下的一半，即 $\dfrac{1}{4}$，如此继续，每天截取前一天剩余的一半，以至无穷，永无止境．

把每天截取的量按顺序写出来就构成等比数列：

日子序号	n	1	2	3	4	5	…	n	…
截取量	$f(n)$	$\dfrac{1}{2}$	$\dfrac{1}{4}$	$\dfrac{1}{8}$	$\dfrac{1}{16}$	$\dfrac{1}{32}$	…	$\dfrac{1}{2^n}$	…

当日子序号（即数列的项数）无限增大时，对应的截取量 $\dfrac{1}{2^n}$ 就无限地接近于 0，但又永远不等于 0，正如《庄子》所说："万世不竭".

上述例子反映了一类数列的共同特征——收敛性.

定义 8 设有数列 $\{a_n\}$ 和常数 A，若当项数 n 无限增大（记做 $n\to\infty$）时，通项 a_n 无限接近于 A，则称常数 A 为数列 $\{a_n\}$ 的极限，称数列 $\{a_n\}$ 收敛于 A，记做
$$\lim_{n\to\infty} a_n = A \text{ 或 } a_n \to A(n\to\infty)$$

如果数列无极限，就说数列是发散的.

通过数列的图形容易得到下列数列极限
$$\lim_{n\to\infty}\dfrac{1}{n}=0,\ \lim_{n\to\infty}C=C(\text{常数}),\ \lim_{n\to\infty}\dfrac{1}{2^n}=0$$

例 13 设 $S_n = 1 + q + q^2 + \cdots + q^{n-1}$，其中 q 是实数，求数列 $\{S_n\}$ 的极限.

解 设 $|q|<1$，因为 $S_n = 1 + q + q^2 + \cdots + q^{n-1} = \dfrac{1-q^n}{1-q} = \dfrac{1}{1-q} - \dfrac{q^n}{1-q}$，

所以，当 $|q|<1$ 时，$\lim_{n\to\infty} q^n = 0$（证明从略），于是 $\{S_n\}$ 收敛，且 $\lim_{n\to\infty} S_n = \dfrac{1}{1-q}$.

当 $q=1$ 时，$S_n = n$，当 $n\to\infty$ 时，S_n 无限增大，故 $\{S_n\}$ 的极限不存在.

当 $q=-1$ 时，$S_n = 1-1+1+\cdots+(-1)^{n-1}$，$S_n$ 或为 1 或为 0，其极限不存在.

当 $|q|>1$ 时，$|q|^n$ 无限增大，从而 S_n 增大 $\{S_n\}$ 的极限不存在.

综上所述，当 $|q|<1$ 时，$\{S_n\}$ 的极限存在，且 $\lim_{n\to\infty} S_n = \dfrac{1}{1-q}$；当 $|q|\geq 1$ 时，$\{S_n\}$ 的极限不存在.

1.3.2 函数极限

数列是自变量取正整数时的特殊函数，我们已经了解数列的极限，但是微积分的主要研究对象是一般的函数，因此需研究一般的函数的极限，需要研究一般函数在自变量变化时函数值的变化趋势. 实际上，函数极限是微积分学的最基本概念，微积分中的基本概念都是用极限来定义的，微积分的理论是建立在极限的基础上的.

例 14 当 $|x|$ 无限增大时，观察函数 $f(x) = \dfrac{1}{x}$ 是如何变化的（图 1-12）.

解 从图 1-12 看到，x 的值无限增大或无限减小时，函数值无限地逼近 0.

这种情况记做 $\dfrac{1}{x}\to 0(x\to\infty)$ 或 $\lim_{x\to\infty}\dfrac{1}{x}=0$.

例 15 当 $|x|$ 无限地逼近于 0 时，观察函数 $f(x) = x\sin x$ 是如何变化的.

解 从图 1-13 看到，x 在 0 的两侧无限地逼近于 0 时，函数值（图像上的点的纵坐标）$x\sin x$ 无限地逼近 0.

这种情况记做

$$x\sin x \to 0(x \to 0) \text{ 或 } \lim_{x \to 0} x\sin x = 0$$

仔细观察上述两个例子后，就能够理解函数极限的下述直观描述.

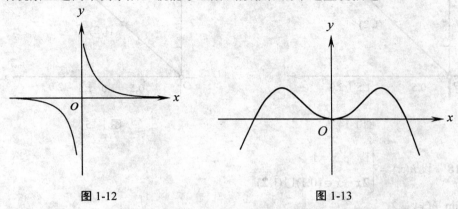

图 1-12   图 1-13

定义 9 设 $y = f(x)$ 是给定函数，如果自变量 x 在定义域内按照以下 6 种情形中的某种趋势变化时，如 $x \to a$ 时，函数值与某个常数 A 可无限接近（甚至相等），则称 $f(x)$ 在此变化过程中**有极限**，A 为其**极限**，记做 $\lim_{x \to a} f(x) = A$，否则称 $f(x)$ 在此过程中**无极限**.

关于自变量的变化过程可用以下 6 种不同的符号来表达：

(1) $x \to +\infty$：$x > 0$，且 x 的值无限地增大，读作 x 趋于正无穷大（包括 x 只取正整数的情况，即 $n \to \infty$）.

(2) $x \to -\infty$：$x < 0$，且 x 的值无限地减小，读作 x 趋于负无穷大.

(3) $x \to \infty$：$|x|$ 无限地增大，读作 x 趋于无穷大.

(4) $x \to a^+$：x 大于 a 且无限地逼近 a，读作 x 趋于 a 加，称 $\lim_{x \to a^+} f(x)$ 为 $f(x)$ 在 a 点的右极限，记做 $f(a+0)$.

(5) $x \to a^-$：x 小于 a 而无限地逼近于 a，读作 x 趋于 a 减，称 $\lim_{x \to a^-} f(x)$ 为 $f(x)$ 在 a 点的左极限，记做 $f(a-0)$.

(6) $x \to a$：$x \neq a$，且 x 无限地逼近于 a，读作 x 趋于 a.

应当注意，具体讨论某一极限时，在极限记号 lim 的下方必须写明自变量的变化过程，否则就无意义了.

为了进一步理解函数极限的概念，再看下述 3 个例子.

例 16 设 $f(x) = 2x$，$x \in (0,2)$，则 $\lim_{x \to 1} f(x) = 2$（图 1-14）.

例 17 设 $g(x)=2x$,$x\in(0,1)\cup(1,2)$,则 $\lim\limits_{x\to 1}g(x)=2$ (图 1-15).

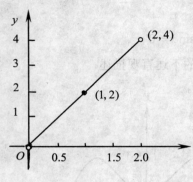

图 1-14

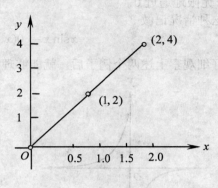

图 1-15

例 18 设 $h(x)=\begin{cases}1 & x=1\\ 2x & x\in(0,1)\cup(1,2)\end{cases}$

则 $\lim\limits_{x\to 1}h(x)=2$.

上述 $f(x)$、$g(x)$、$h(x)$ 是 3 个不同的函数,但 $x\to 1$ 时的极限都是 2. 3 个函数的差别在于定义域不同,或在 $x=1$ 处的函数值不同. 这说明在自变量 $x\to a$ 时,$f(x)$ 的极限与函数值 $f(a)$ 有没有定义,究竟如何定义毫无关系,也就是说,自变量 x 趋于 a 并不要求 $x=a$,x 能否取 a 值,并不影响极限的存在及极限的值.

1.3.3 极限的性质 两个重要极限

以下极限性质对所有的极限过程均成立,故略去极限过程的表示,将极限简记为 $\lim f(x)$ 等.

1. 极限的性质

设 $\lim f(x)$,$\lim g(x)$ 均存在. C 为常数,则有:

(1) $\lim C=C$

(2) $\lim\limits_{x\to a}x=a$

(3) $\lim Cf(x)=Cf(x)$

(4) $\lim[f(x)\pm g(x)]=\lim f(x)\pm\lim g(x)$

(5) $\lim[f(x)g(x)]=\lim f(x)\lim g(x)$

（6）$\lim \dfrac{f(x)}{g(x)} = \dfrac{\lim f(x)}{\lim g(x)}$ （$\lim g(x) \neq 0$）

（7）$\lim_{x \to a} f(x) = A \Leftrightarrow f(a+0) = f(a-0) = A$（极限与左、右极限的关系）

例 19 求 $\lim_{x \to 1}(2x^2 - 6x - 3)$.

解 $\lim_{x \to 1}(2x^2 - 6x - 3) = \lim_{x \to 1}(2x^2) - \lim_{x \to 1} 6x - \lim_{x \to 1} 3 = 2(\lim_{x \to 1} x)^2 - 6\lim_{x \to 1} x - \lim_{x \to 1} 3$
$= 2 - 6 - 3 = -7$

例 20 求 $\lim_{x \to 2} \dfrac{x^3 + x + 1}{2 - 3x^2}$.

解 $\lim_{x \to 2} \dfrac{x^3 + x + 1}{2 - 3x^2} = \dfrac{\lim_{x \to 2}(x^3 + x + 1)}{\lim_{x \to 2}(2 - 3x^2)} = \dfrac{2^3 + 2 + 1}{2 - 3 \times 2^2} = -\dfrac{11}{10}$

例 21 求 $\lim_{x \to 3} \dfrac{x - 3}{x^2 - 9}$.

解 $\lim_{x \to 3} \dfrac{x - 3}{x^2 - 9} = \lim_{x \to 3} \dfrac{x - 3}{(x-3)(x+3)} = \lim_{x \to 3} \dfrac{1}{x + 3} = \dfrac{1}{6}$

例 22 求 $\lim_{x \to 4} \dfrac{\sqrt{x} - 2}{x^2 - 5x + 4}$.

解 $\lim_{x \to 4} \dfrac{\sqrt{x} - 2}{x^2 - 5x + 4} = \lim_{x \to 4} \dfrac{(\sqrt{x} - 2)(\sqrt{x} + 2)}{(x-4)(x-1)(\sqrt{x} + 2)} = \lim_{x \to 4} \dfrac{x - 4}{(x-4)(x-1)(\sqrt{x} + 2)}$
$= \lim_{x \to 4} \dfrac{1}{(x-1)(\sqrt{x} + 2)} = \dfrac{1}{(4-1)(\sqrt{4} + 2)} = \dfrac{1}{12}$

由上述几个例子可以发现，分母极限 $\lim_{x \to 0} g(x) \neq 0$ 时，往往可以直接将 $x = a$ 代入式子，即得极限值，这是初等函数极限的一个特征.

2. 两个重要极限

（1）重要极限 1：$\lim_{x \to 0} \dfrac{\sin x}{x} = 1$

图 1-16 显示了函数 $\dfrac{\sin x}{x}$ 在 $x = 0$ 的邻近的变化趋势. 这一重要极限有两个特征如下.

① 函数极限是 "$\dfrac{0}{0}$" 型.

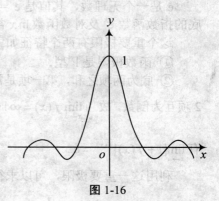

图 1-16

② sin 后的变量与分母在形式上完全一致，故只要 $\lim\limits_{x\to a}f(x)=0$，便有

$$\lim_{x\to a}\frac{\sin f(x)}{f(x)}=1.$$

利用这一重要极限，可以求得一系列涉及三角函数的极限.

例 23　求 $\lim\limits_{x\to 0}\dfrac{\tan x}{x}$.

解　$\lim\limits_{x\to 0}\dfrac{\tan x}{x}=\lim\limits_{x\to 0}\dfrac{\sin x}{x}\dfrac{1}{\cos x}=\lim\limits_{x\to 0}\dfrac{\sin x}{x}\lim\limits_{x\to 0}\dfrac{1}{\cos x}=1$

例 24　求 $\lim\limits_{x\to 0}\dfrac{\arcsin x}{x}$.

解　令 $t=\arcsin x$，则 $x=\sin t$，于是

$$\lim_{x\to 0}\frac{\arcsin x}{x}=\lim_{t\to 0}\frac{t}{\sin t}=\lim_{t\to 0}\frac{1}{\frac{\sin t}{t}}=1$$

同理可得 $\lim\limits_{x\to 0}\dfrac{\arctan x}{x}=1$

例 25　求 $\lim\limits_{x\to 0}\dfrac{1-\cos x}{x^2}$.

解　$\lim\limits_{x\to 0}\dfrac{1-\cos x}{x^2}=\lim\limits_{x\to 0}\dfrac{2\sin^2\dfrac{x}{2}}{x^2}=\lim\limits_{x\to 0}\left(\dfrac{\sin\dfrac{x}{2}}{\dfrac{x}{2}}\right)^2\times\dfrac{1}{2}=\dfrac{1}{2}$

（2）重要极限 2：$\lim\limits_{x\to\infty}(1+\dfrac{1}{x})^x=e$ 或 $\lim\limits_{x\to 0}(1+x)^{\frac{1}{x}}=e$

e 是一个无理数，其值是 e = 2.718281828459045…，数 e 是一个重要的常数，以 e 为底的指数函数 e^x 及对数函数 $\ln x$ 常出现在重要问题之中.

这个重要极限有两个特征如下.

① 函数极限是 1^∞ 型.

② 底为两项之和，第一项是常数 1，第 2 项是无穷小量，指数为无穷大量，且与底的第 2 项互为倒数，故当 $\lim\limits_{x\to a}f(x)=\infty$ 时，有 $\lim\limits_{x\to a}[1+\dfrac{1}{f(x)}]^{f(x)}=e$，或当 $f(x)\neq 0$ 且 $\lim\limits_{x\to a}f(x)=0$ 时，有 $\lim\limits_{x\to a}[1+f(x)]^{\frac{1}{f(x)}}=e$.

利用这一重要极限，可以求得一系列涉及幂指函数 $u(x)^{v(x)}$ 的极限.

例 26 求 $\lim\limits_{x\to\infty}\left(1+\dfrac{2}{x}\right)^x$.

解 $\lim\limits_{x\to\infty}\left(1+\dfrac{2}{x}\right)^x = \lim\limits_{u\to\infty}\left[\left(1+\dfrac{2}{x}\right)^{\frac{x}{2}}\right]^2 = e^2$

例 27 求 $\lim\limits_{x\to 0}(1+3x)^{\frac{1}{x}}$.

解 $\lim\limits_{x\to 0}(1+3x)^{\frac{1}{x}} = \lim\limits_{x\to 0}\left[(1+3x)^{\frac{1}{3x}}\right]^3 = e^3$

例 28 求 $\lim\limits_{x\to 0}\dfrac{\ln(1+x)}{x}$.

解 $\lim\limits_{x\to 0}\dfrac{\ln(1+x)}{x} = \lim\limits_{x\to 0}\dfrac{1}{x}\ln(1+x) = \lim\limits_{x\to 0}\ln(1+x)^{\frac{1}{x}} = \ln\lim\limits_{x\to 0}(1+x)^{\frac{1}{x}} = \ln e = 1$

注：本例解法中用到 $\ln x$ 的连续性，详见下节.

例 29 求 $\lim\limits_{x\to 0}\dfrac{e^x-1}{x}$.

解 令 $t = e^x - 1$，则 $x = \ln(1+t)$，于是
$$\lim_{x\to 0}\dfrac{e^x-1}{x} = \lim_{t\to 0}\dfrac{t}{\ln(1+t)} = 1$$

例 30 求 $\lim\limits_{x\to\infty}\left(\dfrac{2-x}{3-x}\right)^x$.

解 令 $\dfrac{2-x}{3-x} = 1 + \dfrac{1}{u}$，解得 $x = u+3$，当 $x\to\infty$ 时，$u\to\infty$，于是，
$$\lim_{x\to\infty}\left(\dfrac{2-x}{3-x}\right)^x = \lim_{x\to\infty}\left(1+\dfrac{1}{u}\right)^{u+3} = \lim_{u\to\infty}\left(1+\dfrac{1}{u}\right)^u\left(1+\dfrac{1}{u}\right)^3 = e\cdot 1 = e$$

1.3.4 无穷小量和无穷大量

无穷小量和无穷大量是极限过程中常见的两种变量.

1. 无穷小量

（1）无穷小量的概念

定义 10 若函数 $f(x)$ 在 x 的某一变化过程中以 0 为极限，则称 $f(x)$ 为该过程中的**无穷小量**，简称**无穷小**.

例如：$f(x)=\dfrac{1}{x}$，$g(x)=\dfrac{1}{2^x}$ 都是 $x\to+\infty$ 时的无穷小量.

无穷小量是变量，不是很小的常量，但常函数 0 例外，它符合无穷小量的定义，是特殊的无穷小量.

无穷小量在微积分的逻辑体系中具有重要的理论意义. 因为微积分的许多重要概念都以极限为基础，而极限与无穷小有着密切的联系. 这种联系表现为下面的定理，称为变量、极限与无穷小的关系定理（证明从略）.

定理 1 函数 $y=f(x)$ 在 x 的某个变化过程中以常数 A 为极限的充分必要条件是，函数 $y=f(x)$ 能表示为常量 A 与无穷小 α 之和的形式，即 $f(x)=A+\alpha$.

（2）无穷小量的性质

下面介绍无穷小量运算的主要性质，这些性质易于理解，证明从略.

① 有限个无穷小量的代数和是无穷小量.
② 有界变量与无穷小量的乘积是无穷小量.
③ 无穷小量与无穷小量的乘积是无穷小量.
④ 常量与无穷小量的乘积是无穷小量.

例 31 求 $\lim\limits_{x\to 0}x\sin\dfrac{1}{x}$.

解 因 $\left|\sin\dfrac{1}{x}\right|\leqslant 1$，$\lim\limits_{x\to 0}x=0$ 故无穷小量 x 与有界量 $\sin\dfrac{1}{x}$ 的积是无穷小量，于是

$$\lim_{x\to 0}x\sin\dfrac{1}{x}=0.$$

（3）无穷小量阶的比较

在数学上，两个无穷小量虽然都以 0 为极限，但它们趋于 0 的快慢可能相同、也可能不同. 对此，可以由它们的比值的极限来判断，并称为无穷小量阶的比较.

定义 11 设 α 与 β 是同一极限过程中的两个无穷小量，

① 如果 $\lim\dfrac{\alpha}{\beta}=0$，则称 α 是比 β 高阶的无穷小，记为 $\alpha=o(\beta)$.

② 如果 $\lim\dfrac{\alpha}{\beta}=\infty$，则称 α 是比 β 低阶的无穷小.

③ 如果 $\lim\dfrac{\alpha}{\beta}=C\neq 0$，则称 α 与 β 是同阶的无穷小.

④ 如果 $\lim\dfrac{\alpha}{\beta}=1$，则称 α 与 β 是等阶的无穷小，记为 $\alpha\sim\beta$.

例如：因 $\lim\limits_{x\to 0}\dfrac{x^2}{2x}=0$，故当 $x\to 0$ 时，x^2 是比 $2x$ 高阶的无穷小.

因 $\lim\limits_{x\to 0}\dfrac{x^2}{2x}=\dfrac{1}{2}$，故当 $x\to 0$ 时，x 与 $2x$ 是同阶的无穷小.

因 $\lim\limits_{x\to 0}\dfrac{\sin x}{x}=1$，故当 $x\to 0$ 时，$\sin x$ 与 x 是等价的无穷小.

2. 无穷大量

定义 12 若函数 $f(x)$ 在 x 的某一变化过程中，其绝对值 $|f(x)|$ 无限增大，则称 $f(x)$ 为上述过程中的无穷大量（简称无穷大），记做 $\lim f(x)=\infty$，其中"lim"是简记符号，可表示成 $x\to x_0$（或 $x\to x_0^+$，$x\to x_0^-$），$x\to\infty$（$x\to+\infty$，$x\to-\infty$）如：

函数 $f(x)=\dfrac{1}{x}$，当 $x\to 0$ 时，$|f(x)|=\dfrac{1}{|x|}$ 无限增大，则由无穷大定义知，$f(x)=\dfrac{1}{x}$ 是当 $x\to 0$ 时的无穷大量，即 $\lim\limits_{x\to 0}\dfrac{1}{x}=\infty$. 因为 $\lim\limits_{x\to\frac{\pi}{2}}\tan x=\infty$，所以 $\tan x$ 是 $x\to\dfrac{\pi}{2}$ 时的无穷大量.

无穷小与无穷大之间有一种简单的关系，即

定理 2 在自变量 x 的某个变化过程中，

（1）如果 $f(x)$ 是无穷大量，那么 $\dfrac{1}{f(x)}$ 是无穷小量；

（2）如果 $f(x)\neq 0$ 且 $f(x)$ 是无穷小量，那么 $\dfrac{1}{f(x)}$ 是无穷大量.

证明从略.

例如：当 $x\to 1$ 时，$x-1$ 是无穷小量，$\dfrac{1}{x-1}$ 是无穷大量；当 $x\to+\infty$ 时，e^x 是无穷大量，e^{-x} 是无穷小量.

在求极限时，经常要用到无穷小量与无穷大量的这种倒数关系.

习 题 1.3

1. 下列变量在给定的变化过程中，哪些是无穷小量？哪些是无穷大量？

（1）$y=\dfrac{1+2x}{x}(x\to 0)$ （2）$y=\dfrac{1+x}{x^2-9}(x\to 3)$

（3）$y=2^{-x}-1(x\to 0)$ （4）$y=\ln x(x\to 0^+)$

2. 求下列极限.

（1）$\lim\limits_{x\to 3}\dfrac{3x+1}{2x+4}$ （2）$\lim\limits_{x\to\infty}\dfrac{x^4-x^2+1}{x^3+x^2+x}$

（3）$\lim\limits_{x\to 3}\dfrac{x^2-5x+6}{x^2-9}$ （4）$\lim\limits_{x\to\infty}\left(1+\dfrac{1}{x}\right)\left(2-\dfrac{1}{x}\right)$

(5) $\lim\limits_{x\to 0}\dfrac{\sin 3x}{\sin 5x}$ 　　(6) $\lim\limits_{x\to 0}\dfrac{\arcsin 6x}{\sin 3x}$

(7) $\lim\limits_{x\to \pi}\dfrac{\sin x}{\pi - x}$ 　　(8) $\lim\limits_{x\to \infty}\left(1-\dfrac{1}{x}\right)^{x+6}$

(9) $\lim\limits_{x\to \infty}\left(\dfrac{2x+3}{2x+1}\right)^{x+1}$ 　　(10) $\lim\limits_{x\to 1}\left(\dfrac{1}{1-x}-\dfrac{3}{1-x^3}\right)$

3. 讨论 $\lim\limits_{x\to 0}\dfrac{|x|}{x}$ 是否存在.

1.4 函数的连续性

连续函数是微积分的主要研究对象，而且微积分中的主要概念、定理、公式、法则等往往要求函数具有连续性.

本节将以极限为基础，介绍连续函数的概念、连续函数的运算及连续函数的一些性质.

1.4.1 连续函数的概念

定义 13 若函数 $y=f(x)$ 在 x_0 的一个邻域内有定义，且 $\lim\limits_{x\to x_0}f(x)=f(x_0)$，则称函数 $y=f(x)$ 在 x_0 处**连续**，x_0 称为函数 $y=f(x)$ 的**连续点**.

设 $\Delta x = x - x_0$，且称之为自变量 x 的改变量，记 $\Delta y = f(x) - f(x_0)$ 或 $\Delta y = f(x_0 + \Delta x) - f(x_0)$，称为函数 $y=f(x)$ 在 x_0 处的增量（图 1-17），那么函数 $y=f(x)$ 在 x_0 处连续可以叙述为：

定义 14 设函数 $y=f(x)$ 在 x_0 的一个邻域内有定义，且 $\lim\limits_{x\to x_0}\left[f(x)-f(x_0)\right]=0$ 或 $\lim\limits_{\Delta x\to 0}\left[f(x_0+\Delta x)-f(x)\right]=0$，即 $\lim\limits_{\Delta x\to 0}\Delta y = 0$，则称函数 $y=f(x)$ 在 x_0 处**连续**.

上述定义 14 表明，函数 $y=f(x)$ 在 x_0 处连续的直观意义是：当自变量的改变量很小时，函数相应的改变量也很小.

由函数 $f(x)$ 在 $x=x_0$ 处连续的定义知，$\lim\limits_{x\to x_0}f(x)=f(x_0)$.

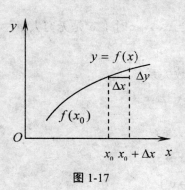

图 1-17

若函数 $y=f(x)$ 在 x_0 处有 $\lim\limits_{x\to x_0^-}f(x)=f(x_0)$ 或 $\lim\limits_{x\to x_0^+}f(x)=f(x_0)$，则分别称函数 $y=f(x)$ 在 x_0 处是左连续或右连续. 由此可知，函数 $y=f(x)$ 在 x_0 处连续的充要条件可表

示为：$\lim\limits_{x \to x_0^-} f(x) = f(x_0) = \lim\limits_{x \to x_0^+} f(x)$，即函数在某点连续的充要条件为函数在该点左、右连续.

如果函数 $y = f(x)$ 在开区间 (a, b) 内的任意一点都连续，则称此函数为区间 (a, b) 内的连续函数；如果不仅在开区间 (a, b) 内连续，而且 $f(x)$ 在左端点 a 处为右连续、右端点 b 处为左连续，则称 $y = f(x)$ 是闭区间 $[a, b]$ 上的连续函数.

例 32 证明函数 $y = x^2$ 在 $x = x_0$ 处连续.

证 当自变量 x 的增量为 $\triangle x$ 时，函数 $y = x^2$ 对应的增量是
$$\Delta y = (x_0 + \Delta x)^2 - x_0^2 = 2x_0 \Delta x + (\Delta x)^2$$
由于 $\lim\limits_{\Delta x \to 0} \Delta y = \lim\limits_{\Delta x \to 0} \left[2x_0 \Delta x + (\Delta x)^2 \right] = 0$，因此 $y = x^2$ 在 x_0 处连续.

根据定义 13，函数 $y = f(x)$ 在点 x_0 处连续的条件如下.

（1）函数 $y = f(x)$ 在点 x_0 处有定义，即 $f(x_0)$ 存在.

（2）$\lim\limits_{x \to x_0} f(x)$ 存在.

（3）$\lim\limits_{x \to x_0} f(x) = f(x_0)$

以上 3 个条件同时满足，则函数 $f(x)$ 在点 x_0 处连续. 其中任何一个条件不满足时，则函数 $f(x)$ 点 x_0 处都是间断的.

例如函数 $f(x) = \dfrac{x^3}{x}$，虽然 $\lim\limits_{x \to 0} f(x) = 0$，但此函数在 $x = 0$ 处无意义，故 $x = 0$ 处是间断点.

又如
$$f(x) = \begin{cases} 1 & x \geqslant 0, \\ -1 & x < 0. \end{cases}$$
因 $\lim\limits_{x \to 0} f(x)$ 不存在，故 $x = 0$ 是间断点.

1.4.2 初等函数的连续性

根据连续函数的定义，利用极限的四则运算法则，可得下面的定理：

定理 3 如果函数 $f(x)$ 和 $g(x)$ 都在点 x_0 处连续，那么它们的和、差、积、商 $f(x) \pm g(x)$, $f(x) \cdot g(x)$, $\dfrac{f(x)}{g(x)}$（在商的情况下要求 $g(x_0) \neq 0$）在 x_0 处也连续.

定理 4 设函数 $y = f(u)$ 在 u_0 处连续，函数 $u = \varphi(x)$ 在 x_0 处连续，且 $u_0 = \varphi(x_0)$，则复合函数 $f(\varphi(x))$ 在 x_0 处连续.

定理 5 （**反函数的连续性**）如果函数 $y = f(x)$ 在某区间 I 上单调增（或单调减）且连

续，则其反函数 $x = \varphi(y)$ 在对应的区间 $\{y | y = f(x), x \in I\}$ 上连续且单调增（或单调减）.

证明从略.

根据上述定理 3 和定理 4，可以得到关于初等函数连续性的定理：

定理 6 初等函数在其定义区间内是连续的.

定理 4 说明，今后在求初等函数定义区间内各点的极限时只要计算它在指定点处的函数值即可.

例 33 求 $\lim\limits_{x \to \pi} \sqrt{\cos(x - \pi)}$.

解 因为函数 $y = \sqrt{\cos(x - \pi)}$ 是初等函数，$x = \pi$ 是定义域内一点，于是

$$\lim\limits_{x \to \pi} \sqrt{\cos(x - \pi)} = \sqrt{\cos(\pi - \pi)} = \sqrt{\cos 0} = 1$$

例 34 求 $\lim\limits_{x \to 0} \dfrac{\sqrt{1+x^2} - 1}{x}$.

解 $\lim\limits_{x \to 0} \dfrac{\sqrt{1+x^2} - 1}{x} = \lim\limits_{x \to 0} \dfrac{\left(\sqrt{1+x^2} - 1\right)\left(\sqrt{1+x^2} + 1\right)}{x\left(\sqrt{1+x^2} + 1\right)} = \lim\limits_{x \to 0} \dfrac{x}{\sqrt{1+x^2} + 1} = \dfrac{0}{2} = 0$

1.4.3 闭区间上连续函数的性质

闭区间上的连续函数有重要的性质，它们的证明涉及严密的实数理论，这里可以借助几何直观来理解.

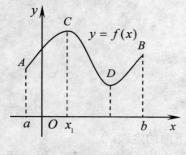

图 1-18

定理 7 （**最大值和最小值定理**）闭区间 $[a, b]$ 上的连续函数一定存在最大值和最小值.

如图 1-18 所示，曲线弧 AB 是闭区间 $[a, b]$ 上的连续函数 $y = f(x)$ 的一段，在该曲线上，至少存在一个最高点 $C(x_1, f(x_1))$，也至少存在一个最低点 $D(x_2, f(x_2))$，显然 $f(x_1) \geqslant f(x)(x \in [a, b])$，$f(x_2) \leqslant f(x)(x \in [a, b])$

$f(x_1)$ 和 $f(x_2)$ 分别是 $f(x)$ 在闭区间上 $[a, b]$ 的最大值和最小值.

定理 8 （**介值定理**）设函数 $f(x)$ 在闭区间 $[a, b]$ 上连续，且 $f(a) \neq f(b)$，则对于 $f(a)$ 与 $f(b)$ 之间的任何数 C，总存在点 $\xi \in (a, b)$，使得 $f(\xi) = C$.

该定理也可以叙述为：闭区间 $[a, b]$ 上的连续函数 $f(x)$，当 x 从 a 变到 b 时，要经过 $f(a)$ 与 $f(b)$ 之间的一切数.

如图 1-19 所示，闭区间 $[a, b]$ 上的连续函数 $f(x)$ 的图像从 A 画到 B 时，至少要与直线

$y = C$ 相交一次. 本图中有 3 个交点, 它们的横坐标为 ξ_1, ξ_2, $\xi_3 \in (a,b)$.

由定理 8 可得如下推论:

推论 1 在闭区间 $[a, b]$ 上的连续函数 $f(x)$, 必然取介于最大值 M 和最小值 m 之间的任何数.

推论 2 (**根存在定理**) 若函数 $f(x)$ 在闭区间 $[a,b]$ 上连续, 且 $f(a)f(b) < 0$, 则至少存在一个点 $\xi \in (a,b)$, 使得 $f(\xi) = 0$ (图 1-20).

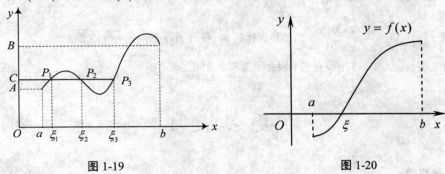

图 1-19 　　　　　　　　　　图 1-20

例 35 证明方程 $x - 2\sin x = 0$ 在区间 $\left[\dfrac{\pi}{2}, \pi\right]$ 内至少有一根.

证 设函数 $f(x) = x - 2\sin x$, 由于它是初等函数, 所以 $f(x)$ 在 $\left[\dfrac{\pi}{2}, \pi\right]$ 上连续, 又

$$f\left(\dfrac{\pi}{2}\right) = \dfrac{\pi}{2} - 2 < 0, \quad f(\pi) = \pi > 0$$

即 $f\left(\dfrac{\pi}{2}\right)$ 与 $f(\pi)$ 异号, 由根的存在定理可知, 方程 $x - 2\sin x = 0$ 在闭区间 $\left[\dfrac{\pi}{2}, \pi\right]$ 上至少存在一个根 ξ, 使 $\xi - 2\sin\xi = 0$.

习 题 1.4

1. 讨论函数 $f(x) = \begin{cases} x^2 & 0 \leqslant x \leqslant 1 \\ 2-x & 1 < x \leqslant 2 \end{cases}$ 的连续性, 并画出函数的图形.

2. 设 $f(x) = \begin{cases} e^x + 1 & x < 0 \\ k & x = 0 \\ \dfrac{\sin 2x}{x} & x > 0 \end{cases}$ 为连续函数, 问 k 取何值.

3. 求下列函数的极限.

(1) $\lim\limits_{x \to 0} \dfrac{x^2}{\sqrt{1+x^2}-1}$ (2) $\lim\limits_{x \to 1} \dfrac{\sqrt{5x-4}-\sqrt{x}}{x-1}$

(3) $\lim\limits_{x \to 1} e^{x+1}$ (4) $\lim\limits_{x \to \pi} \ln(\sin\dfrac{x}{2})$

(5) $\lim\limits_{x \to 1}(1-x)\tan\dfrac{\pi x}{2}$ (6) $\lim\limits_{x \to a} \dfrac{\sin x - \sin a}{x-a}$

(7) $\lim\limits_{x \to +\infty}\left(\sqrt{x^2+x}-\sqrt{x^2-x}\right)$ (8) $\lim\limits_{x \to \frac{\pi}{2}}(1+\cos x)^{3\sec x}$

4. 设 $f(x)=\begin{cases} e^x & x<0 \\ a+x & x \geq 0 \end{cases}$,应当怎样选择数 a,使得 $f(x)$ 在 $(-\infty,+\infty)$ 内连续.

5. 证明方程 $x^5-3x=1$ 至少有一个根介于 1 和 2 之间.

复 习 题 1

一、选择题.

1. 函数 $y = x\cos x$ 在区间( )内有界.

   A. $(1, +\infty)$　　　　B. $(2, +\infty)$　　　　C. $(-\infty, +\infty)$　　　　D. $(2, 3)$

2. 曲线 $y = e^x$ 与 $x = \ln y$ ( ).

   A. 是同一条曲线　　　　　　　　　　B. 关于 x 轴对称

   C. 关于 y 轴对称　　　　　　　　　　D. 关于直线 $y = x$ 对称

3. 下列函数为复合函数的是( ).

   A. $y = x^2 + x + 1$　　　　　　　　B. $y = \sin 2x$

   C. $y = \arccos(2 + e^x)$　　　　　　D. $y = \dfrac{\ln x}{\tan x}$

4. 当 $n \to \infty$ 时,$n\sin\dfrac{1}{n}$ 是( ).

   A. 无穷小量　　B. 无穷大量　　C. 无穷变量　　D. 有界变量

5. $\lim\limits_{x \to 5}\dfrac{x-5}{x^2-25}=$ ( ).

   A. 1　　　　B. $\dfrac{1}{10}$　　　　C. 0　　　　D. ∞

6. 当 $x \to 0$ 时,与 $\sqrt{3+x}-\sqrt{3-x}$ 等阶的无穷小量是( ).

   A. x　　　　B. $2x$　　　　C. $\sqrt{2}x$　　　　D. $\dfrac{x}{\sqrt{3}}$

7. 函数 $f(x)=\dfrac{x+2}{x^2-x-6}$ 的间断点是( ).

A. $x = 3$　　　　B. $x = -2$　　　　C. $x = -2$ 和 $x = 3$　　　　D. 不存在

8. 函数 $f(x) = \begin{cases} 1 & x \geq 0 \\ -1 & x < 0 \end{cases}$ 在 $x = 0$ 处（　　）.

A. 左连续　　　　B. 右连续　　　　C. 连续　　　　D. 左右都不连续

9. 设函数 $f(x) = \begin{cases} e^x & x > 0 \\ x^2 + k & x \leq 0 \end{cases}$ 在 $x = 0$ 处连续，则 $k =$（　　）.

A. 0　　　　B. 1　　　　C. -1　　　　D. 2

10. 若函数在区间 I 上连续，且在该区间上取得最大值与最小值，则 I 为（　　）

A. $(-\infty, +\infty)$　　　　B. $[a, b]$　　　　C. (a, b)　　　　D. $[a, b]$

二、填空题.

1. 函数 $y = e^{\frac{1}{x}}$ 的定义域是_____.

2. 已知 $f(x+2) = x^2 + 4x + 5$，则 $f(x) =$ _____.

3. 设 $f(x) = 2^x$，$\varphi(x) = x^2$，则 $f[\varphi(x)] =$ _____.

4. 若 $\lim\limits_{x \to 0} \dfrac{\sin kx}{3x} = 5$，则 $k =$ _____.

5. 若 $\alpha =$ _____，则当 $x \to 0$ 时，$\tan x^2$ 与 x^α 等阶.

6. $\lim\limits_{x \to 0} \dfrac{\sqrt[7]{(x+1)^5} - 1}{x} =$ _____.

7. 若 $\lim\limits_{x \to 3} \dfrac{x^2 + kx - 3}{x - 3}$ 为有限值，则 $k =$ _____.

8. 函数 $f(x) = \dfrac{x^2 + x - 2}{|x|(x-1)}$ 的间断点为_____.

9. 设 $f(x) = \begin{cases} \dfrac{\sin ax}{x} & x \neq 0 \\ 1 & x = 0 \end{cases}$ 在 $x = 0$ 处连续，则 $a =$ _____.

10. 设 $f(x)$ 在 $x = 1$ 处连续，且 $\lim\limits_{x \to 1} \dfrac{f(x) - 2}{x - 1} = 1$，则 $f(1) =$ _____.

三、解答题.

1. 已知 $f(x) = ax^2 + bx + c$，且 $f(-1) = f(1) = 1$，$f(0) = 0$，求 a、b、c.

2. 判断函数 $f(x) = \dfrac{x(e^x - 1)}{e^x + 1}$ 的奇偶性.

3. 求 $\lim\limits_{x \to +\infty} x[\ln(x+1) - \ln x]$.

4. 证明方程 $e^x - 2 = x$ 在区间 $(0, 2)$ 内至少有一个根.

5. 当某商品调价的通知下达后，有 10% 的市民听到此通知，两小时后，25% 的市民知道这一消息，

假定消息按规律 $Y(t) = \dfrac{1}{1+ce^{-kt}}$ 传播，其中 $Y(t)$ 表示 t 小时后知道此消息的人口比例，c 与 k 为正常数.

（1）求 $\lim\limits_{t \to +\infty} Y(t)$，并对结果做出解释.

（2）多少小时后有 75% 的市民知道这一消息.

6. 某企业对一产品的销售策略是：购买不超过 20 kg，每公斤 10 元；购买不超过 200 kg，超过 20 kg 的部分每公斤 7 元；购买超过 200 kg 的部分，每公斤 5 元. 试写出购买量为 x 的费用函数 $C(x)$.

第 2 章　一元函数微分学

学习要求：
1. 理解导数和微分的概念，理解导数、微分的几何意义.
2. 掌握导数的四则运算法则和复合函数的求导法，掌握基本初等函数的导数公式，了解微分的四则运算法则和一阶微分形式不变性.
3. 会求隐函数和参数式所确定的函数的一阶、二阶导数，会用罗必达法则求不定式的极限.
4. 掌握用导数判断函数的单调性和求极值的方法，会用导数判断函数图形的凹凸性，会求拐点，会求较简单的最大值和最小值的应用问题.

数学中研究导数、微分及其应用的部分叫**微分学**. 本章主要内容有导数、微分的概念与导数、微分的运算法则以及导数的应用等.

2.1　导数的概念

2.1.1　瞬时速度　曲线的切线斜率

1. 变速直线运动的瞬时速度

从物理学中知道，如果物体作直线运动，它所移动的距离 s 是时间 t 的函数，记为 $s = s(t)$，则从时刻 t_0 到 $t_0 + \Delta t$ 的时间间隔内的平均速度为 $\dfrac{\Delta s}{\Delta t} = \dfrac{s(t_0 + \Delta t) - s(t_0)}{\Delta t}$. 在匀速运动中，这个比值是常量，但在变速运动中，它不仅与 t_0 有关，而且与 Δt 有关，当 Δt 很小时，显然 $\dfrac{\Delta s}{\Delta t}$ 与在 t_0 时刻的速度相近似. 如果当 $\Delta t \to 0$ 时，平均速度 $\dfrac{\Delta s}{\Delta t}$ 的极限存在，那么，这个极限值显然就是物体在时刻 t_0 的瞬时速度，记做 $v(t_0)$，即

$$v(t_0) = \lim_{\Delta t \to 0} \frac{s(t_0 + \Delta t) - s(t_0)}{\Delta t}$$

2. 曲线切线的斜率

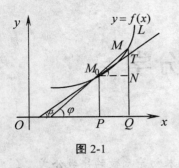

图 2-1

在中学时学过,切线定义为与曲线只交一点的直线.这种定义只适合于少数几种曲线,如圆、椭圆等,对高等数学中研究的曲线就不适合了.下面给出一般曲线切线的定义.

设点 M_0 是曲线 L 上的一个定点,点 M 是动点,当点 M 沿着曲线 L 趋向于点 M_0 时,如果割线 MM_0 的极限位置 M_0T 存在,则称直线 M_0T 为曲线 L 在点 M_0 处的**切线**(如图 2-1).

下面求曲线的切线斜率:设曲线方程 $y=f(x)$(图 2-1)在点 $M_0(x_0,y_0)$ 的附近取一点 $M(x_0+\Delta x, y_0+\Delta y)$,那么割线 MM_0 的斜率为

$$\frac{f(x_0+\Delta x)-f(x_0)}{\Delta x}$$

于是切线 TM_0 的斜率为

$$\tan x = \lim_{\Delta x \to 0}\frac{f(x_0+\Delta x)-f(x_0)}{\Delta x}.$$

2.1.2 导数的定义

上述两个例子尽管实际意义不同,但从数量关系分析上看,都是研究函数的增量与自变量增量比的极限问题,这类问题在其他问题里也会遇到,由此,可从它们中抽象出导数的概念.

定义 1 设函数 $y=f(x)$ 在 x_0 的某一邻域内有定义,当自变量 x 在 x_0 处有增量 Δx 时 $x_0+\Delta x$ 仍在该邻域内,相应的函数有增量 $\Delta y=f(x_0+\Delta x)-f(x_0)$.如果极限

$$\lim_{\Delta x \to 0}\frac{\Delta y}{\Delta x}=\lim_{\Delta x \to 0}\frac{f(x_0+\Delta x)-f(x_0)}{\Delta x}$$

存在,则称 $y=f(x)$ 在 x_0 处可导,称极限值为 $f(x)$ 在 x_0 处的导数,通常记为

$$f'(x_0) \text{或} \frac{df}{dx}\Big|_{x=x_0} \text{或} y'\Big|_{x=x_0},\frac{dy}{dx}\Big|_{x=x_0}$$

如果上述极限不存在,则称 $f(x)$ 在 x_0 处不可导.

$\frac{\Delta y}{\Delta x}$ 是自变量从 x_0 变到 $x_0+\Delta x$ 时函数 $f(x)$ 的平均变化速度,称为函数的平均变化率,而导数 $f'(x_0)=\lim_{\Delta x \to 0}\frac{\Delta y}{\Delta x}$ 是函数在 x_0 处的变化速度,称为函数 $f(x)$ 在 x_0 处的瞬时变化率,于是导数可简单地表述为:导数是平均变化率的极限.

如果函数 $y=f(x)$ 在区间 (a,b) 内的每一点处都可导,则称函数 $f(x)$ 在区间 (a,b) 内可导,

这时，函数 $y=f(x)$ 在区间 (a,b) 内的每一 x 值都对应着一个确定的导数 $f(x)$，则 $f'(x)$ 是 x 的函数，称为函数 $f(x)$ 的导函数，通常仍称为导数，记做 y' 或 $f'(x)$ 或 y'_x.

显然，函数 $y=f(x)$ 在 x_0 处的导数 $f'(x_0)$ 就是导函数 $f'(x)$ 在 $x=x_0$ 处的函数值，即
$$f'(x_0)=f'(x)\big|_{x=x_0}$$

下面研究函数可导与连续的关系. 设函数 $y=f(x)$ 在 x 处可导，即 $\lim\limits_{\Delta x \to 0}\dfrac{\Delta y}{\Delta x}=f'(x)$ 存在，由具有极限的函数与无穷小的关系知道 $\dfrac{\Delta y}{\Delta x}=f'(x)+\alpha$，其中 $\lim\limits_{\Delta x \to 0}\alpha=0$. 上式两边同乘以 Δx，得 $\Delta y=f'(x)\Delta x+\alpha\Delta x$.

由此可见，当 $\Delta x \to 0$，$\Delta y \to 0$，$y=f(x)$ 在 x 处连续. 也就是说，如果函数 $y=f(x)$ 在点 x 处可导，那么函数在该处一定连续，但它的逆命题不成立. 如 $y=|x|$ 在 $x=0$ 处连续但不可导.

2.1.3 用导数的定义求导数

根据导数定义求导数，可归纳为以下 3 个步骤.

（1）对给定的 Δx，求出相应的函数改变量 $\Delta y=f(x+\Delta x)-f(x)$.

（2）计算 $\dfrac{\Delta y}{\Delta x}$ 并化简；

（3）求 $\lim\limits_{\Delta x \to 0}\dfrac{\Delta y}{\Delta x}$.

例1 证明常数函数的导数恒等于 0.

证 设 $y=f(x)=C$（C 为常数）

（1）$\Delta y=f(x+\Delta x)-f(x)=0$

（2）$\dfrac{\Delta y}{\Delta x}=0$

（3）$\lim\limits_{\Delta x \to 0}\dfrac{\Delta y}{\Delta x}=0$

故
$$(C)'=0.$$

例2 求函数 $y=f(x)=x^2$ 的导数.

解（1）$\Delta y=(x+\Delta x)^2-x^2=2x\Delta x+(\Delta x)^2$

（2）$\dfrac{\Delta y}{\Delta x}=2x+\Delta x$

(3) $\lim\limits_{\Delta x \to 0} \dfrac{\Delta y}{\Delta x} = \lim\limits_{\Delta x \to 0}(2x + \Delta x) = 2x$

故
$$(x^2)' = 2x.$$

一般地，对于幂函数 $f(x) = x^\alpha$ $(\alpha \in (-\infty, +\infty))$ 的导数，有 $(x^\alpha)' = \alpha \cdot x^{\alpha - 1}$.
这就是幂函数的求导公式．利用此公式可以很方便地求出幂函数的导数．例如：

$$\left(x^{\frac{1}{2}}\right)' = \frac{1}{2}x^{\frac{1}{2}-1} = \frac{1}{2\sqrt{x}}, \quad \left(\frac{1}{x}\right)' = (x^{-1})' = (-1)x^{-1-1} = -\frac{1}{x^2}$$

例 3 求 $y = f(x) = \sin x$ 的导数．

解 （1）$\Delta y = \sin(x + \Delta x) - \sin x = 2\cos\left(x + \dfrac{\Delta x}{2}\right)\sin\dfrac{\Delta x}{2}$

（2）$\dfrac{\Delta y}{\Delta x} = \cos\left(x + \dfrac{\Delta x}{2}\right)\dfrac{\sin\dfrac{\Delta x}{2}}{\dfrac{\Delta x}{2}}$

（3）$\lim\limits_{\Delta x \to 0}\dfrac{\Delta y}{\Delta x} = \lim\limits_{\Delta x \to 0}\cos\left(x + \dfrac{\Delta x}{2}\right)\dfrac{\sin\dfrac{\Delta x}{2}}{\dfrac{\Delta x}{2}} = \cos x$

故 $(\sin x)' = \cos x$，类似地，可以证明 $(\cos x)' = -\sin x$.

例 4 求 $y = f(x) = \ln x$ 的导数．

解 $y' = \lim\limits_{\Delta x \to 0}\dfrac{\ln(x + \Delta x) - \ln x}{\Delta x} = \lim\limits_{\Delta x \to 0}\dfrac{1}{\Delta x}\ln\left(1 + \dfrac{\Delta x}{x}\right)$

$\qquad = \lim\limits_{\Delta x \to 0}\ln\left(1 + \dfrac{\Delta x}{x}\right)^{\frac{1}{\Delta x}} = \lim\limits_{\Delta x \to 0}\ln\left[\left(1 + \dfrac{\Delta x}{x}\right)^{\frac{x}{\Delta x}}\right]^{\frac{1}{x}}$

$\qquad = \ln e^{\frac{1}{x}} = \dfrac{1}{x}$

即
$$(\ln x)' = \dfrac{1}{x}$$

2.1.4 导数的几何意义

根据导数定义及曲线的切线斜率的求法可知,函数 $y=f(x)$ 在 x_0 处的导数的几何意义,就是曲线 $y=f(x)$ 在点 $(x_0,f(x_0))$ 处的切线的斜率,即 $\tan\alpha=f'(x_0)$(α 为切线倾斜角且 $\alpha\neq\dfrac{\pi}{2}$)。由此可知,曲线 $y=f(x)$ 上点 P_0 处的切线方程为

$$y-y_0=f'(x_0)(x-x_0)$$

法线方程为:

$$y-y_0=-\dfrac{1}{f'(x_0)}(x-x_0)\quad(f'(x_0)\neq 0)$$

例 5 求曲线 $y=x^2$ 在点 $(1,1)$ 处的切线和法线方程.

解 由导数的几何意义可知,曲线在点 $(1,1)$ 处的切线斜率 $k=y'|_{x=1}=2$,则所求切线方程为 $y-1=2(x-1)$ 即 $2x-y-1=0$,所求法线方程为 $y-1=-\dfrac{1}{2}(x-1)$,即 $x+2y-3=0$.

习 题 2.1

1. 根据导数的定义求下列函数在指定点的导数.
 (1) $f(x)=x^3+2$, $x=2$ (2) $f(x)=\dfrac{1}{x}$, $x=1$
2. 求下列给定曲线在指定点处的切线方程和法线方程.
 (1) 过曲线 $y=\sqrt{x}$ 上的点 $(4,2)$ (2) 过曲线 $y=\sin x$ 上的点 $(\pi,0)$
3. 设函数 $f(x)=\begin{cases}x^2 & x\leq 1\\ ax+b & x>1\end{cases}$,为使 $f(x)$ 在 $x=1$ 处可导,应如何选取常数 a,b?
4. 试指出抛物线 $y=x^2$ 上哪些点的切线具有下列性质.
 (1) 平行于 x 轴 (2) 与 x 轴成 $45°$ (3) 与直线 $y=2x+1$ 平行
5. 当物体的温度高于周围介质的温度时,物体就不断冷却,若物体的温度 T 与时间 t 的函数关系为 $T=T(t)$,应怎样确定物体在时刻 t 的冷却速度?

2.2 求 导 法 则

在上一节中,按照导数的定义求出了一些简单函数的导数,但是对于比较复杂的函数,直接根据定义来求它们的导数相当麻烦,有时还很困难. 本节将介绍求导数的法则和基本初等函数的求导公式,以解决初等函数的求导问题.

2.2.1 函数和、差、积、商的求导法则

定理 1 设 $u=u(x)$ 和 $v=v(x)$ 是 x 的可导函数，且 $v(x)\neq 0$，则

$$(u\pm v)'=u'\pm v'$$

$$(uv)'=u'v+uv'$$

$$\left(\frac{u}{v}\right)'=\frac{u'v-uv'}{v^2}$$

证 在这里仅证明 $(u+v)'=u'+v'$.

$$[u(x)+v(x)]'=\lim_{\Delta x\to 0}\frac{[u(x+\Delta x)+v(x+\Delta x)]-[u(x)+v(x)]}{\Delta x}$$

$$=\lim_{\Delta x\to 0}\frac{u(x+\Delta x)-u(x)}{\Delta x}+\lim_{\Delta x\to 0}\frac{v(x+\Delta x)-v(x)}{\Delta x}$$

$$=u'(x)+v'(x)$$

特别地，若令 $v(x)=C$（C 为常数），则 $[Cu(x)]'=Cu'(x)$.

例 6 设 $f(x)=x^2+2\sin x-3\cos x+9$，求 $f'(x)$.

解 $f'(x)=(x^2)'+(2\sin x)'-(3\cos x)'+(9)'=2x+2\cos x+3\sin x$

例 7 设 $f(x)=x^2\ln x$，求 $f'(x)$.

解 $f'(x)=(x^2\ln x)'=(x^2)'\ln x+x^2(\ln x)'=2x\ln x+x^2\cdot\dfrac{1}{x}=2x\ln x+x$

例 8 设 $f(x)=\log_a x$，求 $f'(x)$.

解 $f'(x)=\left(\dfrac{\ln x}{\ln a}\right)'=\dfrac{1}{\ln a}(\ln x)'=\dfrac{1}{x\ln a}$.

例 9 设 $f(x)=\tan x$，求 $f'(x)$.

解 $f'(x)=\left(\dfrac{\sin x}{\cos x}\right)'=\dfrac{(\sin x)'\cos x-\sin x(\cos x)'}{\cos^2 x}=\dfrac{\cos^2 x+\sin^2 x}{\cos^2 x}=\dfrac{1}{\cos^2 x}=\sec^2 x$

即 $(\tan x)'=\sec^2 x$. 类似地得 $(\cot x)'=-\csc^2 x$.

例 10 设 $f(x)=\sec x$ 求 $f'(x)$.

解 $f'(x)=\left(\dfrac{1}{\cos x}\right)'=\dfrac{\sin x}{\cos^2 x}=\sec x\tan x$，类似地得 $(\csc x)'=-\csc x\cot x$.

2.2.2 复合函数的求导法则

定理 2 （链式法则）设 $y = f[\varphi(x)]$ 是由函数 $y = f(u)$ 和 $u = \varphi(x)$ 复合而成的函数，并设函数 $u = \varphi(x)$ 可导，$y = f(u)$ 也可导，则复合函数 $y = f[\varphi(x)]$ 的导数为

$$\frac{dy}{dx} = \frac{dy}{du} \cdot \frac{du}{dx}$$

也可表示为 $y'_x = y'_u \cdot u'_x$ 或 $\left(f[\varphi(x)]\right)' = f'(u)\big|_{u=\varphi(x)} \varphi'(x)$，其中 y'_x 表示 y 对 x 的导数，y'_u、$f'(u)$ 表示 y 对中间变量 u 的导数，而 u'_x、$\varphi'(x)$ 表示中间变量 u 对 x 的导数.

证明从略. 上述法则表明：复合函数的导数等于函数对中间变量的导数乘以中间变量对自变量的导数.

例 11 设 $y = (2x+3)^3$，求 y'.

解 设 $y = u^3$，$u = 2x+1$，则 $y'_x = y'_u u'_x = 3u^2 \cdot 2 = 6(2x+1)^2$.

例 12 设 $y = \ln \tan x$，求 y'.

解 设 $y = \ln u$，$u = \tan x$，则 $y'_x = y'_u u'_x = \frac{1}{u} \sec^2 x = \frac{\sec^2 x}{\tan x} = \sec^2 x \cot x$.

熟练掌握复合函数的求导方法后，就不必写出中间变量了，可采用如下两例的方法：

例 13 设 $y = \ln \cos x$，求 y'.

解 $y' = \frac{1}{\cos x}(\cos x)' = -\frac{\sin x}{\cos x} = -\tan x$

例 14 设 $y = \ln(1 + \sin^2 x)$，求 y'.

解

$$\frac{dy}{dx} = \frac{1}{1+\sin^2 x}(1+\sin^2 x)'$$

$$= \frac{1}{1+\sin^2 x} \cdot 2\sin x \cdot (\sin x)' = \frac{1}{1+\sin^2 x} \cdot 2\sin x \cos x = \frac{\sin 2x}{1+\sin^2 x}$$

2.2.3 反函数的导数

定理 3 如果单调函数 $x = \varphi(y)$ 在 y 处可导，且 $\varphi'(y) \neq 0$，那么它的反函数 $y = f(x)$ 在对应的 x 处可导，且有 $f'(x) = \frac{1}{\varphi'(y)}$ 或 $\frac{dx}{dy} = \frac{1}{\frac{dy}{dx}}$，即反函数的导数等于原来函数导数的倒数.

证 证明定理的后半部分.

设 $y=f(x)$ 可导，且 $y=f[\varphi(y)]$ 对该式两边求关于 y 的导数，得 $1=f'(x)\varphi'(y)$. 因 $\varphi'(y)\neq 0$，得

$$f'(x)=\frac{1}{\varphi'(y)}.$$

例15 求函数 $y=\arcsin x\,(-1<x<1)$ 的导数.

解 $y=\arcsin x$ 是 $x=\sin y$ 在 $y\in\left[-\dfrac{\pi}{2},\dfrac{\pi}{2}\right]$ 上的反函数，$x=\sin y$ 可导，且 $\dfrac{\mathrm{d}x}{\mathrm{d}y}=\cos y\neq 0$，则有

$$y'_x=\frac{1}{x'_y}=\frac{1}{\cos y}=\frac{1}{\sqrt{1-\sin^2 y}}=\frac{1}{\sqrt{1-x^2}}.$$

用类似的方法可得

$$(\arccos x)'=-\frac{1}{\sqrt{1-x^2}},\ (\arctan x)'=\frac{1}{1+x^2},\ (\operatorname{arccot} x)'=-\frac{1}{1+x^2}.$$

例16 求 $y=a^x\,(a>0\text{ 且 }a\neq 1)$ 的导数.

解 $y=a^x$ 是 $x=\log_a y$ 的反函数，$x'_y=\dfrac{1}{y\ln a}\neq 0$ 则 $y'_x=\dfrac{1}{x'_y}=y\ln a=a^x\ln a$，即

$$(a^x)'=a^x\ln a.$$

特别地 $(\mathrm{e}^x)'=\mathrm{e}^x$.

2.2.4 隐函数的导数

如果方程 $F(x,y)=0$ 确定了 y 是 x 的函数，那么，这样的函数叫做**隐函数**. 设隐函数 y 关于 x 可导，可根据复合函数求导法则求出函数 y 对 x 的导数，以例示之.

例17 方程 $x^2-y+\ln y=0$ 确定了 y 是 x 的隐函数，求 y'.

解 因为 y 是 x 的函数，所以 $\ln y$ 是 x 的复合函数，于是方程两端对 x 求导有

$$2x-y'+\frac{y'}{y}=0$$

解出 y'，得

$$y'=\frac{2xy}{y-1}.$$

例18 求圆 $x^2+y^2=4$ 上一点 $M(\sqrt{2},\sqrt{2})$ 处的切线方程.

解 根据导数的几何意义,先求隐函数 y 的导数,方程两边对 x 求导,有 $2x+2yy'=0$,解得 $y'=\dfrac{-x}{y}$,即有 $y'\big|_{(\sqrt{2},\sqrt{2})}=-\dfrac{x}{y}\big|_{(\sqrt{2},\sqrt{2})}=-1$.

根据直线的点斜式方程,可得所求圆的切线方程为
$$y-\sqrt{2}=-(x-\sqrt{2}).$$

例 19 求 $y=x^x(x>0)$ 的导数 y'.

解 两边分别取自然对数,得 $\ln y=x\ln x$,两边再对 x 求导得 $\dfrac{1}{y}y'=\ln x+1$,从而
$$y'=y(\ln x+1)=x^x(\ln x+1).$$

上例中先取对数再求导数的方法称为**对数求导法**,该方法除适用于幂指函数 $y=u(x)^{v(x)}$ ($u(x)>0$) 外,也适用于含有多个因式相乘除或开方的函数.

例 20 求 $y=\sqrt{\dfrac{(x+1)(x+2)}{(x+3)(x+4)}}$ 的导数.

解 先对原式两边取对数,得
$$\ln y=\dfrac{1}{2}\big[\ln(x+1)+\ln(x+2)-\ln(x+3)-\ln(x+4)\big],$$

上式两边对 x 求导得:
$$\dfrac{1}{y}y'=\dfrac{1}{2}\left(\dfrac{1}{x+1}+\dfrac{1}{x+2}-\dfrac{1}{x+3}-\dfrac{1}{x+4}\right),$$

于是
$$y'=\dfrac{y}{2}\left(\dfrac{1}{x+1}+\dfrac{1}{x+2}-\dfrac{1}{x+3}-\dfrac{1}{x+4}\right).$$

2.2.5 高阶导数

一般地,函数 $y=f(x)$ 的导数 $y'=f'(x)$ 仍然是 x 的函数. 如果导函数 $f'(x)$ 仍然可导,那么就把 $f'(x)$ 的导数称为函数 $y=f(x)$ 的**二阶导数**,记做 $f''(x)$,y'' 即
$$y''=(y')'\ \text{或}\ f''(x)=(f'(x))'.$$

类似地,二阶导数的导数称为函数 $y=f(x)$ 的**三阶导数**,记为 $f'''(x)$ 或 y'''.

一般地,如果 $f(x)$ 的 $(n-1)$ 阶导数 $f^{(n-1)}(x)$ 仍是 x 的可导函数,则它的导数称为 $f(x)$ 的 n 阶导数,记为 $f^{(n)}(x)$ 或 $y^{(n)}$,即 $f^{(n)}(x)=\big[f^{(n-1)}(x)\big]'$ 或 $y^{(n)}\big[y^{(n-1)}\big]'$.

二阶和二阶以上的导数统称为**高阶导数**.

显然，求高阶导数的方法就是逐次求导，直求到所需要的阶数，原则上不需要任何新的方法.

例 21　求 $y = e^x$ 的 n 阶导数.

解　$y' = (e^x)' = e^x$，$y'' = (y')' = (e^x)' = e^x \cdots$，

一般地，
$$y^{(n)} = e^x.$$

例 22　求 $y = \sin x$ 的 n 阶导数.

解　$y' = \cos x = \sin\left(x + \dfrac{\pi}{2}\right)$，

$y'' = \cos\left(x + \dfrac{\pi}{2}\right) = \sin\left(x + \dfrac{\pi}{2} + \dfrac{\pi}{2}\right)$，

$y''' = \cos\left(x + 2 \cdot \dfrac{\pi}{2}\right) = \sin\left(x + \dfrac{3\pi}{2}\right)$，

……

一般地，可得
$$y^{(n)} = \sin\left(x + \dfrac{n\pi}{2}\right).$$

用类似的方法可得
$$(\cos x)^{(n)} = \cos\left(x + \dfrac{n\pi}{2}\right).$$

例 23　求函数 $y = \ln(1+x)$ 的 n 阶导数.

解　$y' = \dfrac{1}{1+x}$，$y'' = (-1)\dfrac{1}{(1+x)^2}$，$y''' = (-1)^2 \dfrac{1 \cdot 2}{(1+x)^3}$，$y^{(4)} = (-1)^3 \dfrac{1 \cdot 2 \cdot 3}{(1+x)^4}, \cdots$

一般地，可得
$$y^{(n)} = (-1)^{n-1} \dfrac{(n-1)!}{(1+x)^n}.$$

习　题　2.2

1. 求下列函数的导数.

(1) $y = 2x^2 - x + 6$ 　　　　　　　　　　(2) $y = x \ln x$

(3) $y = e^x \cos x$ 　　　　　　　　　　　(4) $y = x \tan x - 2\sec x$

(5) $y = \dfrac{\ln x}{x^2}$ 　　　　　　　　　　　(6) $y = \dfrac{\cot x}{1 + \sqrt{x}}$

2. 求下列函数的导数.

(1) $y = (3x+1)^5$ (2) $y = \dfrac{1}{\sqrt{1-x^2}}$

(3) $y = \sin(2x+1)$ (4) $y = \ln(1+x^2)$

(5) $y = \sin(x^2) + \sin^2 x$ (6) $y = \ln\ln x$

3. 求下列函数的导数.

(1) $y = \arcsin(1+2x)$ (2) $y = \arccos\dfrac{1}{x}$

(3) $y = e^{-\frac{x}{2}}\cos 3x$ (4) $y = e^{\arcsin\sqrt{x}}$

4. 求由下列方程所确定的隐函数 y 对 x 的导数.

(1) $y^2 + 2xy + 3 = 0$ (2) $y = \cos(x^2+y^2)$

(3) $x^y = y^x$ (4) $xy = e^{x-y}$

5. 求下列方程所确定的隐函数 $y = f(x)$ 在给定点处的导数.

(1) $y^3 + y^2 - 2x = 0$,（1, 1) (2) $ye^x + \ln y = 1$,（0, 1)

6. 求下列函数的二阶导数.

(1) $y = \sqrt{1+x}$ (2) $y = xe^{x^2}$

(3) $y = x\cos x$ (4) $y = (\arcsin x)^2$

2.3 微　　分

2.3.1 微分概念

在实际问题中，常常会遇到这样的问题：当自变量 x 有微小变化 Δx 时，求函数 $y = f(x)$ 的微小改变量 Δy. 对于复杂的函数，差值 $\Delta y = f(x+\Delta x) - f(x)$ 是一个更复杂的表达式，不易求其值. 这时，们设法将 Δy 表示成 Δx 的线性函数，就可把复杂问题化为简单问题. 微分就是实现这种线性化的数学模型. 先看下面的例子.

设有一边长为 x_0 的正方形铁皮，则面积 S 为 $S = x_0^2$，当铁皮均匀加热后，边长伸长 Δx 时，面积改变量为

$$\Delta S = (x_0 + \Delta x)^2 - x_0^2 = 2x_0\Delta x + (\Delta x)^2$$

如图 2-2 所示 ΔS 由两部分构成，一部分是两个长方形面积之和，一部分是小正方形的面积. 当 Δx 很小时，$(\Delta x)^2$ 可忽略不计，于是 ΔS 的数值取决于第一部分 $2x_0\Delta x$，显然

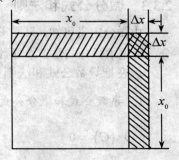

图 2-2

$2x_0\Delta x$ 是关于 Δx 的线性表达式,这样,就可以放弃更微小部分$(\Delta x)^2$而把线性部分 $2x_0\Delta x$ 作为面积改变量 Δs 的近似值,即

$$\Delta S = (x_0+\Delta x)^2 - x_0^2 \approx 2x\Delta x = (x^2)'\Delta x$$

这就完成了差值的线性化. 在 ΔS 的表达式中,关于 Δx 的线性部分 $2x\Delta x$ 称为函数 $S=x^2$ 的微分.

由上例,可以抽象出微分概念.

定义 2 如果函数 $y=f(x)$ 在点 x 处可导,则把函数 $y=f(x)$ 在 x 处的导数 $f'(x)$ 与自变量在 x 处的增量 Δx 之积 $f'(x)\Delta x$ 称为函数 $y=f(x)$ 在点 x 处的**微分**,记做 dy,即 $dy=f'(x)\Delta x$,这时称函数 $y=f(x)$ 在 x 处**可微**.

对自变量 x 的微分,可以认为是对函数 $y=x$ 的微分,有 $dy=dx=x'\Delta x=\Delta x$. 于是 $y=f(x)$ 的微分又可记为 $dy=f'(x)dx$,由此式可得 $\dfrac{dy}{dx}=f'(x)$.

这就是说,函数 $y=f(x)$ 的微分 dy 与自变量的微分 dx 之商等于函数 $y=f(x)$ 的导数. 因此,导数也叫**微商**. 由此可见,函数 $y=f(x)$ 在 x 处可微与可导等价,即

$$dy=f'(x)dx \Leftrightarrow \dfrac{dy}{dx}=f'(x).$$

2.3.2 微分的几何意义

如图 2-3,MT 是曲线 $y=f(x)$ 上一点 M 处的切线,设它与 x 轴的正向的夹角为 α,$QP=MQ\cdot\tan\alpha=\Delta x\cdot f'(x_0)$,所以 $dy=QP$,即函数 $y=f(x)$ 在 x_0 处相对于 Δx 的微分 $dy=f'(x_0)\Delta x$. 它表示曲线上点 M 处切线的纵坐标的改变量.

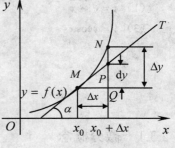

图 2-3

2.3.3 微分公式和法则

由微分定义可知,只需求出 $y'=f'(x)$,再乘以自变量的微分 dx,即得函数 $y=f(x)$ 的微分. 可见求微分归结于求导数,并不需要新方法,因而求导数和求微分的方法统称为**微分法**. 现在把导数公式和法则与对应的微分公式和法则排列出来,以便比较和记忆.

1. 导数公式和微分公式

(1) $(C)'=0$ $d(C)=0$

(2) $(x^u)'=ux^{u-1}$ $d(x^u)=ux^{u-1}dx$

(3) $\left(\log_a x\right)' = \dfrac{1}{x \ln a}$ $\qquad$ $d\left(\log_a\right) = \dfrac{dx}{x \ln a}$

(4) $\left(\ln x\right)' = \dfrac{1}{x}$ $\qquad$ $d\left(\ln x\right) = \dfrac{dx}{x}$

(5) $\left(a^x\right)' = a^x \ln a$ $\qquad$ $d\left(a^x\right) = a^x \ln a dx$

(6) $\left(\sin x\right)' = \cos x$ $\qquad$ $d\left(\sin x\right) = \cos x dx$

(7) $\left(\cos x\right)' = -\sin x$ $\qquad$ $d\left(\cos x\right) = -\sin x dx$

(8) $\left(\tan x\right)' = \sec^2 x$ $\qquad$ $d\left(\tan x\right) = \sec^2 x dx$

(9) $\left(\cot x\right)' = -\csc^2 x$ $\qquad$ $d\left(\cot x\right) = -\csc^2 x dx$

(10) $\left(\sec x\right)' = \sec x \tan x$ $\qquad$ $d\left(\sec x\right) = \sec x \tan x dx$

(11) $\left(\csc x\right)' = -\csc x \cot x$ $\qquad$ $d\left(\csc x\right) = -\csc x \cot x dx$

(12) $\left(\arcsin x\right)' = \dfrac{1}{\sqrt{1-x^2}}$ $\qquad$ $d\left(\arcsin x\right) = \dfrac{1}{\sqrt{1-x^2}} dx$

(13) $\left(\arccos x\right)' = -\dfrac{1}{\sqrt{1-x^2}}$ $\qquad$ $d\left(\arccos x\right) = -\dfrac{1}{\sqrt{1-x^2}} dx$

(14) $\left(\arctan x\right)' = \dfrac{1}{1+x^2}$ $\qquad$ $d\left(\arctan x\right) = \dfrac{1}{1+x^2} dx$

(15) $\left(\operatorname{arccot} x\right)' = -\dfrac{1}{1+x^2}$ $\qquad$ $d\left(\operatorname{arccot} x\right) = -\dfrac{1}{1+x^2} dx$

2. 导数法则和微分法则

(1) $(u \pm v)' = u' \pm v'$ $\qquad$ $d(u \pm v) = du \pm dv$

(2) $(uv)' = u'v + uv'$ $\qquad$ $d(uv) = v du + u dv$

(3) $\left(\dfrac{u}{v}\right)' = \dfrac{u'v - uv'}{v^2}$ $\qquad$ $d\left(\dfrac{u}{v}\right) = \dfrac{v du - u dv}{v^2}$

(4) $y_x' = y_u' u_x'$ $\qquad$ $dy = y_u' u_x' dx$

2.3.4 一阶微分形式不变性

定理 4 不论 u 是自变量还是中间变量，函数的微分形式总是 $dy = f'(u) du$.

证 当 u 是自变量时，由微分定义可知 $dy = f'(u)du$，当 u 为中间变量时，设 $y = f(u)$，$u = g(x)$ 均可微，则复合函数 $y = f[g(x)]$ 的微分有 $dy = y'_x dx = f'(u)g'(x)dx = f'(u)du$. 即 $dy = f'(u)du$. 由此可见，不论是自变量还是中间变量，函数的微分形式总是 $dy = f'(u)du$. 此性质称为**一阶微分形式不变性**.

例 24 $y = \cos(2x+1)$，求 dy.

解 $dy = -\sin(2x+1)d(2x+1) = -2\sin(2x+1)dx$

例 25 $y = \ln(1+e^x)$，求 dy.

解 $dy = \dfrac{1}{1+e^x}d(1+e^x) = \dfrac{e^x}{1+e^x}dx$

例 26 $y = e^{\sin x}$，求 $dy|_{x=\pi}$.

解 $dy = e^{\sin x}d(\sin x) = e^{\sin x}\cos x\, dx$，从而 $dy|_{x=\pi} = e^{\sin \pi}\cos \pi\, dx = -dx$

导数又称为微商，用此方法可计算参数方程的导数.

例 27 求椭圆 $x = a\cos t$，$y = b\sin t (0 \leqslant t \leqslant 2\pi)$ 在 $t = \dfrac{\pi}{3}$ 所对应点 M 处的切线方程.

解 依题意，点 M 坐标为 $\left(\dfrac{1}{2}a, \dfrac{\sqrt{3}}{2}b\right)$，其切线斜率

$$k = \dfrac{dy}{dx}\bigg|_{t=\frac{\pi}{3}} = -\dfrac{b\cos t\, dt}{a\sin t\, dt}\bigg|_{t=\frac{\pi}{3}} = -\dfrac{\sqrt{3}}{3}\cdot\dfrac{b}{a}$$

故切线方程为

$$y - \dfrac{\sqrt{3}}{2}b = -\dfrac{\sqrt{3}}{3}\cdot\dfrac{b}{a}\left(x - \dfrac{1}{2}a\right)$$

由于微分是函数增量的近似值，即

$$\Delta y = f(x_0 + \Delta x) - f(x_0) \approx dy = f'(x_0)\Delta x$$

因此有

$$f(x_0 + \Delta x) \approx f(x_0) + f'(x_0)\Delta x$$

令 $x = x_0 + \Delta x$，$\Delta x = x - x_0$，则 $f(x) \approx f(x_0) + f'(x_0)(x - x_0)$.

特别地，当 $x_0 = 0$ 时，如果 $|x|$ 很小，则有 $f(x) \approx f(0) + f'(0)x$.

应用 $f(x) \approx f(0) + f'(0)x$ 得到如下几个常用的近似值公式.

（1）$\sqrt[n]{1+x} \approx 1 + \dfrac{1}{n}x$ （2）$e^x \approx 1 + x$ （3）$\ln(1+x) \approx x$

（4）$\sin x \approx x$ （5）$\tan x \approx x$

例 28 计算 $\sin 30°30'$ 的近似值.

解 设 $f(x) = \sin x$, $x_0 = 30° = \dfrac{\pi}{6}$, $\Delta x = 30' = \dfrac{\pi}{360}$, 则 $f'(x) = \cos x$, $f'\left(\dfrac{\pi}{6}\right) = \dfrac{\sqrt{3}}{2}$

于是

$$\sin 30°30' = \sin\left(\dfrac{\pi}{6} + \dfrac{\pi}{360}\right) \approx \sin\dfrac{\pi}{6} + \cos\left(\dfrac{\pi}{6}\right)\dfrac{\pi}{360} = \dfrac{1}{2} + \dfrac{\sqrt{3}}{2}\dfrac{\pi}{360} \approx 0.5076$$

例 29 求 $\sqrt{0.97}$.

解 $\sqrt{0.97} = \sqrt{1+(-0.03)}$. 取 $x = -0.03$, $n = 2$, 利用公式 $\sqrt[n]{1+x} \approx 1 + \dfrac{1}{n}x$, 得

$$\sqrt{0.97} \approx 1 + \dfrac{1}{2}x = 0.985$$

习 题 2.3

1. 设 x 的值从 $x = 1$ 变到 $x = 1.01$, 试求 $y = 2x^2 - x$ 的增量 Δy 和微分 $\mathrm{d}y$.
2. 求下列函数的微分.

   (1) $y = 3x^2 + 4x$ (2) $y = x\sin x$

   (3) $y = \dfrac{1+x}{1-x}$ (4) $y = \mathrm{e}^{\arcsin x}$

3. 求下列参数方程所确定的函数的导数 $\dfrac{\mathrm{d}y}{\mathrm{d}x}$.

   (1) $\begin{cases} x = t^2 \\ y = 4t \end{cases}$ (2) $\begin{cases} x = \ln(1+t^2) \\ y = t - \arctan t \end{cases}$

4. 计算下列函数的近似值.

   (1) $\cos 29°$ (2) $y = \sqrt[3]{1.02}$

5. 将适当的函数填入下列括号内, 使等式成立.

   (1) $\mathrm{d}(\ ) = 2\mathrm{d}x$ (2) $\mathrm{d}(\ ) = 3x\mathrm{d}x$

   (3) $\mathrm{d}(\ ) = \cos x\mathrm{d}x$ (4) $\mathrm{d}(\ ) = \mathrm{e}^{-2x}\mathrm{d}x$

   (5) $\mathrm{d}(\ ) = \dfrac{1}{\sqrt{x}}\mathrm{d}x$ (6) $\mathrm{d}(\ ) = \dfrac{\ln x}{x}\mathrm{d}x$

2.4 中值定理与罗必达法则

2.4.1 中值定理

微分中值定理揭示了函数在某区间的整体性质与该区间内部某一点的导数之间的关

系，因而称为中值定理．

下面只利用导数的几何意义从几何图形上说明而不加证明地介绍几个中值定理．

定理 5 （**罗尔定理**）如果函数 $y=f(x)$ 满足条件：（1）在闭区间$[a,b]$上连续，（2）在开区间(a,b)内可导，（3）$f(a)=f(b)$则至少存在一点 $\xi\in(a,b)$，使得 $f'(\xi)=0$．

罗尔定理的几何意义为：如果连续光滑曲线 $y=f(x)$ 在$[a,b]$上的两个端点的值相等，且在(a,b)内每点都存在不垂直于 x 轴的切线，则至少有一条平行于 x 轴的切线（图 2-4）．

注意：定理中 3 个条件缺一不可，否则结论可能不成立．

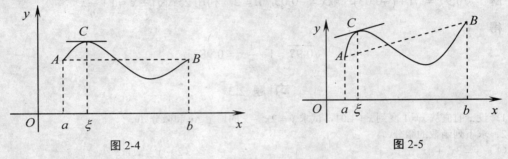

图 2-4　　　　　　　　　　图 2-5

例 30　$f(x)=x^2-4x+3$ 在$[1,3]$上是否满足罗尔定理？若满足，找出定理中的 ξ．

解　$f(x)=x^2-4x+3$ 为二次多项式，故处处连续可导，且 $f(1)=f(3)$，满足罗尔定理中的 3 个条件．

因 $f(x')=2x-4$，令 $f(x')=0$，得 $x=2$，故可取 $\xi=2$，作为满足罗尔定理的中值点ξ．

定理 6（**拉格朗日定理**）如果函数 $y=f(x)$ 满足条件：

（1）在闭区间$[a,b]$上连续．

（2）在开区间(a,b)内可导．则在(a,b)内至少存在一点 ξ，使得

$$f'(\xi)=\frac{f(b)-f(a)}{b-a}$$

或写成

$$f(b)-f(a)=f(\xi)(b-a)$$

拉格朗日中值定理的几何意义：若连续曲线 $y=f(x)(x\in[a,b])$的弧 AB 除端点外处处具有不垂直于 x 轴的切线，则在这弧上至少存在一点 C，使曲线在 C 点的切线平行于弦 AB（图 2-5）．

在拉格朗日中值定理中，若 $f(a)=f(b)$，则这个定理就变成罗尔定理．

推论 1　设函数 $f(x)$ 在 (a,b) 内可导，且 $f'(x)\equiv 0$，则 $f(x)$ 在该区间内是一个常数函数，即 $f(x)\equiv$ 常数．

证　在 (a,b) 内任取两点 x_1和$x_2(x_1<x_2)$，则由拉格朗日中值定理可知，存在 $\xi\in(a,b)$，

使得 $f(x_2)-f(x_1)=f'(\xi)(x_2-x_1)=0$，即 $f(x_2)=f(x_1)$. 因 x_1,x_2 是 (a,b) 内任意两点，故 $f(x)$ 在 (a,b) 内的函数值是相等的，即 $f(x)$ 为常数函数.

推论 2 设函数 $f(x)$ 和 $g(x)$ 在 (a,b) 内可导，且它们的导数处处相等，即 $f'(x)=g'(x)$，则 $f(x)$ 和 $g(x)$ 相差一个常数，即

$$f(x)=g(x)+C,\ x\in(a,b)$$

证 令 $F(x)=f(x)-g(x)$，则

$$F'(x)=f'(x)-g'(x)\equiv 0.$$

由推论 1 知，$F(x)$ 在 (a,b) 内为一常数 C，即

$$f(x)-g(x)=C, x\in(a,b)$$

例 31 设函数 $f(x)=\ln x$，在闭区间 $[1,e]$ 上验证拉格朗日中值定理的正确性.

解 函数 $f(x)=\ln x$ 在 $[1,e]$ 上连续，在 $(1,e)$ 内可导，且

$$f(1)=0,\ f(e)=1,\ f'(x)=\frac{1}{x}.$$

设 $\dfrac{f(e)-f(1)}{e-1}=\dfrac{1}{\xi}$，从而得 $\xi=e-1$. 故可取 $\xi=e-1$，使 $f'(\xi)=\dfrac{f(e)-f(1)}{e-1}$ 成立.

拉格朗日中值定理可用来证明一些不等式.

例 32 证明 $|\sin a-\sin b|\leqslant|a-b|$.

证 令 $f(x)=\sin x$，则 $f(x)$ 在 $[a,b]$ 上满足拉格朗日中值定理，有

$$\sin a-\sin b=(\cos\xi)(a-b),\ \xi\in(a,b)$$

故

$$|\sin a-\sin b|=|\cos\xi|\cdot|a-b|\leqslant|a-b|$$

2.4.2 罗必达法则

当在某一极限过程中，不妨以 $x\to a$ 为例，两个函数 $f(x)$、$g(x)$ 都趋近于 0 或都趋向于无穷大，这时极限 $\lim\limits_{x\to a}\dfrac{f(x)}{g(x)}$ 可能存在，也可能不存在. 若存在，其极限值也不尽相同，通常把这种极限叫做**未定式**，并分别简记为 $\dfrac{0}{0}$ 型或 $\dfrac{\infty}{\infty}$ 型. 对于这样的未定式极限，不能直接利用极限的四则运算法则来计算. 下面要介绍的罗必达法则，它提供了用导数求未定式极限的简便有效的方法.

定理 7 （**罗必达法则**）设函数 $f(x)$ 和 $g(x)$ 在 $x=a$ 附近（a 点可以除外）可导，如果

（1）$\lim\limits_{x\to a}f(x)=\lim\limits_{x\to a}g(x)=0$ 或 $\lim\limits_{x\to a}f(x)=\lim\limits_{x\to a}g(x)=\infty$，且 $g(x)\neq 0$

(2) $\lim\limits_{x\to a}\dfrac{f'(x)}{g'(x)}$ 存在(或为∞)

则 $\lim\limits_{x\to a}\dfrac{f(x)}{g(x)}$ 存在(或为∞)且

$$\lim_{x\to a}\frac{f(x)}{g(x)}=\lim_{x\to a}\frac{f'(x)}{g'(x)}$$

上述定理中的 a 可以是有限数，也可以是无穷大，$x\to a$ 可以是双侧极限，也可以是单侧极限．定理证明从略．

例 33 求 $\lim\limits_{x\to 2}\dfrac{x^3-2x-4}{x^3-8}$．

解 这是 $\dfrac{0}{0}$ 型，应用罗必达法则，得

$$\lim_{x\to 2}\frac{x^3-2x-4}{x^3-8}=\lim_{x\to 2}\frac{3x^2-2}{3x^2}=\frac{5}{6}$$

例 34 求 $\lim\limits_{x\to 0}\dfrac{\sin mx}{\sin nx}$．

解 $\lim\limits_{x\to 0}\dfrac{\sin mx}{\sin nx}=\lim\limits_{x\to 0}\dfrac{m\cos mx}{n\cos nx}=\dfrac{m}{n}$

若 $\lim\limits_{x\to 0}\dfrac{f'(x)}{g'(x)}$ 仍属 $\dfrac{0}{0}$ 或 $\dfrac{\infty}{\infty}$ 型未定式，且 $f'(x)$、$g'(x)$ 满足 $f(x)$、$g(x)$ 所要满足的条件，那么可连续使用罗必达法则．

例 35 求 $\lim\limits_{x\to 0}\dfrac{x-x\cos x}{x-\sin x}$．

解 $\lim\limits_{x\to 0}\dfrac{x-x\cos x}{x-\sin x}=\lim\limits_{x\to 0}\dfrac{1-\cos x+x\sin x}{1-\cos x}=\lim\limits_{x\to 0}\dfrac{\sin x+\sin x+x\cos x}{\sin x}=\lim\limits_{x\to 0}\left(2+\dfrac{x\cos x}{\sin x}\right)=3$

例 36 求 $\lim\limits_{x\to +\infty}\dfrac{\dfrac{\pi}{2}-\arctan x}{\dfrac{1}{x}}$．

解 $\lim\limits_{x\to +\infty}\dfrac{\dfrac{\pi}{2}-\arctan x}{\dfrac{1}{x}}=\lim\limits_{x\to +\infty}\dfrac{-\dfrac{1}{1+x^2}}{-\dfrac{1}{x^2}}=\lim\limits_{x\to +\infty}\dfrac{x^2}{1+x^2}=1$

例 37 求 $\lim\limits_{x\to +\infty}\dfrac{x^2}{e^x}$．

解 $\lim\limits_{x\to+\infty}\dfrac{x^2}{e^x}=\lim\limits_{x\to+\infty}\dfrac{2x}{e^x}=\lim\limits_{x\to+\infty}\dfrac{2}{e^x}=0$

例 38 求 $\lim\limits_{x\to 0^+}x\ln x$.

解 这是 $0\cdot\infty$ 型未定式，不能直接用罗必达法则，现将 $x\ln x$ 改写成 $\dfrac{\ln x}{\dfrac{1}{x}}$，于是得到 $x\to 0^+$ 时的 $\dfrac{\infty}{\infty}$ 型未定式，便用罗必达法则.

$$\lim_{x\to 0^+}x\ln x=\lim_{x\to 0^+}\dfrac{\ln x}{\dfrac{1}{x}}=\lim_{x\to 0^+}\dfrac{\dfrac{1}{x}}{-\dfrac{1}{x^2}}=\lim_{x\to 0^+}(-x)=0$$

例 39 求 $\lim\limits_{x\to+\infty}\dfrac{x-\sin x}{x+\sin x}$.

解 因 $\lim\limits_{x\to+\infty}\dfrac{1-\cos x}{1+\cos x}$ 不存在，故不能用罗必达法则. 将分子分母同除以 x 得

$$\lim_{x\to+\infty}\dfrac{x-\sin x}{x+\sin x}=\lim_{x\to+\infty}\dfrac{1-\dfrac{\sin x}{x}}{1+\dfrac{\sin x}{x}}=1$$

习 题 2.4

1. 下列函数在给定区间上是否满足拉格朗日中值定理的所有条件？如果满足求出定理中的 ξ.

   (1) $f(x)=2x^3,\ x\in[-1,1]$ (2) $f(x)=\arctan x,\ x\in[0,1]$

2. 求下列极限：

   (1) $\lim\limits_{x\to 0}\dfrac{\sin 3x}{\sin 4x}$ (2) $\lim\limits_{x\to\infty}\dfrac{\ln x}{x}$ (3) $\lim\limits_{x\to+\infty}\dfrac{e^x}{x^3}$

   (4) $\lim\limits_{x\to 0}\dfrac{e^x-e^{-x}}{\sin x}$ (5) $\lim\limits_{x\to 0}\dfrac{\sqrt{a+x}-\sqrt{a-x}}{x},(a>0)$ (6) $\lim\limits_{x\to+\infty}\dfrac{x^2}{e^x}$

3. 验证 $\lim\limits_{x\to 0}\dfrac{x^2\sin\dfrac{1}{x}}{\sin x}$ 是否存在，但不能用罗必达法则.

2.5 函数的单调性与极值

2.5.1 函数的单调性

函数的单调性是函数的重要性质，前面给出了函数在某个区间内单调性的定义，由定

义知道，单调增加（减少）函数的图形是一条沿 x 轴正方向上升（下降）的曲线. 这时，如图 2-6 所示曲线上各点处的切线斜率都是非负的（都是非正的）. 即
$$y' = f'(x) \geq 0, (y' = f'(x) \leq 0),$$
由此可见，函数的单调性与导数的符号有着密切的关系.

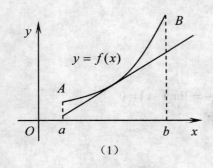
（1）

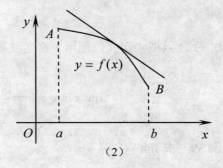
（2）

图 2-6

利用导数的正负号可方便地判断函数的增减性.

定理 8 设函数 $y = f(x)$ 在 $[a,b]$ 上连续，在 (a,b) 内可导.

（1）如果在 (a,b) 内 $f'(x) > 0$，那么 $y = f(x)$ 在 $[a,b]$ 上单调增加.

（2）如果在 (a,b) 内 $f'(x) < 0$，那么 $y = f(x)$ 在 $[a,b]$ 上单调减少.

证（1）在区间 $[a,b]$ 内任取两点 x_1、x_2，不妨设 $x_1 < x_2$，由拉格朗日中值定理知，存在 $\xi \in (x_1, x_2)$，使得
$$\frac{f(x_2) - f(x_1)}{x_2 - x_1} = f'(\xi) > 0$$
故 $f(x_2) - f(x_1) > 0$ 即 $f(x_2) > f(x_1)$. 由 x_1, x_2 的任意性可知，$f(x)$ 在 (a,b) 内是单调增加的. $f'(x)$ 在 (a,b) 内小于零的情况请读者自己证明.

若把判别法中的闭区间换成其他各种区间（包括无穷区间），结论仍成立.

例 40 判定函数 $f(x) = x^3 + x$ 的单调性.

解 由于 $f'(x) = 3x^2 + 1 > 0$，$x \in (-\infty, +\infty)$，因此 $f(x)$ 在 $(-\infty, +\infty)$ 内是单调增加的.

例 41 求函数 $f(x) = 2x^3 - 9x^2 + 12x - 3$ 的单调区间.

解 函数的定义域为 $(-\infty, +\infty)$，
$$f'(x) = 6x^2 - 18x + 12$$
令 $f'(x) = 0$，得 $x_1 = 1$，$x_2 = 2$.

x_1、x_2 把函数的定义区间 $(-\infty, +\infty)$ 分成 3 个区间：$(-\infty, 1], [1, 2], [2, +\infty)$.

列表讨论如下：

x	$(-\infty,1)$	1	$(1,2)$	2	$(2,+\infty)$
$f'(x)$	+	0	−	0	+
$f(x)$	↗		↘		↗

故函数 $f(x)$ 在 $(-\infty,1]$、$[2,+\infty)$ 上单调增加，在 $[1,2]$ 上单调减少．

注：箭头"↗"和"↘"分别表示函数在指定区间递增和递减．

例 42 讨论函数 $f(x)=(x-1)x^{\frac{2}{3}}$ 的单调性．

解 函数的定义域为 $(-\infty,+\infty)$，

$$f'(x)=\frac{2}{3}x^{-\frac{1}{3}}(x-1)+x^{\frac{2}{3}}=\frac{5x-2}{3x^{\frac{1}{3}}}$$

令 $f'(x)=0$，得 $x=\frac{2}{5}$，此外 $x=0$ 为 $f(x)$ 的不可导点，于是 $x=0$ 和 $x=\frac{2}{5}$ 分定义区间为 3 个区间：$(-\infty,0]$，$\left[0,\frac{2}{5}\right]$，$\left[\frac{2}{5},+\infty\right)$．

列表讨论如下：

x	$(-\infty,0)$	0	$\left(0,\frac{2}{5}\right)$	$\frac{2}{5}$	$\left(\frac{2}{5},+\infty\right)$
$f'(x)$	+	不存在	−	0	+
$f(x)$	↗		↘		↗

所以函数在区间 $(-\infty,0]$、$[\frac{2}{5},+\infty)$ 上单调增加，在 $[0,\frac{2}{5}]$ 上单调减少．

利用函数的单调性可以用来证明不等式．

例 43 证明当 $x>1$ 时，$e^x>ex$．

证 设 $f(x)=e^x-ex$，则 $f'(x)=e^x-e>0$ $(x>1)$，所以 $f(x)$ 在 $(1,+\infty)$ 内单调增．由单调函数定义知，当 $x>1$ 时，$f(x)>f(1)=0$，所以，当 $x>1$ 时 $e^x>ex$．

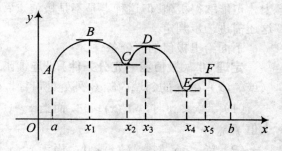

图 2-7

证毕.

2.5.2 函数的极值

从图 2-7 看到，函数 $f(x)$ 在点 x_1、x_3、x_5 的函数值 $f(x_1)$、$f(x_3)$、$f(x_5)$ 比它们近旁点的函数值都大，而在点 x_2、x_4 的函数值 $f(x_2)$、$f(x_4)$ 比它们近旁点的函数值都小. 对于这种性质的点在应用上有重要的意义，对此，我们做一般性的研究.

定义 3 设函数 $f(x)$ 在 x_0 处及其附近有定义，若对于 x_0 的某一邻域中的所有 $x(x \neq x_0)$ 都有 $f(x_0) > f(x)$（或 $f(x_0) < f(x)$），则称 $f(x_0)$ 为函数 $f(x)$ 的**极大值**（或**极小值**），并称 x_0 为 $f(x)$ 的**极大值点**（或**极小值点**）. 极大值与极小值统称为**极值**，极大值点与极小值点统称为**极值点**.

注：(1) 极值是一个局部性概念，是一个邻域内的最大值与最小值，而未必是整个所考虑的区间内的最大值与最小值；

(2) 极值只能在区间内取得.

从图 2-7 还可以看到，在函数的极值点处，曲线上的切线是水平的，这说明，可导函数的极值点可在导数等于 0 的点中寻找.

下面介绍函数取得极值的必要条件.

定理 9 （极值的必要条件）设函数 $f(x)$ 在 x_0 处的一个邻域内有定义，$f(x)$ 在 x_0 处可导，且在 x_0 处取得极值，则 $f'(x_0) = 0$.

满足 $f'(x) = 0$ 的点 x_0 称为函数 $f(x)$ 的**驻点**.

定理 9 说明，可导函数 $f(x)$ 的极值点必是 $f(x)$ 驻点，反过来，驻点却不一定是 $f(x)$ 的极值点. 例如 $x = 0$ 点是 $f(x) = x^3$ 的驻点，但不是极值点. 对于一个连续函数，它的极值点还可能是导数不存在的点.

例如 $f(x) = |x|$，$f'(0)$ 不存在，但 $x = 0$ 是函数的极小值点.

总之，函数的驻点或导数不存在的点可能是这个函数的极值点，连续函数仅在这种点上才可能取得极值. 但这种点是不是极值点？如果是极值点，它是极大值点还是极小值点？这还需进一步判定.

下面给出极值的充分条件.

定理 10 （**极值第一充分条件**）设连续函数 $f(x)$ 在 x_0 的一个邻域内可导，且 $f'(x_0) = 0$（或 $f(x)$ 在 x_0 的邻域内除 x_0 外处处可导，且 $f(x)$ 在点 x_0 处连续）.

(1) 当 $x < x_0$ 时，$f'(x) > 0$；而当 $x > x_0$ 时，$f'(x) < 0$，那么函数 $f(x)$ 在 x_0 处取得极大值 $f(x_0)$.

(2) 当 $x < x_0$ 时，$f'(x) < 0$；而当 $x > x_0$ 时，$f'(x) > 0$，那么函数 $f(x)$ 在 x_0 处取得极小值 $f(x_0)$.

(3) 当 $x < x_0$ 和 $x > x_0$ 时，$f'(x)$ 不变号，那么 $f(x)$ 在 x_0 处无极值.

证 对于情形（1），在 x_0 的左侧邻域内，函数 $f(x)$ 单调增加，在 x_0 的右侧邻域内，函数 $f(x)$ 单调减少，即在 x_0 的去心邻域内恒有 $f(x) < f(x_0)$. 由定义知 $f(x_0)$ 是 $f(x)$ 的极大值，对于情形（2）、（3）可做类似的证明.

例 44 求函数 $f(x) = x - \dfrac{3}{2}x^{\frac{2}{3}}$ 的极值.

解 $f'(x) = 1 - x^{\frac{-1}{3}} = \dfrac{x^{\frac{1}{3}} - 1}{x^{\frac{1}{3}}}$

令 $f'(x) = 0$，得 $x = 1$，当 $x = 0$ 时，$f'(x)$ 不存在，讨论如下：

x	$(-\infty, 0)$	0	$(0, 1)$	1	$(1, +\infty)$
$f'(x)$	+	不存在	−	0	+
$f(x)$	↗	极大值	↘	极小值	↗

所以极大值为 $f(0) = 0$，极小值为 $f(1) = -\dfrac{1}{2}$.

综合以上讨论，可得求函数极值步骤如下.
（1）求函数导数 $f'(x)$.
（2）求出函数 $f(x)$ 的驻点及导数不存在的点.
（3）考察 $f'(x)$ 在驻点及导数不存在的点左右两侧的符号，以确定哪些点是极值点.

当函数在驻点处二阶导数存在时，根据其符号可以确定函数在此点是否取得极值.

定理 11（**极值第二充分条件**）设函数 $f(x)$ 在 x_0 处有二阶导数，且 $f'(x_0) = 0$，$f''(x_0) \neq 0$，那么
（1）当 $f''(x_0) < 0$ 时，函数 $f(x)$ 在 x_0 处取得极大值.
（2）当 $f''(x_0) > 0$ 时，函数 $f(x)$ 在 x_0 处取得极小值.

证明从略.

例 45 求 $f(x) = x^3 - 3x$ 的极值.

解 $f'(x) = 3x^2 - 3$，由 $f'(x) = 0$ 得驻点 $x_1 = -1$，$x_2 = 1$. 因 $f''(x) = 6x$，故
（1）$f''(-1) = -6 < 0$. 于是 $x = -1$ 时，函数取得极大值 $f(-1) = 2$；
（2）$f''(1) = 6 > 0$，于是 $x = 1$ 时，函数取得极小值 $f(1) = -2$.

习 题 2.5

1. 确定下列函数的单调区间.

(1) $f(x) = x^3 + x$ (2) $f(x) = xe^x$.

2. 证明下列不等式.

(1) $2\sqrt{x} > 3 - \dfrac{1}{x}$ ($x>1$)   (2) $x > \ln(1+x)$ ($x>0$)

3. 求下列函数的极值.

(1) $y = x + \dfrac{1}{x}$ (2) $y = x^2 \ln x$

(3) $y = 2e^x + e^{-x}$ (4) $y = 2 - (x-1)^{\frac{2}{3}}$.

2.6 函数的最值及其应用

在实际应用中，常常会碰到求最大值和最小值的问题，如求用料最省、容量最大、花钱最少、效益最高等问题. 因而求最大、最小值问题在工程技术、国民经济以及自然科学和社会科学等领域有广泛应用的现实意义.

若函数 $f(x)$ 在定义域 $[a,b]$ 上的函数值满足

$$m \leqslant f(x) \leqslant M$$

则 m 和 M 分别称为函数 $f(x)$ 的最小值和最大值，设 $f(x_1) = m$，$f(x_2) = M$，则 x_1 称为 $f(x)$ 的最小值点，x_2 称为最大值点.

函数的最值与函数的极值是有区别的，最值是指在整个区间上所有函数值当中的最大（小）者，它是一个全面、整体的概念.

若 $f(x)$ 在闭区间 $[a,b]$ 上连续，则 $f(x)$ 在 $[a,b]$ 上必存在最大值和最小值. 显然，这最大值或最小值可能在闭区间内取得，也可能在区间的两个端点处取得. 当最值在区间内取得时，这最大（小）值点也是极大（小）值点. 而极值点只能在驻点或导数不存在的点处取得，因此得出求函数 $f(x)$ 在 $[a,b]$ 上的最大（小）值的步骤：

(1) 求出 $f(x)$ 在 $[a,b]$ 上的所有驻点和导数不存在的点；

(2) 求出函数 $f(x)$ 在驻点、导数不存在的点以及端点处的函数值；

(3) 对上述函数值进行比较，取其中最大者即为最大值，最小者即为最小值.

例 46 求 $f(x) = (x-1)\sqrt[3]{x^2}$ 在 $[1, \dfrac{1}{2}]$ 上的最大值和最小值.

解 (1) $f'(x) = \dfrac{5x-2}{3\sqrt[3]{x}}$，令 $f'(x) = 0$，得驻点 $x_1 = \dfrac{2}{5}$ 又 $x_2 = 0$ 为不可导点的点.

(2) 计算 $f(x)$ 在 x_1、x_2 及 -1、$\dfrac{1}{2}$ 处的函数值.

$$f(x_1) = f\left(\dfrac{2}{5}\right) \approx -0.3257 \qquad f(x_2) = f(0) = 0$$

$$f(-1) = -2 \qquad\qquad f\left(\dfrac{1}{2}\right) \approx -0.3150$$

(3) 比较上述 4 个函数值的大小,知 $f(x)$ 在 $[1,\dfrac{1}{2}]$ 上的最大值为 $f(0) = 0$,最小值为 $f(-1) = -2$.

对于实际问题,需先建立函数关系,确定自变量的变化范围,再来求最大(小)值.

一般而言,如果确立的函数是连续函数且在 (a,b) 内只有一个驻点 x_0,而从该实际问题本身又可以知道在 (a,b) 内函数的最大值(或最小值)确实存在,那么 $f(x_0)$ 就是所求的最大值(或最小值).

例 47 心理学研究表明,小学生对新概念的接受能力 G(即学习兴趣,注意力,理解力的某种量度)随学习时间 t 的变化规律为

$$G(t) = -0.1t^2 + 2.6t + 43$$

问 t 为何值时学生学习兴趣激增或减退?何时学习兴趣最大?

解 $G'(t) = -0.2t + 2.6 = -0.2(t - 13)$.

由 $G'(t) = 0$ 得惟一驻点 $t = 13$.当 $t < 13$ 时,$G'(t) > 0$,$G(t)$ 单调增加;当 $t > 13$ 时,$G'(t) < 0$,$G(t)$ 单调减少.可见讲课开始后,13 分钟时,小学生兴趣最大,在此时刻之前学习兴趣递增,在此时刻之后兴趣递减.

例 48 要用铁皮做一个容积为 V 的带盖圆柱形桶,问圆桶的底半径为何值时用料最省?

解 设所做圆桶的表面积为 S,底圆半径为 r,高为 h,建立面积 S 与底圆半径 r 之间的函数关系.

$$S = S(r) = 2\pi r^2 + 2\pi rh$$

由 $V = \pi r^2 h$ 得 $h = \dfrac{V}{\pi r^2}$,代入上式消去 h 得

$$S(r) = 2\pi r^2 + \dfrac{2V}{r}, \quad r \in (0, +\infty)$$

令 $S'(r) = 4\pi r - \dfrac{2V}{r^2} = 0$,解得 $r^3 = \dfrac{V}{2\pi}$,于是求得一驻点 $r = \sqrt[3]{\dfrac{V}{2\pi}}$.

由实际意义知,圆桶最省的用料存在,且驻点惟一,所以在 $r = \sqrt[3]{\dfrac{V}{2\pi}}$ 处取得极小值,也

是 S 的最小值. 即底圆半径 $r=\sqrt[3]{\dfrac{V}{2\pi}}$ 时用料最省.

习 题 2.6

1. 求下列函数在所给区间上的最大值和最小值.

（1） $y=x^5-5x^4+5x^3+1$, $x\in[-1,2]$；　　　　（2） $y=\dfrac{x-1}{x+1}$, $x\in[0,4]$

2. 设有一边长为 a 的正方形铁皮，从 4 个角截去同样的方块，使其做成一个无盖的方盒子，问小方块边长为多少时才能使盒子容积最大？

2.7　曲线的凹凸性与函数作图

2.7.1　曲线的凹凸性与拐点

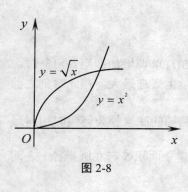

图 2-8

研究函数的增减性和极值对描绘函数图形是很有帮助的，但这还不能完全反映函数曲线变化规律. 例如，函数 $y=x^2$ 与 $y=\sqrt{x}$ 在 $x\geqslant 0$ 时都是单调增加的，但其图形有很大的差异（图 2-8）.

$y=x^2$ 位于它的每一条切线的上方，其曲线是向上弯曲的；而 $y=\sqrt{x}$ 位于它的每一条切线的下方，其曲线是向下弯曲的. 对上述两种形式的曲线给出如下定义：

定义 4　设函数 $y=f(x)$ 在区间 (a,b) 可导，若曲线 $y=f(x)$ 在 (a,b) 上每一点的切线都位于该曲线的上（下）方，则称曲线 $y=f(x)$ 在区间 (a,b) 内是凸（凹）的.

由定义知曲线 $y=x^2$ 在 $(0,+\infty)$ 内是凹的，$y=\sqrt{x}$ 在 $(0,+\infty)$ 内是凸的. 下面通过函数的二阶导数来反映次曲线的凹凸性.

定理 12　设 $y=f(x)$ 在区间 (a,b) 内具有二阶导数，

（1）若在 (a,b) 内 $f''(x)>0$，则曲线 $y=f(x)$ 在区间 (a,b) 内是凹的.

（2）若在 (a,b) 内 $f''(x)<0$，则曲线 $y=f(x)$ 在区间 (a,b) 内是凸的.

定理 13 中的区间若改为无穷区间，结论也成立（证明从略）.

例 49　判断曲线 $y=\ln 2x$ 的凹凸性.

解　$y'=\dfrac{1}{x}$，$y''=-\dfrac{1}{x^2}<0$，所以曲线 $y=\ln 2x$ 在 $(0,+\infty)$ 是凸的.

定义 5 设点 $M(x_0,f(x_0))$ 为曲线 $y=f(x)$ 上一点，若曲线在 M 点两侧存在不同的凹凸性，则称点 M 为曲线 $y=f(x)$ 的一个**拐点**.

例 50 求曲线 $y=x^{\frac{8}{3}}-x^{\frac{5}{3}}$ 的凹凸区间和拐点.

解 函数定义域为 $(-\infty,+\infty)$. 因

$$y'=\frac{8}{3}x^{\frac{5}{3}}-\frac{5}{3}x^{\frac{2}{3}},\ y''=\frac{40}{9}x^{\frac{2}{3}}-\frac{10}{9}x^{-\frac{1}{3}}=\frac{10}{9}x^{-\frac{1}{3}}(4x-1)$$

故当 $x=\frac{1}{4}$ 时，$y''=0$；当 $x=0$ 时，y'' 不存在.

讨论如下：

x	$(-\infty,0)$	0	$(0,\frac{1}{4})$	$\frac{1}{4}$	$(\frac{1}{4},+\infty)$
y''	+	不存在	−	0	+
$y=f(x)$ 的图形	凹	拐点$(0,0)$	凸	拐点$(\frac{1}{4},-\frac{3}{16}\frac{1}{\sqrt[3]{16}})$	凹

从讨论可知，$y=x^{\frac{8}{3}}-x^{\frac{5}{3}}$ 在 $(-\infty,0)$ 及 $(\frac{1}{4},+\infty)$ 内曲线为凹的，在 $(0,\frac{1}{4})$ 内曲线为凸的，拐点为 $(0,0)$ 和 $(\frac{1}{4},-\frac{3}{16}\frac{1}{\sqrt[3]{16}})$.

2.7.2 函数图形的描绘

函数图形的描绘，又称为函数作图. 前文中我们通过一阶导数的符号，确定函数单调区间和极值点；通过二阶导数的符号，确定函数的凹凸区间和拐点. 这些信息提供了函数图象的大致情形，对准确作出函数图形是非常有益的. 但这还不够，为了讨论函数曲线，还须引出渐近线的概念.

定义 6 对于函数 $y=f(x)$，如果 $\lim\limits_{x\to\infty}f(x)=b$（$b$ 为常数），则称 $y=b$ 为曲线 $y=f(x)$ 的**水平渐近线**；如果有常数 a 使得 $\lim\limits_{x\to a}f(x)=\infty$，则称 $x=a$ 为曲线 $y=f(x)$ 的**垂直渐近线**.

例如，$y=1$ 为 $y=\frac{x+2}{x-1}$ 的水平渐近线，$x=3$ 为 $y=\frac{x+1}{x-3}$ 的垂直渐近线（请读者自行验证）.

通过以上的准备，就可以全面地掌握函数变化状态，准确地描述函数图形.

作图一般步骤如下：

(1) 确定函数的定义区间;
(2) 判定函数的奇偶性、周期性与有界性;
(3) 求出一阶导数、二阶导数,以确定函数的单调区间、极值点、凹凸区间与拐点;
(4) 求曲线的渐近线;
(5) 讨论并描绘函数曲线的图形.

例 51 描绘函数 $y = x^2 + \dfrac{1}{x}$ 的图形.

解 (1) $y = x^2 + \dfrac{1}{x}$ 的定义区间为 $(-\infty, 0) \cup (0, +\infty)$.

(2) 函数无奇偶性和周期性,且为无界函数.

(3) $y' = 2x - \dfrac{1}{x^2} = \dfrac{2x^3 - 1}{x^2}$, $y'' = 2 + \dfrac{2}{x^3} = \dfrac{2(x+1)(x^2 - x + 1)}{x^3}$.

在 y 的定义区间内,$y' = 0$ 的根为 $x = \dfrac{1}{\sqrt[3]{2}}$,$y'' = 0$ 的根为 $x = -1$. 讨论如下:

x	$(-\infty, -1)$	-1	$(-1, 0)$	$(0, \dfrac{1}{\sqrt[3]{2}})$	$\dfrac{1}{\sqrt[3]{2}}$	$(\dfrac{1}{\sqrt[3]{2}}, +\infty)$
y'	$-$	$-$	$-$	$-$	0	$+$
$(-\infty, -1)$	$+$	0	$-$	$+$	$+$	$+$
$y = f(x)$ 的图形	单调减、凹	拐点 $(-1, 0)$	单调减、凸	单调减、凹	极小值 $\dfrac{3}{2}\sqrt[3]{2}$	单调减、凹

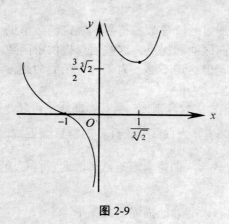

图 2-9

(4) 渐近线:因为 $\lim\limits_{x \to 0}(x^2 + \dfrac{1}{x}) = \infty$,所以 $x = 0$ 为曲线垂直渐近线.

(5) 作图(图 2-9).

习 题 2.7

1. 求下列函数的凹凸区间与拐点.
   (1) $y = 3x^2 - x^3$ (2) $y = \ln(1 + x^2)$

2. a, b 为何值时,点 $(1, 3)$ 是曲线 $y = ax^3 + bx^2$ 的拐点?

3. 求曲线 $y = \dfrac{e^x}{x^2 + 2x - 3}$ 的渐近线.

4. 作出下列函数图形:
   (1) $y = x^3 - x^2 - x + 1$ (2) $y = x - \ln(1 + x)$

2.8 导数在经济学中的应用

经济活动中的要素有成本、收入和利润,而经营决策、效益取决于成本、收入以及二者关于产量的变化率.

2.8.1 成本函数 收入函数 利润函数

成本函数 $C(x)$ 是生产数量为 x 的某种产品的总成本,它是固定成本与变动成本之和,显然成本函数 $C(x)$ 为单调增函数.

收入函数 $R(x)$ 表示售出数量为 x 的某种商品所获得的总收入(收入=价格×数量),即 $R(x)=Px$,其中 P 为产品的价格.

生产经营的决策者十分重视利润,利润=收入−成本,即 $L(x)=R(x)-C(x)$.

例 52 某工厂生产某种产品,年产量为 x(百台),总成本 C(万元),其中固定成本两万元,每生产 100 台,可变成本增加 1 万元. 市场上每年可销售此种商品 400 台,其销售收入 R(万元)是 x(百台)的函数

$$R=R(x)=\begin{cases}4x-\dfrac{1}{2}x^2 & 0\leqslant x\leqslant 4;\\ 8 & x>4,\end{cases}$$

写出成本函数和利润函数.

解 成本函数
$$C=C(x)=2+x$$

利润函数
$$L=R(x)-C(x)=\begin{cases}-\dfrac{1}{2}x^2+3x-2 & 0\leqslant x\leqslant 4;\\ 6-x & x>4.\end{cases}$$

2.8.2 边际分析

经济学中的边际概念,通常指经济变化的变化率,即是指某一函数中的因变量随着某一自变量的单位变化而产生的变化. 经济学中通常称某一函数 $f(x)$ 的导函数 $f'(x)$ 为边际函数,$f'(x)$ 在 x_0 的值称为边际值.

1. 边际成本

设某企业生产某种产品的总成本函数为 $C=C(x)$,其中 x 为单位时间内的产量,当产量由 x 增加到 $x+h$ 时,总成本的增长量为 $\Delta C=C(x+h)-C(x)$,则总成本的平均增长量为

$$\frac{\Delta C}{h} = \frac{C(x+h)-C(x)}{h}$$

若 $\lim\limits_{h\to 0}\dfrac{C(x+h)-C(x)}{h}$ 存在，则称此极限为产量 x 的**边际成本**，即 $C'(x)$ 为**边际成本函数**，记做 MC. 由于 h 的最小变化单位只能为 1，所以令 $\dfrac{C(x+h)-C(x)}{h} \approx C'(x)$ 中的 $h=1$ 得

$$C(x+1)-C(x) \approx C'(x)$$

从上式看到：在经济意义上，边际成本表示在一定产量 x 的基础上，再增加生产一个单位产品所增加的总成本.

由边际成本的意义，得出下述两个结论.

(1) 边际成本仅与变动成本有关，与固定成本无关.

(2) 设某产品的价格为 p，若 $C'(x)<P$，则可继续增加产量；若 $C'(x)>P$，则应停止生产，而在改进质量、提高价格或降低成本上下功夫.

2. 边际收入

边际收入定义为多销售一个单位产品时总收入的增量. 类似边际成本定义，**边际收入**为总收入关于产品销售量 x 的变化率，设收入函数为 $R=R(x)$，则边际收入为

$$MR = R'(x) = \lim_{\Delta x \to 0} \frac{R(x+\Delta x)-R(x)}{\Delta x}$$

边际收入的经济意义是每多销售一个单位产品所增加的收入.

3. 边际利润

设某产品销售量为 x 时的总利润 $L=L(x)$，当 $L(x)$ 可导时称 $L'(x)$ 为销售量为 x 时的**边际利润**，它近似等于销售量为 x 时再多销售一个单位产品所增加的利润.

根据 $L(x)=R(x)-C(x)$ 得边际利润为

$$ML = L'(x) = R'(x) - C'(x)$$

例 53 某加工厂生产 A 类产品的总成本（元）函数和总收入（元）函数分别为

$$C(x) = 100 + 2x + 0.02x^2$$
$$R(x) = 7x + 0.01x^2$$

求边际利润函数及日产量分别是 200kg、250kg 和 300kg 时的边际利润，并说明其经济意义.

解 总利润函数为

$$L(x) = R(x) - C(x) = -100 + 5x - 0.01x^2$$

边际利润函数为

$$L'(x) = 5 - 0.02x$$

日产量为 200kg、250kg、和 300kg 时的边际利润分别为

$$L'(200) = 1(元),\quad L'(250) = 0\;(元),\quad L'(300) = -1\;(元).$$

其经济意义为：在日产量为 200kg 的基础上，再增产 1kg，则总利润可增加 1 元；在日产量为 250kg 的基础上，再增产 1kg，则总利润无增加；在日产量为 300kg 时，再增产 1kg，反而亏损 1 元。

4. 最大利润

已知总收入 $R(x)$ 和总成本 $C(x)$，可得利润函数 $L(x) = R(x) - C(x)$。欲求最大利润，即要求 $L(x)$ 的最大值。因

根据

$$L'(x) = R'(x) - C'(x),$$

令 $L'(x) = 0$，得

$$R'(x) = C'(x)$$

这样，使 $L'(x) = 0$ 的驻点正是边际收入等于边际成本的产量值 x。若最大利润在区间内取得，则可得出，利润在使边际成本等于边际收入时的生产水平上达到最大值，经济学推断，$L(x)$ 要满足一定的条件才是利润函数，其条件之一就是 $L(x)$ 在最大生产能力范围，有惟一的极大值，即存在某一水平的产量 x_0，使得

$$L'(x_0) = 0,\; 即 R'(x_0) = C'(x_0)$$
$$L''(x_0) < 0,\; 即 R''(x_0) < C''(x_0)$$

不难看出，在此状态下，在产量 x_0 水平上再增加产量，企业的利润反而减少。

例 54 某工厂生产某种产品 x 个单位产品的费用为 $C(x) = 5x + 200$（元），所得的收入为 $R(x) = 10x - 0.01x^2$（元），问生产多少个单位产品时才能使利润最大？最大利润为多少？

解 利润函数

$$L(x) = R(x) - C(x) = 10x - 0.01x^2 - (5x + 200)$$
$$= -0.01x^2 + 5x - 200$$
$$L'(x) = -0.02x + 5$$
$$L''(x) = -0.02$$

令 $L'(x) = 0$，得 $x = 250$，因为

$$L''(250) = -0.02 < 0$$

故在 $x = 250$ 时利润最大，最大利润为

$$L(250) = -0.01 \times 250^2 + 5 \times 250 - 200 = 445 \text{（元）}$$

2.8.3 弹性的概念

在经济问题中，需要定量地描述一个经济变量对另一个经济变量变化的反应程度，这就要引入弹性的概念．

定义 7 设函数 $y = f(x)$ 在 x_0 的邻域内有定义，且 $f'(x_0)$ 存在．函数的相对变量 $\dfrac{\Delta y}{y_0} = \dfrac{f(x_0 + \Delta x) - f(x_0)}{f(x_0)}$ 与自变量的相对变量 $\dfrac{\Delta x}{x_0}$ 之比 $\dfrac{\Delta y/y_0}{\Delta x/x_0}$，称为函数 $f(x)$ 从 x_0 到 $x_0 + \Delta x$ 间的**相对变化率**或**两点间的弹性**．

如果 $\lim\limits_{\Delta x \to 0} \dfrac{\Delta y/y_0}{\Delta x/x_0} = \lim\limits_{\Delta x \to 0} \dfrac{f(x_2 + \Delta x) - f(x_2)/f(x_2)}{\Delta x/x_2}$ 存在，则称此极限的值为函数 $y = f(x)$ 在 x_0 处的**点弹性**，记做 $\left.\dfrac{E_y}{E_x}\right|x = x_0$．由定义得弹性计算公式为

$$\left.\frac{E_y}{E_x}\right|x = x_0 = \frac{x_0}{f(x_0)} f'(x_0) = \left.\frac{x_0}{f(x_0)} \frac{\mathrm{d}y}{\mathrm{d}x}\right|x = x_0$$

下面讨论需求弹性．

对于经济中的需求关系，价格是影响需求的主要因素，我们关心的是，当商品价格下降（或提高）一个百分点时，其需求量将可能增减多少个百分点，这就是需求量对价格变动的敏感性问题．

设某商品的需求量 Q 是价格 P 的函数 $Q = Q(P)$，$\dfrac{\Delta P}{p}$ 和 $\dfrac{\Delta Q}{Q}$ 分别表示价格和需求量的增减率，若 $\lim\limits_{\Delta P \to 0} \dfrac{\Delta Q/Q}{\Delta P/P} = \lim\limits_{\Delta P \to 0} \dfrac{\Delta Q}{\Delta P} \cdot \dfrac{P}{Q} = P \cdot \dfrac{Q'(P)}{Q(P)}$ 存在，则称此极限为需求量对价格的弹性，在经济学中称为**需求弹性**．它表示在单价为 P 元时，单价每变动 1%，需求量变化的百分数，也称之为需求量对价格的弹性函数．

例 55 某种商品市场的需求量 D（件）是价格 P（元）的函数 $D = D(P) = 1000\,\mathrm{e}^{-0.1P}$，如果这种商品的价格是每件 20 元，求这时需求量对价格的弹性系数 $\dfrac{E_D}{E_P}$，并给出适当的经济解释．

解 由题意得：$D'(P) = -100\,\mathrm{e}^{-0.1P}$

当 $P = 20$ 时，有

$$D(20) = 1000\,\mathrm{e}^{-2} \approx 135 \text{（件）}$$
$$D'(20) = -100\,\mathrm{e}^{-2} \approx -13.5 \text{（件）}$$

于是
$$\frac{E_D}{E_P} = \frac{P}{D}\frac{\mathrm{d}D}{\mathrm{d}P} = \frac{20}{135} \times (-13.5) = -2$$

这就是说，当这种商品的价格在每件 20 元的水平时，单价格上升 1%，市场需求量相应地下降约为 2%.

习 题 2.8

1. 某粮油加工厂利用副产品经过初步加工生产饲料的半成品，其生产能力为每月 100 吨吨，设这项业务的总收入和总成本是产量 x（吨）的函数
$$R(x) = 40\sqrt{x} - x^2$$
$$C(x) = \frac{1}{2}x^2 + 5x + 2800$$

求：（1）产量为 70 吨时的平均成本、平均收入和平均利润；（2）产量为 90 吨时的边际成本、边际收入和边际利润.

2. 某产品的需求量函数为 $P = 10 - 3Q$ 与平均成本 $C = Q$，问当产品的需求量为多少时可使利润最大？并求出最大利润.

3. 求函数 $y = x\mathrm{e}^x$ 和 $y = x\mathrm{e}^{-x}$ 的弹性.

4. 市场上对某百货品的需求量（件）是单价（元）的函数.
$$Q(P) = 10^{21}\mathrm{e}^{-\frac{P}{4}}$$

求（1）需求对价格的弹性；

（2）当商品的单价分别为 3.5 元、4 元、4.5 元时的需求弹性，并说明其经济意义.

复 习 题 2

一、选择题.

1. 设 $f(x) = x\sin x$，则 $f'(\frac{\pi}{2}) = $（   ）.

   A. -1　　　　　　B. 1　　　　　　C. $\frac{\pi}{2}$　　　　　　D. $-\frac{\pi}{2}$

2. 设 $f(x+2) = \frac{1}{x+1}$，则 $f'(x) = $（   ）.

   A. $\frac{1}{(x-1)^2}$　　　B. $\frac{-1}{(x+1)^2}$　　　C. $\frac{1}{x+1}$　　　D. $\frac{-1}{x-1}$

3. 设 $y = \mathrm{e}^x + \mathrm{e}^{-x}$，则 $y'' = $（   ）.

   A. $\mathrm{e}^x + \mathrm{e}^{-x}$　　　B. $\mathrm{e}^x - \mathrm{e}^{-x}$　　　C. $-\mathrm{e}^x - \mathrm{e}^{-x}$　　　D. $-\mathrm{e}^x + \mathrm{e}^{-x}$

4. 设 $y = xe^x$，则 $dy = $（　　）.
   A. $xe^x dx$
   B. $(1+x)e^x dx$
   C. $(1-x)e^x dx$
   D. $xe^x dx$

5. 下列极限中能使用罗必达法则的是（　　）.
   A. $\lim\limits_{x \to \infty} \dfrac{\sin x}{x}$
   B. $\lim\limits_{x \to 0} \dfrac{x - \sin x}{x + \sin x}$
   C. $\lim\limits_{x \to \frac{\pi}{2}} \dfrac{\tan 3x}{\sin 3x}$
   D. $\lim\limits_{x \to \infty} \dfrac{\ln(1+e^x)}{x}$

6. 函数 $y = (x-2)^2 + 3$ 在 $(-\infty, +\infty)$ 内的极小值点为（　　）.
   A. 0
   B. 1
   C. 2
   D. 不存在

7. 设函数 $f(x) = \ln(x^2 + 1)$，则点 $x = -1$ 是 $f(x)$ 的（　　）.
   A. 间断点
   B. 可微点
   C. 驻点
   D. 拐点

8. 函数 $y = |x-1| + 2$ 的最小值点为（　　）.
   A. 0
   B. 1
   C. 2
   D. -1

9. $y = x^{\frac{1}{x}}$（　　）.
   A. 有极大值为 0
   B. 有极小值为 0
   C. 有极大值为 $e^{\frac{1}{e}}$
   D. 无极值

10. 曲线 $y = \dfrac{2x-1}{(x-1)^2}$（　　）.
    A. 有水平渐近线
    B. 无垂直渐近线
    C. 无水平渐近线
    D. 既无水平渐近线也无垂直渐近线

二、填空题.

1. 设 $f(\dfrac{1}{x}) = x$，则 $f'(x) = $　　　　　.
2. 设 $y = e^x(\sin x + \cos x)$，则 $y' = $　　　　　.
3. 设 $f(x) = x^3$，则 $\lim\limits_{x \to 2} \dfrac{f(x) - f(2)}{x - 2} = $　　　　　.
4. 设 $y = \ln\dfrac{1}{x} + \cos\dfrac{1}{x}$，则 $dy = $　　　　　.
5. 设 $x \cdot y = 1 + x \cdot e^y$，则 $dy = $　　　　　.
6. 函数 $y = -(x-1)^2$ 的单调增区间是　　　　　.
7. 若函数 $y = x + \dfrac{a^2}{x} (a > 0)$ 在 $x = k$ 处取得最小值，则 $a = $　　　　　.
8. 曲线 $y = xe^{-x}$ 的拐点坐标是　　　　　.
9. 曲线 $y = \dfrac{x^3}{3} + \dfrac{x^4}{4}$ 的凸区间是　　　　　.
10. 曲线 $y = x + \dfrac{\ln x}{x}$ 的垂直渐近线是　　　　　.

三、解答题.

1. 求函数 $y = x - \ln(1+x)$ 的单调区间.

2. 求函数 $y = x + \sqrt{x}$ 在区间 $[0,4]$ 上的最大值和最小值.

3. 证明曲线 $xy = 1$ 上任意一点的切线与两坐标轴围成的三角形面积等于常数.

4. 设一物体沿抛物线 $y = \dfrac{1}{6}x^2$ 运动,当 $x = 6 \text{ cm}$ 时,其横坐标 x 以 2 cm/s 的速度增加,问此时 y 坐标增加的速度为多少?

5. 从一块半径为 R 的圆铁皮上挖去一个扇形做成一个漏斗,问留下的扇形的中心角 φ 取多大时做成的漏斗容积最大?

第 3 章　一元函数积分学

学习要求：
1. 理解不定积分的概念和性质，掌握不定积分的基本公式.
2. 掌握不定积分、定积分的换元法与分部积分法，会求简单有理函数的积分.
3. 理解变上限积分作为其上限的函数及其求导定理，掌握牛顿（Newton）——莱布尼兹（Leibniz）公式.
4. 了解广义积分的概念.
5. 会应用定积分解决一些实际问题（如求面积、体积，在物理学及经济学上的某些应用）.

在第 2 章里，讨论了如何求一个函数的导函数的问题，本章首先要讨论它的逆问题，即要求一个可导函数，使它的导函数等于已知函数. 例如当质点作直线运动时，如果已知它的路程函数为 $s(t)$，那么，通过求导，可求得速度函数，$v(t)=s'(t)$. 反过来，如果已知它的速度函数为 $v(t)$，如何求它的路程函数 $s(t)$ 呢？再进一步，如何求质点从 t_1 时刻到 t_2 时刻内通过的路程呢？这就是积分学所要讨论的二个重要问题. 因此本章将学习不定积分和定积分的概念、性质、计算方法以及定积分的应用.

3.1　不定积分的概念和性质

3.1.1　不定积分的概念

定义 1　如果在区间 I 上，可导函数 $F(x)$ 的导函数为 $f(x)$，即当 $x\in I$ 时，
$$F'(x)=f(x) \text{ 或 } d(F(x))=f(x)dx$$
则称 $F(x)$ 为 $f(x)$ 在区间 I 上的原函数.

例如，在区间 $(-\infty,+\infty)$ 内，$(x^2)'=2x$，故 x^2 是 $2x$ 在 $(-\infty,+\infty)$ 上的一个原函数.
又如，在区间 $(-\infty,+\infty)$ 内，$(\sin x)'=\cos x$，故 $\sin x$ 是 $\cos x$ 在 $(-\infty,+\infty)$ 内的原函数.
一个函数具备什么条件，其原函数一定存在？对此，下面先介绍一个原函数存在的充分条件：

定理 1　（**原函数存在定理**）连续函数一定有原函数.

因为初等函数在其定义区间内连续,所以初等函数在其定义区间内一定有原函数.

注意以下几点:

(1) 如果 $f(x)$ 在 I 上有原函数 $F(x)$,即 $F'(x)=f(x)$,$x \in I$,那么,对任何常数 C,显然有

$$[F(x)+c]'=f(x)$$

也就是说,对任何常数 C,函数 $F(x)+C$ 也是 $f(x)$ 的原函数. 因此,如果 $f(x)$ 有一个原函数,那么 $f(x)$ 就有无限多个原函数.

(2) 在区间 I 上,如果 $F(x)$、$\Phi(x)$ 都是 $f(x)$ 的原函数,那么,由拉格朗日中值定理的推论 2 知 $F(x)-\Phi(x)=C$ (C 是任意的常数),这说明任意两个原函数之间只相差一个常数.

下面给出不定积分的定义.

定义 2 在区间 I 上,函数 $f(x)$ 的带有任意常数项的原函数称为 $f(x)$(或 $f(x)dx$)在区间 I 上的不定积分,记做

$$\int f(x)dx$$

其中记号 "$\int$"(拉长的 S)称为**积分号**,$f(x)$ 称为**被积函数**,$f(x)dx$ 称为**被积表达式**,x 称为**积分变量**.

如果 $F(x)$ 是 $f(x)$ 在区间 I 上的一个原函数,那么在 I 上有

$$\int f(x)dx = f(x)+C$$

即求一个函数的不定积分实际上只需求出它的一个原函数,再加上一个任意常数即得.

3.1.2 不定积分的性质

由不定积分的定义,可得如下性质:

性质 1:$\left[\int f(x)dx\right]' = f(x)$,或 $d\left[\int f(x)dx\right] = f(x)dx$

性质 2:$\int F'(x)dx = F(x)+C$,或 $\int dF(x) = F(x)+C$

由上面两个性质可见,除可能相差一个常数外,微分运算(以记号 "d" 表示)与求不定积分的运算(简称积分运算,以记号 "$\int$" 表示)互为逆运算,当记号 "$\int$" 与 "d" 连在一起时,或者抵消,或者抵消后差一个常数. 上述性质也可简单记述为:先积后微,形式不变;先微后积,差一个常数.

性质 3:$\int [f(x) \pm g(x)]dx = \int f(x)dx \pm \int g(x)dx$

这个性质可推广到有限个函数的和与差的求积分运算中去.

性质 4:$\int kf(x)dx = k\int f(x)dx$ (k 是常数,且 $k \neq 0$)

即与求分变量无关的常数 k，可以提出积分号.

3.1.3 直接积分法

现利用不定积分的 4 个性质来求不定积分.

例 1 求 $\int x^2 \mathrm{d}x$.

解 因为 $(\frac{1}{3}x^3)' = x^2$，所以 $\int x^2 \mathrm{d}x = \frac{1}{3}x^3 + C$.

例 2 求 $\int \frac{1}{x} \mathrm{d}x$.

解 当 $x > 0$ 时，因 $(\ln x)' = \frac{1}{x}$，所以 $\ln x$ 是 $\frac{1}{x}$ 在 $(0, \infty)$ 内的一个原函数，即在 $(0, +\infty)$ 内 $\int \frac{1}{x} \mathrm{d}x = \ln x + C$；

当 $x < 0$ 时，因 $[\ln(-x)]' = (-\frac{1}{x})(-1) = \frac{1}{x}$，所以在 $(-\infty, 0)$ 内，$\int \frac{1}{x} \mathrm{d}x = \ln(-x) + c$.

将 $x > 0$ 及 $x < 0$ 结合起来，可写成
$$\int \frac{1}{x} \mathrm{d}x = \ln|x| + C$$

例 3 求 $\int a^x \mathrm{d}x$.

解 因为 $(\frac{1}{\ln a} a^x)' = a^x$，所以 $\int a^x \mathrm{d}x = \frac{1}{\ln a} a^x + C$.

例 4 求 $\int \cos x \mathrm{d}x$.

解 因为 $(\sin x)' = \cos x$，所以 $\int \cos x \mathrm{d}x = \sin x + C$.

由于积分运算是微分运算的逆运算，所以可以从导数公式得到不定积分公式，因此由导数公式表可得到积分表（同时添加了几个常见的积分公式）.

3.1.4 基本积分表

常见的积分如下.

1. $\int 0 \mathrm{d}x = C$

2. $\int x^n \mathrm{d}x = \frac{1}{n+1} x^{n+1} + C \, (n \neq -1)$

3. $\int \frac{1}{x} \mathrm{d}x = \ln|x| + C$

4. $\int \dfrac{1}{1+x^2} dx = \arctan x + C$

5. $\int \dfrac{1}{\sqrt{1-x^2}} dx = \arcsin x + C$

6. $\int \sin x dx = -\cos x + C$

7. $\int \cos x dx = \sin x + C$

8. $\int \sec^2 x dx = \tan x + C$

9. $\int \csc^2 x dx = -\cot x + C$

10. $\int \tan x \sec x dx = \sec x + C$

11. $\int \cot x \csc x dx = -\csc x + C$

12. $\int e^x dx = e^x + C$

13. $\int a^x dx = \dfrac{1}{\ln a} a^x + C$

14. $\int \tan x dx = -\ln|\cos x| + C$

15. $\int \cot x dx = \ln|\sin x| + C$

16. $\int \sec x dx = \ln|\sec x + \tan x| + C$

17. $\int \csc x dx = \ln|\csc x - \cot x| + C$

18. $\int \dfrac{dx}{a^2 + x^2} = \dfrac{1}{a} \arctan \dfrac{x}{a} + C$

19. $\int \dfrac{dx}{\sqrt{a^2 - x^2}} = \arcsin \dfrac{x}{a} + C$

20. $\int \dfrac{dx}{x^2 - a^2} = \dfrac{1}{2a} \ln\left|\dfrac{x-a}{x+a}\right| + C$

21. $\int \dfrac{dx}{\sqrt{x^2 - a^2}} = \ln\left|x + \sqrt{x^2 - a^2}\right| + C$

22. $\int \dfrac{dx}{\sqrt{x^2 + a^2}} = \ln\left|x + \sqrt{x^2 + a^2}\right| + C$

例 5 求 $\int \dfrac{x^4}{1+x^2} dx$.

解
$$\int \frac{x^4}{1+x^2}dx = \int \frac{x^4-1+1}{1+x^2}dx = \int \frac{(x^2+1)(x^2-1)+1}{1+x^2}dx$$
$$= \int (x^2-1+\frac{1}{1+x^2})dx$$
$$= \int x^2 dx - \int dx + \int \frac{1}{1+x^2}dx$$
$$= \frac{1}{3}x^3 - x + \arctan x + C$$

例 6 以初速度 v_0 将质点垂直上抛，不计阻力，求它的运动规律．

解 所谓运动规律就是指质点的位置关于时间 t 的函数关系，为表示质点的位置，取坐标系如图 3-1 所示，把质点运动所在的铅直线取作坐标轴（x 轴），方向向上，轴与地面的交点取作坐标原点．设运动开始时刻为 $t=0$，当 $t=0$ 时，质点所在的位置坐标为 x_0，在时刻 t 坐标为 x，于是 $x=x(t)$ 便是所要求的函数．

按导数的物理意义可知
$$\frac{dx}{dt} = v(t)$$

即在时刻 t 质点向上运动的速度为 $v(t)$（如 $v(t)<0$，运动方向向下），又因
$$\frac{d^2 x}{dt^2} = \frac{dv}{dt} = a(t),$$

且时刻 t 质点向上运动的加速度 $a(t) = -g$，故
$$\frac{dv}{dt} = -g$$

因此
$$v(t) = \int(-g)dt = -gt + C_1.$$

由 $t=0$ 时 $v=v_0$，得 $C_1 = v_0$，于是
$$v(t) = -gt + v_0, \quad v(t) = -gt + v_0$$

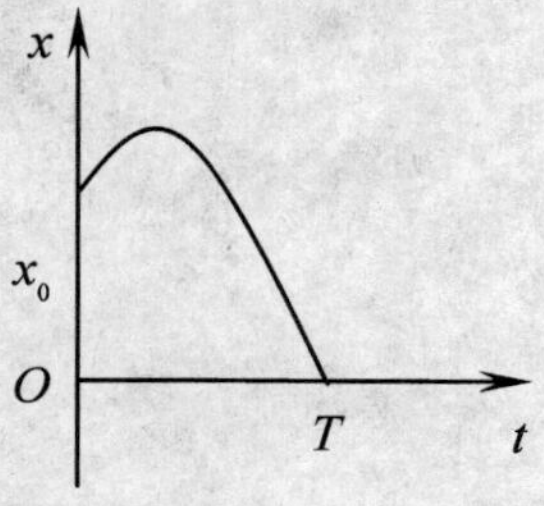

再求 $x(t)$．由 $\frac{dx}{dt} = v(t)$，得
$$x(t) = \int v(t)dt = \int(-gt+v_0)dt = -\frac{1}{2}gt^2 + v_0 t + C_2.$$

由 $t=0$ 时 $x=x_0$，得 $C_2 = x_0$．于是所求运动规律是
$$x = -\frac{1}{2}gt^2 + v_0 t + x_0, \quad t \in [0, T].$$

图 3-1

函数图形如图 3-1 所示.

习 题 3.1

1. 求下列不定积分.

(1) $\int \dfrac{1}{x^2} dx$ 　　　　　(2) $\int \sin x dx$

(3) $\int e^x dx$ 　　　　　(4) $\int \dfrac{1}{1+x^2} dx$

(5) $\int (x^2+1)^2 dx$ 　　　　　(6) $\int \dfrac{x^2}{1+x^2} dx$

(7) $\int 3^{-x}(2 \cdot 3^x - 3 \cdot 2^x) dx$ 　　　　　(8) $\int \sec x(\sec x - \tan x) dx$

2. 一物体由静止开始作直线运动, 经 t 秒后的速度为 $3t^2$ (m/s), 问

(1) 经 3s 后物体离开出发点的距离是多少?

(2) 物体与出发点的距离为 360m 时经过了多长时间?

3. 证明: 函数 $\arcsin(2x-1)$, $\arccos(1-2x)$, $2\arcsin\sqrt{x}$ 都是 $\dfrac{1}{\sqrt{x(1-x)}}$ 的原函数.

3.2 基本积分法

利用直接积分法及不定积分的定义和性质所能计算的不定积分是很有限的, 因此有必要寻找其他的积分方法. 本节介绍两种最基本的求不定积分的方法——换元积分法和分部积分法.

3.2.1 换元积分法

1. 第一类换元积分法

定理 2 设 $f(u)$ 具有原函数 $F(u)$, $u = \varphi(x)$ 可导, 则有换元公式

$$\int f(\varphi(x)) d(\varphi(x)) = \left[\int f(u) du\right]_{u=\varphi(x)} = (F(u) + C)_{u=\varphi(x)} = F(\varphi(x)) + C$$

这里 $\int f(u) du$ 是易求的不定积分 (如基本积分公式表中给出的不定积分), 在求 $\int f(\varphi(x)) d(\varphi(x))$ 时只需将 $f(u)$ 的不定积分 $F(u) + C$ 中的 u 换作 $\varphi(x)$ 即可.

本定理容易证明, 请读者自行完成.

例 7 求 $\int 3\cos 3x dx$.

解 被积分函数中，$\cos 3x$ 是一个复合函数：$\cos 3x = \cos u$，$u = 3x$. 作变换令 $u = 3x$，则有

$$\int 3\cos 3x \, dx = \int \cos 3x (3x)' dx = \int \cos 3x \, d(3x) = \int \cos u \, du = \sin u + C = \sin 3x + C.$$

例 8 求 $\int 2x e^{x^2} dx$.

解 因 $(x^2)' = 2x$，故令 $u = x^2$，于是

$$\int 2x e^{x^2} dx = \int e^{x^2} (x^2)' dx = \int e^{x^2} dx^2 = \int e^u du = e^u + C = e^{x^2} + C$$

例 9 求 $\int \tan x \, dx$.

解
$$\int \tan x \, dx = \int \frac{\sin x}{\cos x} dx = -\int \frac{(\cos x)'}{\cos x} dx = -\int \frac{1}{\cos x} d\cos x$$

$$\xlongequal{\diamondsuit u = \cos x} -\int \frac{1}{u} du = -\ln|u| + C = -\ln|\cos x| + C$$

用类似的方法，可求得

$$\int \cot x \, dx = \ln|\sin x| + C$$

例 10 求 $\int \frac{1}{4+x^2} dx$.

解
$$\int \frac{1}{4+x^2} dx = \frac{1}{4} \int \frac{1}{1+\left(\frac{x}{2}\right)^2} dx = \frac{1}{2} \int \frac{1}{1+\left(\frac{x}{2}\right)^2} d\left(\frac{x}{2}\right)$$

$$\xlongequal{\diamondsuit u = \frac{x}{2}} \frac{1}{2} \int \frac{1}{1+u^2} du = \frac{1}{2} \arctan u + C$$

$$= \frac{1}{2} \arctan \frac{x}{2} + C$$

2. 第二类换元积分法

定理 3 设 $f(x)$ 连续，$x = \varphi(t)$ 的导数 $\varphi'(t)$ 也连续，且 $\varphi'(t) \neq 0$，若

$$\int f(\varphi(t))\varphi'(t) dt = G(t) + C,$$

则有换元公式

$$\int f(x) dx = \left[\int f[\varphi(t)]\varphi'(t) dt\right]_{t=\varphi^{-1}(x)} = (G(t) + C)_{t=\varphi^{-1}(x)} = G(\varphi^{-1}(x)) + C,$$

其中 $t = \varphi^{-1}(x)$ 为 $x = \varphi(t)$ 的反函数.

略去定理的证明.

由于根式积分比较困难,通过变量代换,设法消去根式,以简化不定积分的计算.

例 11 求 $\int \sqrt{a^2 - x^2}\, dx$ ($a > 0$).

解 根号内是 x 的二次多项式,呈平方差的形式,且 $a^2 \geqslant x^2$. 为了消去根号,可利用正弦(或余弦)代换. 令

$$x = a\sin t\ (-\frac{\pi}{2} < t < \frac{\pi}{2})$$

则

$$t = \arcsin\frac{x}{a},\ \sqrt{a^2 - x^2} = a\cos t,\ dx = a\cos t\, dt.$$

于是

$$\begin{aligned}
\text{原式} &= \int a^2 \cos^2 t\, dt \\
&= a^2 \int \frac{1 + \cos 2t}{2}\, dt \\
&= a^2 \left(\frac{t}{2} + \frac{\sin 2t}{4}\right) + C \\
&= \frac{a^2}{2} t + \frac{a^2}{2} \sin t \cos t + C.
\end{aligned}$$

为了便于代回原变量,可作出如图 3-2 的辅助直角三角形. 由直角三角形的边角关系得

$$\sin t = \frac{x}{a},\ \cos t = \frac{\sqrt{a^2 - x^2}}{a},\ t = \arcsin\frac{x}{a}.$$

因此 $\int \sqrt{a^2 - x^2}\, dx = \frac{x}{2}\sqrt{a^2 - x^2} + \frac{a^2}{2} \arcsin\frac{x}{a} + C$.

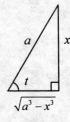

图 3-2

例 12 求 $\int \frac{dx}{\sqrt{a^2 + x^2}}$ ($a > 0$).

解 根号内是 x 的二次多项式,呈平方和的形式. 为了消去根号,可作正切(或余切)代换,令 $x = a\tan t(-\frac{\pi}{2} < t < \frac{\pi}{2})$,则 $t = \arctan\frac{x}{a}$,$\sqrt{a^2 + x^2} = a\sec t$,$dx = a\sec^2 t\, dt$.

代入,得

$$\begin{aligned}
\text{原式} &= \int \frac{a\sec^2 t}{a\sec t}\, dt \\
&= \int \sec t\, dt \\
&= \ln|\sec t + \tan t| + C_1
\end{aligned}$$

因 $\tan t = \dfrac{x}{a}$，$\sec t = \dfrac{\sqrt{x^2+a^2}}{a}$（图 3-3），故

$$\int \dfrac{\mathrm{d}x}{\sqrt{a^2+x^2}} = \ln(\dfrac{x}{a}+\dfrac{\sqrt{x^2+a^2}}{a})+C_1 = \ln(x+\sqrt{x^2+a^2})+C\,(C=C_1-\ln a).$$

例 13　求 $\displaystyle\int \dfrac{\mathrm{d}x}{\sqrt{x^2-a^2}}$ ($a>0$).

解　根号内是 x 的二次多项式，呈平方差的形式，且 $a^2<x^2$. 为了消去根号，可作正割（或余割）代换.

令 $x=a\sec t$（$0<t<\pi/2$），则 $\sqrt{x^2-a^2}=a\tan t$, $\mathrm{d}x=a\sec t\tan t\,\mathrm{d}t$，代入，得

$$原式 = \int \dfrac{a\sec t\tan t}{a\tan t}\mathrm{d}t = \int \sec t\,\mathrm{d}t = \ln|\sec t+\tan t|+C_1.$$

因 $\sec t = \dfrac{x}{a}$，$\tan t = \dfrac{\sqrt{x^2-a^2}}{a}$（图 3-4），故

$$\int \dfrac{\mathrm{d}x}{\sqrt{x^2-a^2}} = \ln\left(\dfrac{x}{a}+\dfrac{\sqrt{x^2-a^2}}{a}\right)+C_1 = \ln\left|x+\sqrt{x^2-a^2}\right|+C\,.$$

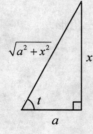

图 3-3

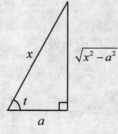

图 3-4

例 14　求 $\displaystyle\int \dfrac{\mathrm{d}x}{1+\sqrt{x}}$.

解　根号内是 x 的一次多项式，故令 $\sqrt{x}=t$，则 $x=t^2$, $\mathrm{d}x=2t\,\mathrm{d}t$. 于是

$$\int \dfrac{\mathrm{d}x}{1+\sqrt{x}}$$

$$=\int \dfrac{2t}{1+t}$$

$$=2\int \dfrac{(t+1)-1}{1+t}\mathrm{d}t$$

$$=2\int (1-\dfrac{1}{1+t})\mathrm{d}t$$

$$= 2(\int dt - \int \frac{d(1+t)}{1+t})$$
$$= 2(t - \ln|1+t|) + C$$
$$= 2\left[\sqrt{x} - \ln(1+\sqrt{x})\right] + C.$$

例 15 求 $\int \frac{dx}{\sqrt{x} + \sqrt[3]{x}}$.

解 根号内是相同的 x 的一次多项式. 为了把分母中的同底异次根式化为同次根式, 令 $\sqrt[6]{x} = t$, 即 $x = t^6$, 于是 $dx = 6t^5 dt$, 因此

$$\int \frac{dx}{\sqrt{x} + \sqrt[3]{x}}$$
$$= \int \frac{6t^5 dt}{t^3 + t^2}$$
$$= 6\int \left(t^2 - t + 1 - \frac{1}{1+t}\right) dt$$
$$= 6\left[\frac{t^3}{3} - \frac{t^2}{2} + t - \ln(1+t)\right] + C$$
$$= 2\sqrt{x} - 3\sqrt[3]{x} + 6\sqrt[6]{x} - 6\ln(1+\sqrt[6]{x}) + C.$$

例 16 求 $\int \frac{x dx}{\sqrt{1+\sqrt[3]{x^2}}}$.

解 根号内比较复杂, 不妨令 $\sqrt{1+\sqrt[3]{x^2}} = t$, 则 $x = (t^2-1)^{\frac{3}{2}}$, $dx = 3(t^2-1)^{\frac{1}{2}} t dt$,

$$原式 = \int \frac{1}{t}(t^2-1)^{\frac{3}{2}} \cdot 3(t^2-1)^{\frac{1}{2}} t dt$$
$$= 3\int (t^2-1)^2 dt$$
$$= 3\int (t^4 - 2t^2 + 1)^2 dt$$
$$= 3\int \left(\frac{t^5}{5} - \frac{2}{3}t^3 + t\right) + C$$
$$= \frac{3}{5}(\sqrt{1+\sqrt[3]{x^2}})^5 - 2(\sqrt{1+\sqrt[3]{x^2}})^3 + 2(\sqrt{1+\sqrt[3]{x^2}}) + C$$

例 17 求 $\int \frac{x}{\sqrt{x^2+2x+2}} dx$.

解 注意到 $x^2+2x+2 = (x+1)^2+1$, 则令 $x+1 = t$, 则

$$\int \frac{x}{\sqrt{x^2+2x+2}}dx = \int \frac{t-1}{\sqrt{t^2+1}}dt$$
$$= \int \frac{t\,dt}{\sqrt{t^2+1}} - \int \frac{dt}{\sqrt{t^2+1}} = \frac{1}{2}\int \frac{d(t^2+1)}{\sqrt{t^2+1}} - \ln\left|t+\sqrt{t^2+1}\right| \text{（见例12）}$$
$$= \sqrt{x^2+1} - \ln\left|t+(\sqrt{x^2+1})\right| + C$$
$$= \sqrt{x^2+2x+2} - \ln\left|x+1+\sqrt{x^2+2x+2}\right| + C.$$

3.2.2 分部积分法

设函数 $u=u(x)$ 及 $v=v(x)$ 具有连续导数。已知两个函数乘积的导数公式为 $(uv)' = u'v+uv'$ 或 $uv'=(uv)'-u'v$，两边求不定积分得

$$\int uv'dx = uv - \int u'v dx$$

这就是分部积分公式，它将计算 $\int uv'dx$ 转化为计算 $\int u'v dx$。如果求 $\int uv'dx$ 有困难，而求 $\int u'v dx$ 比较容易时，分部积分就能发挥作用了。

为方便，此公式也可以写成

$$\int u dv = uv - \int v du.$$

例18 求 $\int x\cos x dx$。

解 选取 $u=x$，$dv=\cos x dx$，则 $u'=1$，$v=\sin x$，代入分部积分公式，得
$$\int x\cos x dx = x\sin x - \int \sin x dx = x\sin x - \cos x + C.$$

注：如果 $u=\cos x$，$dv=x dx$，则 $u'=-\sin x$，$v=\frac{1}{2}x^2$，于是
$$\int x\cos x dx = \frac{1}{2}x^2 \cos x - \int \frac{1}{2}x^2 \sin x dx$$

此积分比原先积分更不易求出。由此可见，如果 u 和 v' 选取不当，就增加计算的难度，甚至求不出结果。

例19 求 $\int xe^x dx$。

解 设 $u=x$，$dv=e^x dx$，则 $u'=1$，$v=e^x$，
$$\int xe^x dx = xe^x - \int e^x dx = xe^x - e^x + C$$

如果选择 $u=e^x$，$v'=x$ 会怎样呢？不妨试一试，看看能否求出不定积分。

例 20 求 $\int x\ln x\,dx$.

解 设 $u=\ln x$, $dv=xdx=d(\frac{1}{2}x^2)$，则

$$\int x\ln x\,dx=\int \ln x\,d(\frac{1}{2}x^2)=\frac{1}{2}x^2\ln x-\int \frac{1}{2}x^2 d\ln x=\frac{1}{2}x^2\ln x-\frac{1}{2}\int x^2\frac{1}{x}dx=\frac{1}{2}x^2\ln x-\frac{1}{4}x^2+C$$

例 21 求 $\int \arccos x\,dx$.

解 这里被积函数表达式中的 u、dv 已经选择好了：$u=\arccos x$，$dv=dx$. 因此

$$\int \arccos x\,dx=x\arccos x-\int x\,d\arccos x=x\arccos x+\int \frac{x}{\sqrt{1-x^2}}dx=\arccos x-\sqrt{1-x^2}+C$$

例 22 求 $\int e^x\sin x\,dx$.

解

$$\int e^x\sin x\,dx=\int \sin x\,de^x$$
$$=e^x\sin x-\int e^x\cos x\,dx$$
$$=e^x\sin x-\int \cos x\,de^x$$
$$=e^x\sin x-(e^x\cos x-\int e^x d\cos x)$$
$$=e^x(\sin x-\cos x)-\int e^x\sin x\,dx$$

右端积分与原积分相同，经移项整理得

$$\int e^x\sin x\,dx=\frac{1}{2}e^x(\sin x-\cos x)+C$$

通过以上例子可以看出，用分部积分法的关键在于正确地选好 u 与 v'，应该怎样选取 u 和 v' 呢？一般要考虑以下两点：

（1）v' 的原函数 v 要容易求得；

（2）$\int vu'dx$ 要比原积分 $\int uv'dx$ 容易算.

具体地讲，被积函数多由幂函数、指数函数、对函数、三角函数、反三角函数五大类基本初等函数的乘积组成，选择 u 的优先标准为"反对幂指三". 即当两类函数相乘求积分时，按照此标准，排在前面的函数类作为 u，排在后面的函数类作为 v' 凑入微分号. 如被积函数是 x^2e^x 时，则令 $u=x^2$，$v'=e^x$；被积函数是 $x\ln x$ 时，则令 $u=\ln x$，$v'=x$；被积函数是 $e^x\cos x$ 时，则令 $u=\cos x$，$v'=e^x$，也可令 $u=e^x$，$v'=\cos x$.

有时，在一个题目中可能多次使用分部积分法才能得到结果，为了简化这类问题的计算，我们给出一种相对简单的方法，把公式相

$$\int uv'dx=uv-\int vu'dx$$

表示成以下形式

$$\begin{array}{ccc} \text{微分} & & \text{积分} \\ u & \diagdown^{+} & v' \\ u' & \diagup_{-\int} & v \end{array}$$

即把斜线两端的函数相乘，斜线上的符号表示此乘积项的符号，最后横线表示两端函数乘积的不定积分，且线上所示的符号是正负相间的．

例 23　计算 $\int x^3 \mathrm{e}^x \mathrm{d}x$．

解　按"反对幂指三"的顺序，选 $u = x^3$，$v' = \mathrm{e}^x$，写成以下形式

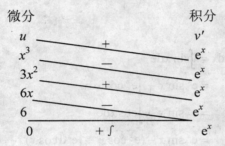

线段两端的式子相乘，乘积的符号取线段上的符号（正负交替出现），所以

$$\int x^3 \mathrm{e}^x \mathrm{d}x = x^3 \mathrm{e}^x - 3x^2 \mathrm{e}^x + 6x\mathrm{e}^x - 6\mathrm{e}^x + \int 0 \cdot \mathrm{e}^x \mathrm{d}x$$
$$= (x^3 - 3x^2 + 6x - 6)\mathrm{e}^x + C$$

例 24　求 $\int x \ln x \mathrm{d}x$．

解　按"反对幂指三"的顺序，选 $u = \ln x$，$v' = x$ 写成以下形式

$$\begin{array}{ccc} \text{微分} & & \text{积分} \\ \ln x & \diagdown^{+} & x \\ \dfrac{1}{x} & \diagup_{-\int} & \dfrac{1}{2}x^2 \end{array}$$

所以

$$\int x \ln x \mathrm{d}x = \frac{1}{2}x^2 \ln x - \int \frac{1}{x} \cdot \frac{1}{2} x^2 \mathrm{d}x = \frac{1}{2}x^2 \ln x - \frac{1}{2} \int x \mathrm{d}x = \frac{1}{2}x^2 \ln x - \frac{1}{4}x^2 + C$$

与例 20 结果一致，但解题过程更明晰．

例 25　求 $\int \mathrm{e}^x \sin x \mathrm{d}x$

解　写成如下形式

微分		积分
u		v'
e^x	$+$	$\sin x$
e^x	$-$	$-\cos x$
e^x	$+\int$	$-\sin x$

$$\int \sin x e^x dx = -\cos x e^x - e^x(-\sin x) + \int e^x(-\sin x)dx = (\sin x - \cos x)e^x - \int \sin x e^x dx$$

移项整理得

$$\int e^x \sin x dx = \frac{1}{2}(\sin x - \cos x)e^x + C$$

与例 22 结果一样，但此法思路明晰.

在积分过程中，往往要兼用换元法与分部积分法. 例如经分部积分后，接着求 $\int vu' dx$ 时就可能要用到换元法，有时也可先用换元法，再用分部积分法，看看下面的两个例子.

例 26 求 $\int x\cos^3 x dx$.

解
$$\int x\cos^3 x dx = \int x\cos^2 x d\sin x$$
$$= \int x(1-\sin^2 x)d\sin x$$
$$= \int x d(\sin x - \frac{1}{3}\sin^3 x)$$
$$= x(\sin x - \frac{1}{3}\sin^3 x) - \int(\sin x - \frac{1}{3}\sin^3 x)dx$$
$$= x(\sin x - \frac{1}{3}\sin^3 x) + \int\left[1 - \frac{1}{3}(1-\cos^2 x)\right]d\cos x$$
$$= x(\sin x - \frac{1}{3}\sin^3 x) + \frac{2}{3}\cos x + \frac{1}{9}\cos^3 x + C$$

例 27 求 $\int e^{\sqrt[4]{x}} dx$.

解 令 $t = \sqrt[4]{x}$，$x = t^4$，$dx = 4t^3 dt$，则
$$\int e^{\sqrt[4]{x}} dx = 4\int t^3 e^t dt$$

由例 23 知，上式 $= 4(t^3 - 3t^2 + 6t - 6)e^t + C$，即
$$\int e^{\sqrt[4]{x}} dx = 4(\sqrt[4]{x^3} - 3\sqrt{x} + 6\sqrt[4]{x} - 6)e^{\sqrt[4]{x}} + C.$$

习 题 3.2

1. 用换元积分法求下列不定积分.

(1) $\int \sin(2x+1)dx$ (2) $\int e^{-\frac{1}{3}x}xdx$

(3) $\int \sin x \cos x dx$ (4) $\int \dfrac{dx}{e^x+e^{-x}}$

(5) $\int \dfrac{x}{\sqrt{2-3x^2}}dx$ (6) $\int \dfrac{2x-1}{\sqrt{1-x^2}}dx$

2. 用分步积分法求下列不定积分.

(1) $\int x\arctan x dx$ (2) $\int e^x \cos x dx$

(3) $\int (\sec x)^3 dx$ (4) $\int e^{\sqrt{x}} dx$

(5) $\int x\ln(x^2+1)dx$ (6) $\int e^{\sqrt[3]{x}} dx$

3. 求下列不定积分.

(1) $\int (2x-3)^5 dx$ (2) $\int xe^{-x^2} dx$

(3) $\int \sin^2 x \cos^3 x dx$ (4) $\int \dfrac{\sqrt{x^2-a^2}}{x}dx$

(5) $\int \dfrac{dx}{1+\sqrt{1+x}}$ (6) $\int x\sqrt{x+1} dx$

(7) $\int x\sin^2 x dx$ (8) $\int e^{\sqrt{x+1}} dx$;

(9) $\int \sin\sqrt{x} dx$ (10) $\int \dfrac{1}{1+\sin x} dx$

4. 已知 $f(x)$ 的一个原函数 $\sin x$，试求 $\int xf'(x)dx$.

5. 已知 $f(x)$ 的一个原函数是 e^x，试求 $\int xf''(x)dx$.

6. 已知 $f(x)$ 二阶连续可导，试求 $\int xf''(2x-1)dx$.

3.3 积分表的使用

有些不定积分虽然存在，但不能用初等函数表达，这时常说该积分"积不出来"。其实它们是用不定积分定义的非初等函数——高等超越函数。例如，形式上比较简单的初等函数的不定积分

$$\int \sin x^2 dx, \quad \int \dfrac{\sin x}{x}dx, \quad \int \dfrac{dx}{\ln x}, \quad \int e^{-x^2} dx, \quad \int \sqrt{1-k^2\sin^2 x}\, dx, \quad \cdots\cdots,$$

等，虽然存在，却是"积不出来"的典型。在计算它们的时候，需要用更高深的方法。

从前面内容可见，计算不定积分要比计算导数复杂和困难得多。人们把常用的积分公

式汇集起来,简称为积分表(附于本书末).可以根据被积函数的不同类型,选用适当的积分公式,求出其结果,在有条件的时候,还可使用数学软件,从微机中调出结果(参阅本书第 9 章).

本表主要分以下几个类型.

(1) 含 $a+bx$ 型.
(2) 含 $a^2 \pm b^2 x^2$ 型.
(3) 含 $\sqrt{x^2 \pm a^2}$ 或 $\sqrt{a^2 - x^2}$ 型.
(4) 含 $a+bx+cx^2$ 型.
(5) 含三角函数型.
(6) 其他.

下面举例说明积分表使用法.

例 28 求 $\displaystyle\int \frac{\mathrm{d}x}{x^2-2x-1}$.

解 首先分析被积函数属于哪个类型.

易知 x^2-2x-1 属于(五)型,且这里 $c=1>0$,$b^2-4ac=8>0$,故可用公式 29 去求,得

$$\int \frac{\mathrm{d}x}{x^2-2x-1} = \frac{1}{\sqrt{8}} \ln\left|\frac{2x-2-\sqrt{8}}{2x-2+\sqrt{8}}\right| + C = \frac{1}{2\sqrt{2}} \ln\left|\frac{x-1-\sqrt{2}}{x-1+\sqrt{2}}\right| + C$$

有的被积函数并不属于积分表中任何一类,但经适当变换变形后,就可判断新的积分属于哪一种类型,于是通过积分表便可求得.

例 29 求 $\displaystyle\int \frac{x\mathrm{d}x}{x^4-2x-1}$.

解 原式 $= \dfrac{1}{2}\displaystyle\int \frac{\mathrm{d}(x^2)}{x^4-2x^2-1} = \dfrac{1}{2}\displaystyle\int \frac{\mathrm{d}u}{u^2-2u-1} \xlongequal{\text{公式}29} \dfrac{1}{4\sqrt{2}} \ln\left|\frac{x^2-1-\sqrt{2}}{x^2-1+\sqrt{2}}\right| + C$

积分表中有些公式是递推公式,可以逐次递推出结果.

例 30 求 $\displaystyle\int \cos^4 x \mathrm{d}x$.

解 原式 $\xlongequal{\text{公式}96} \dfrac{1}{4}\cos^3 x \sin x + \dfrac{3}{4}\displaystyle\int \cos^2 x \mathrm{d}x$

$= \dfrac{1}{4}\cos^3 x \sin x + \dfrac{3}{4}\left(\dfrac{1}{2}\cos x \sin x + \dfrac{1}{2}\displaystyle\int \cos^0 x \mathrm{d}x\right)$

$= \dfrac{1}{4}\cos^3 x \sin x + \dfrac{3}{8}\cos x \sin x + \dfrac{3}{8}x + C$

注: 本题可直接用倍角公式降次,再计算积分(略).

习 题 3.3

1. 利用积分表，求下列积分

(1) $\int \dfrac{dx}{x^3(a+bx^2)}$

(2) $\int \dfrac{dx}{\sqrt{1-2x-x^2}}$

(3) $\int \sin^4 x \, dx$

(4) $\int \dfrac{dx}{\sqrt{e^x(2+e^x)}}$

3.4 定积分的概念与性质

定积分是积分学的另一个重要概念，自然科学与生产实践中的许多问题，如平面图形的面积、曲线的弧长、水压力、变力所做的功等都可以归结为定积分问题．本节从实际问题中引出定积分的概念，再讨论定积分的性质及定积分的求法．

3.4.1 定积分的概念

先看下面两个例子.

1. 曲边梯形的面积

设 $y=f(x)$ 在区间 $[a,b]$ 上非负连续，由直线 $x=a$，$x=b$，$y=0$ 及曲线 $y=f(x)$ 所围成的图形（图 3-5）称为曲边梯形，其中曲线弧称为曲边，x 轴上对应区间 $[a,b]$ 的线段称为底边．

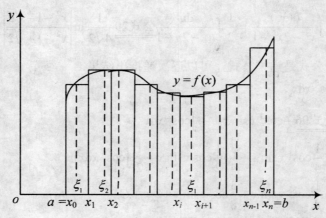

图 3-5

当矩形的高不变时，它的面积可按公式
$$矩形面积 = 底 \times 高$$
来计算，但是曲边梯形在底边上各点处的高 $f(x)$ 在区间 $[a,b]$ 上是变动的，故它的面积不能直接按上述公式来定义和计算. 由于曲边梯形的高 $f(x)$ 在区间 $[a,b]$ 上是连续变化的，在很小一段区间上的它的变化很小，近似于不变. 因此，如果把区间 $[a,b]$ 划分成许多小区间，在每个小区间上用其中某点处的高来近似代替同一个小区间上的窄曲边梯形的变高，那么每个窄曲边梯形就可近似地看成窄矩形，就以所有这些窄矩形面积之和作为曲边梯形面积的近似值. 如果把区间 $[a,b]$ 无限细分下去，使每个小区间的宽度趋于 0，这时所有窄矩形面积之和的极限，就应该是该曲边梯形的面积.

具体计算过程如下.

在区间 $[a,b]$ 中任意插入若干个分点
$$a = x_0 < x_1 < x_2 < \cdots < x_{n-1} < x_n = b$$
把 $[a,b]$ 分成 n 个小区间
$$[x_0, x_1], [x_1, x_2], \cdots, [x_{n-1}, x_n]$$
它们的长度依次为
$$\Delta x_1 = x_1 - x_0, \ \Delta x_2 = x_2 - x_1, \cdots, \ \Delta x_n = x_n - x_{n-1}$$
经过每一个分点作平行于 y 轴的直线段，把曲线梯形分成 n 个窄曲边梯形. 在每个小区间 $[x_{i-1}, x_i]$ 上任取一点 ξ_i，以 $[x_{i-1}, x_i]$ 为底、$f(\xi_i)$ 为高的窄矩形近似替代第 i 个窄曲边梯形（$i = 1, 2, \cdots, n$），把这样得到的 n 个窄矩形面积之和作为所求曲边梯形的面积 A 的近似值，即
$$A \approx f(\xi_1)\Delta x_1 + f(\xi_2)\Delta x_2 + \cdots + f(\xi_n)\Delta x_n \sum_{i=1}^{n} f(\xi_i)\Delta x_i$$

为了保证所有小区间的宽度都无限缩小，要求小区间宽度中的最大值趋于 0，如记 $\lambda = \max\{\Delta x_1, \Delta x_2 \cdots, \Delta x_n\}$，则上述条件可表示为 $\lambda \to 0$. 当 $\lambda \to 0$（这时分段数 n 无限增多，即 $n \to \infty$）时，上述和式的极限，便是曲边梯形的面积. 即
$$A = \lim_{\lambda \to 0} \sum_{i=1}^{n} f(\xi_i)\Delta x_i.$$

2. 变速直线运动的路程

设某物体作直线运动，已知速度 $v = v(t)$ 是时间间隔 $[T_1, T_2]$ 上 t 的连续函数，且 $v(t) \geq 0$，计算在这段时间内物体所经过的路程 s.

我们知道对于匀速直线运动，有公式
$$路程 = 速度 \times 时间$$
但是，在此问题中速度不是常量，而是随时间变化的变量，因此路程不能直接按匀速直线运动的路程公式计算. 由于物体运动的速度函数 $v = v(t)$ 是连续变化的，在很短一段时

间内，速度的变化很小，近似于匀速，因此，如果把时间间隔分小，在小段时间内，以匀速运动代替变速运动，那么就可以算出这部分路程的近似值．最后通过时间间隔无限细分的极限过程，求得所有部分路程的近似值之和的极限，它就是所求变速直线运动的路程．

具体计算过程如下．

在时间间隔$[T_1, T_2]$内任意插入若干个分点
$$T_1 = t_0 < t_1 < t_2 < \cdots < t_{n-1} < t_n = T_2$$

把$[T_1, T_2]$分成n个小段
$$[t_0, t_1], [t_1, t_2], \cdots, [t_{n-1}, t_n]$$

各小段时间的长依次为
$$\Delta t_1 = t_1 - t_0, \quad \Delta t_2 = t_2 - t_1, \cdots, \Delta t_n = t_n - t_{n-1}$$

相应地，在各段时间内物体经过的路程依次为
$$\Delta s_1, \Delta s_2, \cdots, \Delta s_n$$

在时间间隔$[t_{i-1}, t_i]$上任取一个时刻$\tau_i (t_{i-1} \leq \tau_i \leq t_i)$，以$\tau_i$时的速度$v(\tau_i)$来代替$[t_{i-1}, t_i]$上各个时刻的速度，得到部分路程$\Delta s_i$的近似值，即
$$\Delta s_i \approx v(\tau_i) \Delta t_i \quad (i = 1, 2, \cdots, n)$$

于是这n段部分路程的近似值之和就是所求变速直线运动路程s的近似值，即
$$s = v(\tau_1)\Delta t_1 + v(\tau_2)\Delta t_2 + \cdots + v(\tau_n)\Delta t_n = \sum_{i=1}^{n} v(\tau_i)\Delta t_i$$

记$\lambda = \max\{\Delta t_1, \Delta t_2, \cdots, \Delta t_n\}$，当$\lambda \to 0$时，取上式右端和式的极限，即得变速直线运动的路程
$$s = \lim_{\lambda \to 0} \sum_{i=1}^{n} v(\tau_i)\Delta t_i$$

从上述两个实例，我们可以抽象出定积分的定义．

定义 3 设函数$f(x)$在区间$[a, b]$上有界，在$[a, b]$中任意插入若干个分点
$$a = x_0 < x_1 < x_2 < \cdots < x_n = b$$

把区间$[a, b]$分成n个小区间
$$[x_0, x_1], [x_1, x_2], \cdots, [x_{n-1}, x_n]$$

各个小区间的长度依次为
$$\Delta x_1 = x_1 - x_0, \quad \Delta x_2 = x_2 - x_1, \cdots, \Delta x_n = x_n - x_{n-1}$$

在每个小区间$[x_{i-1}, x_i]$上任取一点$\xi_i (x_{i-1} \leq \xi_i \leq x_i)$，取函数值$f(\xi_i)$与小区间长度$\Delta x_i$的乘积$f(\xi_i)\Delta x_i (i = 1, 2, \cdots, n)$，再求和
$$S = \sum_{i=1}^{n} f(\xi_i) \Delta x_i$$

记 $\lambda = \max\{\Delta x_1, \Delta x_2, \cdots, \Delta x_n\}$，当 $\lambda \to 0$ 时，和 S 的极限 I（有限）存在且与 $[a,b]$ 的划分和 ξ_i 点的取法无关，则称函数 $f(x)$ 在 $[a,b]$ 上可积，且称这个极限 I 为函数 $f(x)$ 在区间 $[a,b]$ 上的**定积分**（简称**积分**），记做

$$\int_a^b f(x)\mathrm{d}x，即 \int_a^b f(x)\mathrm{d}x = \lim_{\lambda \to 0}\sum_{i=1}^n f(\xi_i)\Delta x_i = I$$

其中 $f(x)$ 称为**被积函数**，$f(x)\mathrm{d}x$ 称为**被积表达式**，x 称为**积分变量**，a 称为**积分下限**，b 称为**积分上限**，$[a,b]$ 称为**积分区间**．

注意：若函数 $f(x)$ 在 $[a,b]$ 上可积，即 $\sum_{i=1}^n f(\xi_i)\Delta x_i$ 的极限存在时，其极限 I 是一实数，它仅与被积函数 $f(x)$ 及区间 $[a,b]$ 有关．如果不改变被积函数，也不改变积分区间，而只把积分变量 x 改写成其他字母，例如 t 或 u，那么定积分的值不变，即

$$\int_a^b f(x)\mathrm{d}x = \int_a^b f(t)\mathrm{d}t = \int_a^b f(u)\mathrm{d}u$$

也就是说，定积分的值只与被积函数及积分区间有关，而与积分变量的记号无关．

对于定积分，有这样一个重要问题：函数 $f(x)$ 在 $[a,b]$ 上满足怎样的条件，才能使 $f(x)$ 在 $[a,b]$ 上可积？对于这个问题不深入讨论，这里只给以下可积的两个充分条件．

定理 4 设 $f(x)$ 在区间 $[a,b]$ 上连续，则 $f(x)$ 在 $[a,b]$ 上可积．

定理 5 设 $f(x)$ 在区间 $[a,b]$ 上有界，且只有有限个间断点，则 $f(x)$ 在 $[a,b]$ 上可积．

3.4.2 定积分的几何意义和简单的物理意义

由本节开始给出的两个实例，可以看到：

当 $f(x) > 0$ 时，$S = \int_a^b f(x)\mathrm{d}x$，表示由 x 轴，$x = a$，$x = b$，$y = f(x)$ 所围成的曲边梯形的面积．

那么当 $f(x) < 0$ 或 $f(x)$ 既有大于 0，又有小于 0 的情形时，$\int_a^b f(x)\mathrm{d}x$ 的几何意义又是什么呢？请读者思考．

当质点速度 $v = v(t)$，则

$$S = \int_{T_1}^{T_2} v(t)\,\mathrm{d}t$$

表示变速直线运动的质点从时刻 T_1 到时刻 T_2 所通过的路程．

例 31 用定义计算定积分 $\int_0^1 x^2 \mathrm{d}x$．

解 因为被积函数 $f(x) = x^2$ 在积分区间 $[0,1]$ 上连续，而连续函数是可积的，所以定积分的值与区间 $[0,1]$ 的分法及点 ξ_i 的取法无关．为了便于计算，不妨把区间 $[0,1]$ 分成 n 等分，

这样，每个小区间 $[x_{i-1}, x_i]$ 的长度为 $\Delta x_i = \dfrac{1}{n}$，分点为 $x_i = \dfrac{i}{n}$，此外，把 ξ_i 取在小区间 $[x_{i-1}, x_i]$ 的右端点，即 $\xi_i = x_i$，于是得到和式：

$$\begin{aligned}
\sum_{i=1}^{n} f(\xi_i) \Delta x_i &= \sum_{i=1}^{n} \xi_i^2 \Delta x_i \\
&= \sum_{i=1}^{n} x_i^2 \Delta x_i \\
&= \sum_{i=1}^{n} \left(\frac{i}{n}\right)^2 \cdot \frac{1}{n} \\
&= \frac{1}{n^3} \sum_{i=1}^{n} i^2 \\
&= \frac{1}{n^3}(1^2 + 2^2 + \cdots + n^2) \\
&= \frac{1}{n^3} \cdot \frac{n(n+1)(2n+1)}{6} \\
&= \frac{1}{6}(1 + \frac{1}{n})(2 + \frac{1}{n})
\end{aligned}$$

由定积分的定义

$$\begin{aligned}
\int_0^1 x^2 \mathrm{d}x &= \lim_{\lambda \to 0} \sum_{i=1}^{n} \xi_i^2 \Delta x_i \\
&= \lim_{n \to \infty} \frac{1}{6}(1 + \frac{1}{n})(2 + \frac{1}{n}) \\
&= \frac{1}{3}
\end{aligned}$$

3.4.3 定积分的性质

先补充规定如下.

（1）当 $a = b$ 时，$\int_a^b f(x) \mathrm{d}x = 0$.

（2）当 $a > b$ 时，$\int_a^b f(x) \mathrm{d}x = -\int_b^a f(x) \mathrm{d}x$.

由定积分的定义 $\int_a^b f(x) \mathrm{d}x = \lim\limits_{\lambda \to 0} \sum\limits_{i=1}^{n} f(\xi_i) \Delta x_i$ 以及极限的运算法则与性质，可以得到下列定积分的几个简单性质.

若函数 $f(x)$，$g(x)$ 在 $[a, b]$ 上可积，则以下性质成立.

性质1 $\int_a^b [f(x) \pm g(x)] dx = \int_a^b f(x) dx \pm \int_a^b g(x) dx$

性质2 $\int_a^b kf(x) dx = k \int_a^b f(x) dx$

性质1与性质2合称为定积分的线性性质.

性质3 设 $a<c<b$,则

$$\int_a^b f(x) dx = \int_a^c f(x) dx + \int_c^b f(x) dx$$

性质3称为积分区间的可加性.

性质4 设 $f(x) \equiv 1, x \in [a,b]$,则

$$\int_a^b f(x) dx = b - a$$

性质5 若 $f(x) \geq 0, x \in [a,b] a<b$,则

$$\int_a^b f(x) dx \geq 0$$

推论1 若 $f(x) \leq g(x), x \in [a,b], a<b$,则

$$\int_a^b f(x) dx \leq \int_a^b g(x) dx$$

推论2 $\left| \int_a^b f(x) dx \right| \leq \int_a^b |f(x)| dx (a<b)$

性质6 (**定积分估值定理**) 如果 $m \leq f(x) \leq M, x \in [a,b]$,即 m、M 分别是 $f(x)$,$x \in [a,b]$ 的最小值、最大值,那么

$$m(b-a) \leq \int_a^b f(x) dx \leq M(b-a)$$

性质7 (**定积分中值定理**) 如果函数 $f(x)$ 在 $[a,b]$ 上连续,则至少存在一点 $\xi \in [a,b]$,使得

$$\int_a^b f(x) dx = f(\xi)(b-a) \quad (a \leq \xi \leq b)$$

3.4.4 牛顿-莱布尼兹公式

定理6 如果函数 $f(x)$ 在区间 $[a,b]$ 上连续,则积分上限的函数

$$\Phi(x) = \int_a^x f(t) dt$$

在 $[a,b]$ 上可导,并且它的导数

$$\Phi'(x) = \frac{d}{dx} \int_a^x f(t) dt = f(x) \quad (a \leq x \leq b)$$

定理7 如果函数 $f(x)$ 在区间 $[a,b]$ 上连续,则函数

$$\Phi(x) = \int_a^x f(t)dt$$

就是 $f(x)$ 在区间 $[a,b]$ 上的一个原函数.

定理 8 （牛顿－莱布尼兹公式）如果函数 $F(x)$ 是连续函数，$f(x)$ 在区间 $[a,b]$ 上的一个原函数，则

$$\int_a^b f(x)dx = F(x)\Big|_a^b = F(b) - F(a)$$

证 因 $f(x)$ 在 $[a,b]$ 上连续，故

$$\Phi(x) = \int_a^x f(t)dt$$

是 $f(x)$ 的一个原函数. 由于

$$F(x) - \Phi(x) = C \quad (a \leqslant x \leqslant b)$$

当 $x = a$ 时，

$$F(a) - \Phi(a) = C$$

而 $\Phi(a) = \int_a^a f(t)dt = 0$，故

$$F(a) = C$$

因此

$$\Phi(x) = F(x) - F(a)$$

于是

$$\int_a^x f(t)dt = F(x) - F(a)$$

令 $x = b$，再把积分变量 t 改为 x，得

$$\int_a^b f(x)dx = F(b) - F(a)$$

这个公式叫做**牛顿**（Newton）－**莱布尼兹**（Leibniz）**公式**，也叫做**微积分基本公式**. 它揭示了定积分与被积函数的原函数之间的联系，说明一个连续函数在区间 $[a,b]$ 上的定积分等于它的任意一个原函数在区间 $[a,b]$ 上的增量，它为定积分的计算提供了一个有效而简单的方法.

例 32 $\int_{-1}^1 \dfrac{dx}{1+x^2}$.

解 由于 $\arctan x$ 是 $\dfrac{1}{1+x^2}$ 的一个原函数，所以

$$\int_{-1}^1 \frac{dx}{1+x^2} = \arctan x \Big|_{-1}^1 = \frac{\pi}{4} - \left(-\frac{\pi}{4}\right) = \frac{\pi}{2}.$$

例 33 $\int_1^e \dfrac{1}{x}dx$.

解 由于 $\ln|x|$ 是 $\dfrac{1}{x}$ 的一个原函数，所以

$$\int_1^e \frac{1}{x}dx = \ln x \Big|_1^e = 1 - 0 = 1.$$

例 34 $\int_0^\pi \sin x dx$.

解 $\int_0^\pi \sin x dx = -\cos x \Big|_0^\pi = -(-1)-(-1) = 2$

例 35 汽车以 36 km/h 的速度行驶，到某处需要减速停车，设汽车以加速度 $a = -5\text{m/s}^2$ 刹车，问从开始刹车到停车，汽车走了多远距离？

解 当 $t = 0$ 时，

$$v = 36\text{km/h} = 10\text{m/s}$$

刹车后速度

$$v(t) = v_0 + at = 10 - 5t$$

令 $v(t) = 0$ 时，即 $10 - 5t = 0$，解得

$$t = 2(\text{s})$$

在这段时间内汽车移的距离为

$$s = \int_0^2 v dt = \int_0^2 (10-5t)dt = \left(10t - \frac{5}{2}t^2\right)\Big|_0^2 = 10 \text{ (m)}$$

因此在刹车后，汽车需要走过 10 m 才能停住.

例 36 求 $\int_1^x e^{t^2}dx$ 的导数.

解 $\left(\int_1^x e^{t^2}dx\right)' = e^{x^2}$

例 37 求 $\lim\limits_{x\to 0}\dfrac{\int_{\cos x}^1 e^{-t^2}dt}{x^2}$.

解 这是一个 $\dfrac{0}{0}$ 型的未定式，可用罗必达法则计算

注意到 $\dfrac{d}{dx}\int_{\cos x}^1 e^{-t^2}dt = -\dfrac{d}{dx}\int_1^{\cos x} e^{-t^2}dt = -\dfrac{d}{du}\int_1^u e^{-t^2}dt\Big|_{u=\cos x}\cdot(\cos x)'$

$= -e^{-\cos^2 x}\cdot(-\sin x) = e^{-\cos^2 x}\sin x$

因此，$\lim\limits_{x\to 0}\dfrac{\int_{\cos x}^1 e^{-t^2}dt}{x^2} = \lim\limits_{x\to 0}\dfrac{e^{-\cos^2 x}\cdot\sin x}{2x} = \dfrac{1}{2e}$.

习 题 3.4

1. 利用定积分定义计算下列积分.

(1) $\int_0^2 x\,\mathrm{d}x$ (2) $\int_1^2 (2x+3)\,\mathrm{d}x$ (3) $\int_0^R \sqrt{R^2-x^2}\,\mathrm{d}x$

2．比较大小．

(1) $\int_0^1 x^2\,\mathrm{d}x$ 与 $\int_0^1 x^3\,\mathrm{d}x$ (2) $\int_3^4 \ln x\,\mathrm{d}x$ 与 $\int_3^4 \ln^2 x\,\mathrm{d}x$

3．求下列函数的导数．

(1) $y = \int_0^x \mathrm{e}^{2-t}\,\mathrm{d}t$ (2) $y = \int_0^{\sqrt{x}} \cos(t^2+1)\,\mathrm{d}t$

4．求下列定积分．

(1) $\int_0^1 \dfrac{x}{1+x^2}\,\mathrm{d}x$ (2) $\int_0^{\frac{\pi}{2}} 2\sin x\cos x\,\mathrm{d}x$

(3) $\int_0^1 \mathrm{e}^x(3+\sqrt{x}\mathrm{e}^{-x})\,\mathrm{d}x$ (4) $\int_8^{18} \dfrac{x+1}{x+2}\,\mathrm{d}x$

(5) $\int_0^2 |x^2-x|\,\mathrm{d}x$ (6) $\int_0^2 f(x)\,\mathrm{d}x$，其中 $f(x)=\begin{cases} x+1 & x\leq 1 \\ \dfrac{1}{2}x^2 & x>1 \end{cases}$

(7) $\int_0^{\sqrt{3}a} \dfrac{1}{a^2+x^2}\,\mathrm{d}x$ (8) $\int_0^{2\pi} |\sin x|\,\mathrm{d}x$

5．求下列极限．

(1) $\lim\limits_{x\to 0} \dfrac{\int_0^x \sin t^2\,\mathrm{d}t}{x^3}$ (2) $\lim\limits_{x\to 1} \dfrac{\int_1^x \mathrm{e}^{t^2}\,\mathrm{d}t}{\ln x}$

3.5 定积分的计算

牛顿—莱布尼茨公式是求定积分的基本方法．它可将计算连续函数 $f(x)$ 的定积分 $\int_a^b f(x)\,\mathrm{d}x$，有效、简便地转为 $f(x)$ 的原函数在区间 $[a,b]$ 上的增量．这也说明连续函数的定积分计算与不定积分的计算有着密切的联系．在不定积分的计算中有换元积分法与分部积分法，因此在一定的条件下，也可以在定积分的计算中应用换元积分法与分部积分法．

3.5.1 定积分的换元积分法

在什么条件下可以用换元法来计算定积分？关于这个问题，有下面的定理：

定理 9 假设 $f(x)$ 在区间 $[a,b]$ 上连续，函数 $x=\varphi(t)$ 在区间 $[\alpha,\beta]$（或 $[\beta,\alpha]$）上有连续导数，且有反函数 $t=\varphi(x)$，其中 $\alpha=\varphi(a)$，$\beta=\varphi(b)$，则

$$\int_a^b f(x)\,\mathrm{d}x = \int_\alpha^\beta f(\varphi(t))\varphi'(t)\,\mathrm{d}t.$$

此公式称为定积分的换元公式. 由定理可知, 通过变换 $x = \varphi(t)$ 把原来的积分变量 x 变换成新变量 t 时, 在求出原函数后可不必把它变回成原变量 x 的函数, 只要相应地改变积分上下限即可.

例 38 计算 $\int_0^{\frac{\pi}{2}} \cos^5 x \sin x \, dx$.

解 设 $t = \cos x$, 则 $dt = -\sin x \, dx$, 且当 $x = 0$ 时, $t = 1$; $x = \frac{\pi}{2}$ 时, $t = 0$. 于是

$$\int_0^{\frac{\pi}{2}} \cos^5 x \sin x \, dx = -\int_1^0 t^5 \, dx = \int_0^1 t^5 \, dx = \frac{1}{6} t^6 \Big|_0^1 = \frac{1}{6}$$

也可以不明显地写出新的变量 t

$$\int_0^{\frac{\pi}{2}} \cos^5 x \sin x \, dx = -\int_0^{\frac{\pi}{2}} \cos^5 x \, d\cos x = -\frac{1}{6} \cos^6 x \Big|_0^{\frac{\pi}{2}} = \frac{1}{6}.$$

例 39 计算 $\int_0^R h\sqrt{R^2 - h^2} \, dh$.

解 由于 $h \, dh = \frac{1}{2} dh^2 = -\frac{1}{2} d(R^2 - h^2)$, 所以

$$\int_0^R h\sqrt{R^2 - h^2} \, dh = -\frac{1}{2} \int_0^R \sqrt{R^2 - h^2} \, d(R^2 - h^2)$$

$$= -\frac{1}{2} \cdot \frac{2}{3} (R^2 - h^2)^{\frac{3}{2}} \Big|_0^R$$

$$= -\frac{1}{3}(0 - R^3) = \frac{1}{3} R^3.$$

例 40 证明 (1) 若 $f(x)$ 在 $[-a, a]$ 上连续, 且为偶函数, 则

$$\int_{-a}^a f(x) \, dx = 2 \int_0^a f(x) \, dx$$

(2) 若 $f(x)$ 在 $[-a, a]$ 上连续, 且为奇函数, 则

$$\int_{-a}^a f(x) \, dx = 0$$

证: 因为 $\int_{-a}^a f(x) \, dx = \int_{-a}^0 f(x) \, dx + \int_0^a f(x) \, dx$, 对积分 $\int_{-a}^0 f(x) \, dx$ 作变换 $x = -t$, 则得

$$\int_{-a}^0 f(x) \, dx = \int_a^0 f(-t) \, d(-t) = \int_0^a f(-t) \, dt = \int_0^a f(-x) \, dx$$

故

$$\int_{-a}^a f(x) \, dx = \int_0^a f(x) + f(-x) \, dx$$

(1) 当 $f(x)$ 为偶函数时, $f(-t) = f(t)$, 则

$$\int_{-a}^{a} f(x)dx = 2\int_{0}^{a} f(x)dx$$

(2) 当 $f(x)$ 是奇函数时，$f(-x) = -f(x)$，则

$$\int_{-a}^{a} f(x)dx = 0$$

利用此结论，常可以简化计算偶函数、奇函数在对称于原点的区间上的定积分．

例41 计算 $\int_{-\frac{\pi}{2}}^{0} \sqrt{\cos^3 x - \cos^5 x}\,dx$．

解 原式 $= \int_{-\frac{\pi}{2}}^{0} \cos^{\frac{3}{2}} x \sqrt{1-\cos^2 x}\,dx = \int_{-\frac{\pi}{2}}^{0} (\cos x)^{\frac{3}{2}} |\sin x|\,dx$

$= -\int_{-\frac{\pi}{2}}^{0} \cos^{\frac{3}{2}} x \sin x\,dx = \int_{-\frac{\pi}{2}}^{0} \cos^{\frac{3}{2}} x\,d\cos x$

$= \frac{2}{5} \cos^{\frac{5}{2}} x \Big|_{-\frac{\pi}{2}}^{0} = \frac{2}{5}$

(1) 本题计算定积分用的是凑元法，没有引入新的积分变量，因此不必更换积分限．

(2) 在区间 $[-\pi/2, 0]$ 上，$\sin x \leqslant 0$，$|\sin x| = -\sin x$．

3.5.2 定积分的分部积分法

设函数 $u(x), v(x)$ 在区间 $[a,b]$ 上具有连续导数，则

$$\int_{a}^{b} u(x)dv(x) = [u(x)v(x)]\Big|_{a}^{b} - \int_{a}^{b} v(x)du(x)$$

这就是定积分的分部积分公式．

例42 计算 $\int_{0}^{\frac{1}{2}} \arcsin x\,dx$．

解 设 $u = \arcsin x$，$dv = dx$，则

$$du = \frac{dx}{\sqrt{1-x^2}}, \quad v = x$$

于是

$$\int_{0}^{\frac{1}{2}} \arcsin x\,dx = (x \arcsin x)\Big|_{0}^{\frac{1}{2}} - \int_{0}^{\frac{1}{2}} \frac{x\,dx}{\sqrt{1-x^2}}$$

$$= \frac{1}{2} \cdot \frac{\pi}{6} + \frac{1}{2} \int_{0}^{\frac{1}{2}} (1-x^2)^{-\frac{1}{2}} d(1-x^2)$$

$$= \frac{\pi}{12} + \sqrt{1-x^2}\Big|_0^{\frac{1}{2}}$$

$$= \frac{\pi}{12} + \frac{\sqrt{3}}{2} - 1$$

这里用了分部积分法，又用了换元积分法．

例 43 计算 $\int_0^{\frac{\pi^2}{4}} \arcsin\sqrt{x}\,dx$．

解 令 $\sqrt{x} = t$，则 $x = t^2$，$dx = 2t\,dt$，当 $x=0$ 时，$t=0$；当 $x = \frac{\pi^2}{4}$ 时，$t = \frac{\pi}{2}$．于是

$$\int_0^{\frac{\pi^2}{4}} \arcsin\,dx\sqrt{x}\,dx = 2\int_0^{\frac{\pi}{2}} t\sin t\,dt$$

因为 $\int_0^{\frac{\pi}{2}} t\sin t\,dt = -\int_0^{\frac{\pi}{2}} t\,d\cos t = -(t\cos t)\Big|_0^{\frac{\pi}{2}} + \int_0^{\frac{\pi}{2}}\cos t\,dt = 0 + \sin t\Big|_0^{\frac{\pi}{2}} = 1$．

所以

$$\int_0^{\frac{\pi^2}{4}} \arcsin\sqrt{x}\,dx = 2.$$

例 44 计算 $\int_0^\pi e^x \sin x\,dx$．

解 原式 $= (e^x \sin x)\Big|_0^\pi - \int_0^\pi e^x \cos x\,dx$

$= 0 - \int_0^\pi \cos x\,de^x$

$= -(e^x \cos x)\Big|_0^\pi + \int_0^\pi e^x(-\sin x)\,dx$

$= e^\pi + 1 - \int_0^\pi e^x \sin x\,dx$

故

$$原式 = \frac{1}{2}(e^\pi + 1)/2.$$

习 题 3.5

1．用换元积分法求下列定积分．

(1) $\int_0^r \sqrt{r^2-x^2}\,dx$，$r>0$ \qquad (2) $\int_0^1 \frac{x^2}{1+x^6}\,dx$

(3) $\int_0^{\ln 2} \sqrt{e^x - 1}\,dx$ \qquad (4) $\int_0^1 \frac{\sqrt{x}}{1+\sqrt{x}}\,dx$

2．用分部积分法计算下列定积分．

(1) $\int_1^4 \dfrac{\ln x}{\sqrt{x}}dx$　　　　　　　　(2) $\int_0^{\frac{\pi}{2}} e^{2x}\cos x dx$

(3) $\int_0^1 xe^x dx$　　　　　　　　(4) $\int_0^{\frac{\pi}{2}} x^2 \cos x dx$

3. 利用函数的奇偶性计算下列积分.

(1) $\int_{-\frac{\pi}{2}}^{\frac{\pi}{2}} x^3 \cos 3x dx$　　　　　　(2) $\int_{-1}^{1}(x^4+2x^3+x+1)dx$

(3) $\int_{-\frac{1}{2}}^{\frac{1}{2}} \dfrac{xdx}{\sqrt{1-x^2}}$　　　　　　　(4) $\int_{-a}^{a} \dfrac{x^2 \sin x dx}{(x^6+2x^2-1)^3}$

4. 计算下列积分.

(1) $\int_0^{\frac{\pi}{2}} \sin^6 x dx$　　　　　　　(2) $\int_{-\frac{\pi}{2}}^{\frac{\pi}{2}} \sin^4 x \cos x dx$

(3) $\int_0^{\pi} \sin^5 \dfrac{x}{2} dx$　　　　　　(4) $\int_{-\frac{\pi}{2}}^{\frac{\pi}{2}} \cos^4 x \sin x dx$

3.6　无穷区间上的广义积分

定义 4　设函数 $f(x)$ 在区间 $[a,+\infty]$ 上连续，取 $t>a$，如果极限 $\lim\limits_{t\to\infty}\int_a^t f(x)dx$ 存在，则称此极限为函数 $f(x)$ 在无穷区间 $[a,+\infty]$ 上的**反常积分**，记做

$$\int_a^{+\infty} f(x)dx，\text{即}\int_a^{+\infty} f(x)dx = \lim_{t\to\infty}\int_a^t f(x)dx$$

这时也称反常积分 $\int_a^{+\infty} f(x)dx$ **收敛**. 如果上述极限不存在，便称反常积分 $\int_a^{+\infty} f(x)dx$ **发散**，这时记号 $\int_a^{+\infty} f(x)dx$ 不再表示数值.

定理 10　设 $F(x)$ 为 $f(x)$ 在区间 $[a,+\infty]$ 上的一个原函数，若 $\lim\limits_{x\to+\infty} F(x)$ 存在，则反常积分

$$\int_a^{+\infty} f(x)dx = F(x)\Big|_a^{+\infty} = \lim_{x\to+\infty} F(x) - F(a)$$

若 $\lim\limits_{x\to\infty} F(x)$ 不存在，则称反常积分发散.

例 45　证明：反常积分 $\int_1^{+\infty} \dfrac{1}{x^p}dx$ 在 $p>1$ 时收敛，在 $p\leqslant 1$ 时发散.

证　当 $p=1$ 时，$\int_1^{+\infty}\dfrac{1}{x^p}dx = \int_1^{+\infty}\dfrac{1}{x}dx = \ln x\Big|_1^{+\infty} = +\infty$.

当 $p \neq 1$ 时，$\int_1^{+\infty} \dfrac{1}{x^p} dx = \dfrac{1}{1-p} x^{1-p} \Big|_1^{+\infty} = \begin{cases} +\infty & p<1, \\ \dfrac{1}{p-1} & p>1. \end{cases}$

因此当 $p>1$ 时，这个反常积分收敛；当 $p \leqslant 1$ 时，这个反常积分发散.

例 46 计算反常积分 $\int_{-\infty}^{+\infty} \dfrac{dx}{1+x^2}$.

解 $\int_{-\infty}^{+\infty} \dfrac{dx}{1+x^2} = \arctan x \Big|_{-\infty}^{+\infty} = \lim\limits_{x \to +\infty} \arctan x - \lim\limits_{x \to -\infty} \arctan x = \dfrac{\pi}{2} - (-\dfrac{\pi}{2}) = \pi$

例 47 讨论反常积分 $\int_{-\infty}^{+\infty} \dfrac{x}{\sqrt{1+x^2}} dx$ 的收敛性.

解 $\int_{-\infty}^{+\infty} \dfrac{x}{\sqrt{1+x^2}} dx = \dfrac{1}{2} \int_{-\infty}^{+\infty} \dfrac{1}{\sqrt{1+x^2}} d(x^2+1) = \sqrt{1+x^2} \Big|_{-\infty}^{+\infty} = \lim\limits_{x \to +\infty} \sqrt{1+x^2} + \lim\limits_{x \to -\infty} \sqrt{1+x^2}$

因为 $\lim\limits_{x \to +\infty} \sqrt{1+x^2}$ 不存在，所以反常积分 $\int_{-\infty}^{+\infty} \dfrac{x}{\sqrt{1+x^2}} dx$ 发散.

习 题 3.6

1. 判断下列各无穷区间上的广义积分的收敛性，并计算其值.

(1) $\int_1^{+\infty} \dfrac{1}{x^4} dx$ (2) $\int_1^{+\infty} \dfrac{1}{\sqrt{x}} dx$

(3) $\int_0^{+\infty} x e^{-x^2} dx$ (4) $\int_{-\infty}^{+\infty} \dfrac{dx}{x^2+2x+2}$

3.7 定积分的应用

3.7.1 定积分的元素法

在定积分的应用中，经常采用所谓"元素法". 为了说明这种方法，我们回顾一下第一节中讨论过的曲边梯形的面积问题.

设 $f(x)$ 是区间 $[a,b]$ 上的连续函数，且 $f(x) \geqslant 0$，求以曲线 $y = f(x)$ 为顶边，以 $[a,b]$ 间的线段为底的曲边梯形的面积 A. 把这个面积 A 表示为定积分 $\int_a^b f(x) dx$ 的步骤如下：

（1）用任意一组分点

$$a = x_0 < x_1 < x_2 < \cdots < x_{n-1} < x_n = b$$

将区间 $[a,b]$ 分割成 n 个小区间，相应地得到 n 个窄曲边梯形，设第 i 个窄曲边梯形的

面积为 ΔA_i，于是曲边梯形的面积 A 为

$$A = \sum_{i=1}^{n} \Delta A_i$$

（2）计算 ΔA_i 的近似值．

$$\Delta A_i \approx f(\xi_i) \Delta x_i \ (x_{i-1} \leqslant \xi_i \leqslant x_i)$$

（3）求和，得 A 的近似值

$$A \approx \sum_{i=1}^{n} f(\xi_i) \Delta x_i$$

（4）取极限，得

$$A = \lim_{\lambda \to 0} \sum_{i=1}^{n} f(\xi_i) \Delta x_i = \int_a^b f(x) \mathrm{d}x$$

而在这 4 个步骤中，关键的是第 2 步，这一步是确定 ΔA_i 的近似值，有了它，再求和、取极限，从而求出 A 的精确值．而这个 ΔA_i 是所求量在第 i 个小区间 $[x_{i-1}, x_i]$ 上的部分量，也就是说，关键是求出所求量在第 i 个小区间上的部分量的近似值．为简便起见，省略下标 i，用 ΔA 表示任一小区间 $[x, x+\mathrm{d}x]$ 上的窄曲边梯形的面积．这样，

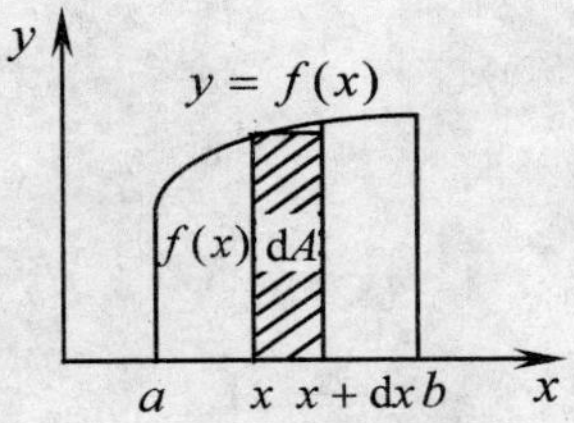

$$A = \sum_{i=1}^{n} \Delta A_i = \Sigma \Delta A$$

图 3-6

$[x, x+\mathrm{d}x]$ 的左端点 x 为 ξ，以 x 处的函数值 $f(x)$ 为高、$\mathrm{d}x$ 为底的矩形的面积 $f(x)\mathrm{d}x$ 为 ΔA 的近似值（图 3-6 的阴影部分），即

$$\Delta A \approx f(x) \mathrm{d}x$$

上式右端 $f(x)\mathrm{d}x$ 就叫做面积元素，记为 $\mathrm{d}A = f(x)\mathrm{d}x$，于是

$$A \approx \Sigma \mathrm{d}A = \Sigma f(x) \mathrm{d}x$$

即

$$A = \lim \Sigma f(x) \mathrm{d}x = \int_a^b f(x) \mathrm{d}x$$

这里有以下几点需要注意．

（1）所求量（即面积 A）与自变量 x 的变化区间 $[a, b]$ 有关；

（2）所求量对于区间 $[a, b]$ 具有可加性，就是说，如果把区间 $[a, b]$ 分成许多部分区间，则所求量相应地分成许多部分量（即 ΔA_i），因此所求量等于所有部分量之和，即

$$A = \Sigma \Delta A_i$$

（3）用 $f(\xi_i) \Delta x_i$ 近似值部分量 ΔA_i 时，它们只相差一个比 Δx_i 高阶的无穷小，因此和式 $\sum_{i=1}^{n} f(\xi_i) \Delta x_i$ 的极限是 A 的精确值．

一般地，若所求量 U 与变量 x 的变化区间 $[a,b]$ 有关，且关于区间 $[a,b]$ 具有可加性，就在 $[a,b]$ 中的任意一个小区间 $[x,x+\mathrm{d}x]$ 上找出所求量的部分量的近似值 $\mathrm{d}U=f(x)\mathrm{d}x$，然后以它作为被积表达式，得到所求量的积分表达式

$$U=\int_a^b f(x)\mathrm{d}x$$

这种方法叫做**元素法**．$\mathrm{d}U=f(x)\mathrm{d}x$ 称为所求量 U 的**元素**．下面将应用这种方法来讨论一些几何、物理中的问题．

3.7.2 平面图形的面积

前面，我们已知由曲线 $y=f(x)(f(x)\geqslant 0)$ 以及直线 $x=a$，$x=b(a<b)$，与 x 轴围的曲边梯形面积 $A=\int_a^b f(x)\mathrm{d}x$．由此可推出：

由曲线 $y_1=f_1(x)$，$y_2=f_2(x)$ $(y_1\leqslant y_2)$，$x_1=a$，$x_2=b$ $(a\leqslant b)$，所围成的平面图形的面积为

$$A=\int_a^b [f_2(x)-f_1(x)]\mathrm{d}x.$$

这是因为上述平面图形可以看作两曲边梯形之差．

例48 计算由两条抛物线 $y^2=x$ 和 $x^2=y$ 所围成的图形的面积（图 3-7）．

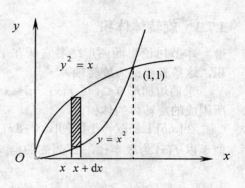

图 3-7

解 先求出这两条抛物线的交点，由 $\begin{cases} y^2=x \\ x^2=y \end{cases}$ 得交点 $(0,0)$，$(1,1)$，从而知道图形介于直线 $x=1$ 与 $x=0$ 之间．因此图形可以看成是介于两条曲线 $x^2=y$ 与 $y=\sqrt{x}$ 及直线 $x=0$ 与 $x=1$ 之间的曲边形，所以它的面积

$$A=\int_0^1 (\sqrt{x}-x^2)\mathrm{d}x=\left(\frac{2}{3}x^{\frac{3}{2}}-\frac{1}{3}x^3\right)\bigg|_0^1=\frac{1}{3}$$

例49 求椭圆 $\dfrac{x^2}{a^2}+\dfrac{y^2}{b^2}=1$ 的面积（图 3-8）．

解 由椭圆的对称性，其面积

$$A=4A_1$$

其中 A_1 为该椭圆在第一象限的部分面积，则

$$A=4A_1=4\int_0^a y\mathrm{d}x$$

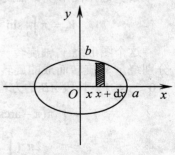

图 3-8

利用椭圆参数方程 $\begin{cases} x = a\cos t, \\ y = b\sin t. \end{cases}$ 应用定积分的换元法，令 $x = a\cos t$，则

$$y = b\sin t, \quad dx = -a\sin t\, dt$$

当 $x = 0$ 时，$t = \dfrac{\pi}{2}$，当 $x = a$ 时 $t = 0$. 所以

$$A = 4A_1 = 4\int_0^a y\, dx = 4\int_{\frac{\pi}{2}}^0 b\sin t(-a\sin t)dt = 4ab\int_0^{\frac{\pi}{2}} \sin^2 t\, dt = \pi ab$$

当 $a = b$ 时，就得到圆的面积公式 $A = \pi a^2$.

3.7.3 旋转体体积

本节讨论平面图形绕着它所在平面内的一条直线旋转一周所围成的立体旋转体的体积，这条直线称为**旋转轴**.

求曲边梯形 $0 \leqslant y \leqslant f(x)$，$a \leqslant x \leqslant b$（$f(x)$ 在 $[a,b]$ 上连续）绕 x 轴旋转一周（图 3-9）所围成的旋转体的体积为

在 $[a,b]$ 上任取一小区间 $[x, x+dx]$，对应的窄曲边梯形绕 x 轴旋转而成的薄片的体积近似于以 $f(x)$ 为底半径，dx 为高的扁圆柱体体积，即体积元素 $dv = \pi[f(x)]^2 dx$. 于是

$$V = \int_a^b \pi[f(x)]^2 dx$$

类似地曲边梯形 $0 \leqslant x \leqslant \varphi(y)$，$c \leqslant y \leqslant d$ 绕 y 轴旋转一周所围成的旋转体的体积为

$$V = \int_c^d \pi[\varphi(y)]^2 dy$$

例 50 计算正弦曲线 $y = \sin x$（$x \in [0,\pi]$）与 x 轴围成的图形分别绕 x 轴、y 轴旋转所成的旋转体的体积.

解 这个图形绕 x 轴旋转一周所围成的旋转体的体积为

$$V_x = \pi\int_0^\pi \sin^2 x\, dx = \frac{\pi}{2}\int_0^\pi (1-\cos 2x)dx = \frac{\pi}{2}(x - \frac{1}{2}\sin 2x)\Big|_0^\pi = \frac{\pi^2}{2}$$

这个图形绕 y 轴旋转一周所围成的旋转体的体积可以看成是平面图形 $OABC$ 与 OBC 分别绕 y 轴旋转而成的旋转体的体积之差（图 3-10），因为弧段 OB 的方程为 $x = \arcsin y$（$0 \leqslant y \leqslant 1$）弧段 AB 的方程为 $x = \pi - \arcsin y$（$0 \leqslant y \leqslant 1$）因此所求的体积为

$$V_y = \int_0^1 \pi(\pi - \arcsin y)^2 dy - \int_0^1 \pi(\arcsin y)^2 dy = \pi\int_0^1 (\pi^2 - 2\pi\arcsin y)dy$$

$$= \pi^3 - 2\pi^2(\int_0^1 \arcsin y\, dy = \pi^3 - 2\pi^2(y\arcsin y\Big|_0^1 - \int_0^1 \frac{y}{\sqrt{1-y^2}}dy)$$

$$= 2\pi^2\int_0^1 \frac{y}{\sqrt{1-y^2}}dy = 2\pi^2(-\sqrt{1-y^2})\Big|_0^1 = 2\pi^2$$

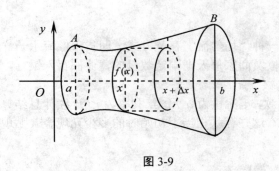
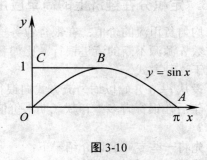

图 3-9   图 3-10

3.7.4 定积分在物理上的应用

例 51 将一个质量为 m 的物体从地面垂直的送到高为 h 的高空处,问克服地球引力要做多少功?

解 取 r 轴垂直向上,地球中心为坐标原点,当物体位于坐标为 r 的点处时,所受地球引力为 $F(r) = \dfrac{GmM}{r^2}$,G 为万有引力常数,M 为地球质量,R 为地球半径,由于 $F(R) = mg$,即 $\dfrac{GmM}{R^2} = mg$,故 $GM = gR^2$,得

$$F(r) = \frac{mgR^2}{r^2}$$

取 r 为积分变量,其变化区间是 $[R, R+h]$,在此区间上任取一小区间 $[r, r+\mathrm{d}r]$,当物体从 r 上升到 $r+\mathrm{d}r$ 时,克服重力需做的功近似于

$$\mathrm{d}W = F(r)\mathrm{d}r = \frac{mgR^2}{r^2}\mathrm{d}r,$$

$$W = \int_R^{R+h} \frac{mgR^2}{r^2}\mathrm{d}r = mgR^2\left(-\frac{1}{r}\right)\bigg|_R^{R+h} = \frac{mgRh}{R+h}$$

例 52 一圆柱形贮水桶高为 5m,底圆半径为 3m,桶内盛满了水,试问把桶内的水全部吸出要做多少功?

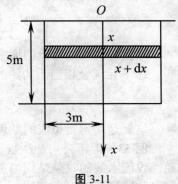

图 3-11

解 选取如图 3-11 所示的坐标系,取深度 x 为积分变量,$x \in [0,5]$,在 $[0,5]$ 上任取一小段 $[x, x+\mathrm{d}x]$,该层水的体积 $\mathrm{d}V = 9\pi \mathrm{d}x$,该层水的重量为

$$\rho g \mathrm{d}V = 1 \times 9.8 \times 9\pi \mathrm{d}x = 88.2\pi \mathrm{d}x$$

因此把该层水吸出桶外需做功 $\mathrm{d}W = 88.2\pi x \mathrm{d}x$,于是

$$W = \int_0^5 88.2\pi x \mathrm{d}x = 88.2\pi \cdot \frac{1}{2}x^2 \bigg|_0^5 \approx 3462 \text{ (J)}$$

3.7.5 定积分在经济上的简单应用

均匀货币流的价值：在银行业务里有一种"均匀流"存款方式．即货币像流水一样以定常数 a 源源不断的流进银行．比如各单位及商家每天把固定数量的营业额存入银行，就类似于这种方式．

设从 $t=0$ 开始以均匀流方式向银行存款，年流量为 a 元，年利率为 r（连续计息结算），问 T 年后在银行有多少存款（期末价值）？这些存款相当于初始时的多少元现金（贴现价值）？

先将一些专业名词介绍一下：

将 A 元现金存入银行，年利率按 r 计算，若以连续计息方式结算，t 年后的存款额为 $a(t) = Ae^{rt}$．

因此，A 元现金 T 年后的价值是 Ae^{rT}．称 Ae^{rT} 为 A 元现金 T 年后的期末价值．反之，现在的 A 元现金相当于 T 年前把 Ae^{-rT} 元现金存入银行所得，称 Ae^{-rT} 是 T 年前的贴现价值．下面来讨论前面提出的问题．

由于以货币流的方式向银行存款，且连续计息结算，即在时间区间 $[0,T]$ 中，不同时刻存入银行的钱，其存期是随时间 t 变化的，因而 T 年后的总的存款额 Y 不能直接用上面的公式计算．

现对均匀货币流采用"元素法"计算．

设想将区间 $0 \leqslant t \leqslant T$ 无限细分，设 $[t,t+dt]$ 为 $[0,T]$ 上的任一小段区间．因为均匀流的年流量为 a 元，所以在 $[t,t+dt]$ 内向银行存入 adt 元，T 年后这些存款的存期为 $T-t$，相应的存款额为 $dy = adt \cdot xe^{r(T-t)}$ 将这无穷多个小区间的存款从 0 到 T "积累"起来就得到 T 年后均匀货币流的总存款额为

$$Y = \int_0^T ae^{r(T-t)}dt = -\frac{a}{r}e^{r(T-t)}\Big|_0^T = \frac{a}{r}(e^{rT}-1) \tag{3-1}$$

这就是均匀货币流的期末价值．

这 Y 元现金相当于初始的 Ye^{-rT} 元，故

$$P = Ye^{-rT} = \frac{a}{r}(e^{rT}-1)e^{-rT} = \frac{a}{r}(1-e^{-rT}) \tag{3-2}$$

这就是均匀货币流的贴现价值．

例 53 汇丰公司一次投资 100 万元建一条果汁生产线，并于一年后建成投产并产生效益．设流水线的收益是均匀货币流，年流量为 30 万元，年利率为 10%，求多少年后该公司可收回投资？

解 设 $x+1$ 年后可以收回投资，此时流水线共运行了 x 年，依公式（3-1）可计算出 x 年中流水线的总收益为

$$A(x) = \frac{a}{r}(e^{rx} - 1) = \frac{30}{0.1}(e^{0.1x} - 1)$$

这 $A(x)$ 万元在 $x+1$ 年前（即开始投资时）的价值为

$$B(x) = A(x)e^{-r(x+1)} = \frac{30}{0.1}(e^{0.1x} - 1)e^{0.1(x+1)} = 300e^{-0.1}(1 - e^{-0.1x})$$

因此，当 $B(x) = 100$（万元）时恰好收回投资，即

$$300e^{-0.1}(1 - e^{-0.1x}) = 100$$

解得

$$x = 10\ln\frac{3}{3 - e^{0.1}} \approx 4.6 \text{（年）}$$

所以，5.6 年后该公司可以收回全部投资．

习 题 3.7

1. 求由曲线 $y = 1 + x^2$，$y = 13 - 2x^2$ 所围成的区域的面积．
2. 求 $y = \sin x$ 绕 x 轴旋转一周所得的旋转体的体积（$0 \leq x \leq \frac{\pi}{2}$）．
3. 一圆锥形水池，口径 20m，深为 15m，桶内盛满了水，试问：把池内的水全部吸出需要做多少功？
4. 某公司一次投资两亿元修一条高速公路，并于 3 年后建成并发挥效益，其收益为均匀货币流，年流量为 5000 万元，设年利率为 10%，问多少年后该公司可收回投资？

复 习 题 3

一、选择题．

1. 下列函数中原函数为 $\ln(ax)(a \neq 0)$ 的是（　　）．

A. $\dfrac{1}{ax}$　　B. $\dfrac{1}{x}$　　C. $\dfrac{k}{x}$　　D. $\dfrac{1}{k^2}$

2. 函数 e^{-x} 的一个原函数是（　　）．

A. e^{-x}　　B. $-e^{-x}$　　C. e^{-x}　　D. e^{-x}

3. $\int e^{1-x}dx = $（　　）．

A. $e^{1-x} + C$　　B. e^{1-x}　　C. $xe^{1-x} + C$　　D. $-e^{1-x} + C$

4. 下列等式中正确的是（　　）．

A. $\dfrac{d}{dx}\int_a^b f(x)dx = f(x)$　　　　B. $\dfrac{d}{dx}\int f(x)dx = f(x) + C$

C. $\dfrac{d}{dx}\int_a^x f(t)dt = f(x)$　　　　D. $\dfrac{d}{dx}\int f'(x)dx = f(x)$

5. 函数 $f(x)$ 在 $[a,b]$ 上连续，则 $(\int_a^b f(t)dt)' =$ （　　）.

　　A．$f(x)$　　　　　　　　　　　　B．$-f(x)$
　　C．$f(b)-f(x)$　　　　　　　　　D．$f(x)+f(b)$

6. 设 $f(x)$ 在 $[a,b]$ 上连续，则下列各式中（　　）不成立.

　　A．$\int_a^b f(t)\,dt = \int_a^b f(x)\,dx$　　　　B．$\int_b^a f(x)\,dx = -\int_a^b f(x)\,dx$

　　C．$\int_a^a f(x)\,dx = 0$　　　　　　　　　D．若 $\int_a^b f(x)\,dx = 0$，则 $f(x) = 0$

7. 下列积分值不为 0 的是（　　）.

　　A．$\int_{-1}^1 \frac{x}{1+x^2}dx$　　　　　　　B．$\int_{-\frac{\pi}{2}}^{\frac{\pi}{2}} x^2 \tan x\,dx$

　　C．$\int_{-\pi}^{\pi} \sin^2 x \cos x\,dx$　　　　　D．$\int_{-1}^1 |x|\,dx$

8. 下列广义积分收敛的是（　　）.

　　A．$\int_1^{+\infty} \frac{1}{\sqrt{x}}dx$　　　　　　　B．$\int_e^{+\infty} \frac{\ln x}{x}dx$

　　C．$\int_0^{+\infty} \cos x\,dx$　　　　　　　D．$\int_0^{+\infty} xe^{-x^2}\,dx$

9. 设函数 $f(x)$ 在 $[a,b]$ 上连续，有一点 $x_0 \in (a,b)$，使 $f(x_0) = 0$，且当 $a \leq x \leq x_0$ 时，$f(x) > 0$；当 $x_0 < x \leq b$ 时，$f(x) < 0$. 则 $f(x)$ 与 $x=a, x=b, x$ 轴围成的平面图形的面积为（　　）.

　　A．$2F(x_0) - F(b) - F(a)$　　　　　B．$F(b) - F(a)$
　　C．$-F(b) - F(a)$　　　　　　　　　D．$F(a) - F(b)$

10. 求曲线 $y^2 = x, y = x$ 和 $y = \sqrt{3}$ 所围图形的面积，其中（　　）是错误的.

　　A．$S = \int_0^1 (y - y^2)\,dy + \int_1^{\sqrt{3}} (y^2 - y)\,dy$　　　B．$S = \int_1^{\sqrt{3}} (x - \sqrt{x})\,dx + \int_{\sqrt{3}}^3 (\sqrt{3} - \sqrt{x})\,dx$

　　C．$S = \int_1^3 (\sqrt{3} - \sqrt{x})\,dx - \frac{1}{2}(\sqrt{3}-1)^2$　　　D．$S = \int_1^{\sqrt{3}} (y^2 - y)\,dy$

二、填空题.

1. 函数 _____ 的原函数为 $\ln(5x)$.

2. 已知 $\int f(x)dx = a^x + \sqrt{x} + C$，则 $f(x) =$ _____.

3. $\int x\,de^{-x} =$ _____.

4. $\dfrac{d}{dx}\int_a^x \lg(2+\cos t)\,dt =$ _____.

5. 已知函数 $y = \int_0^x e^t t\,dt$，则 $y''(0) =$ _____.

6. 已知 $\int_0^1 (2t+m)dt = 2$，则 $m =$ _____.

7. $\lim\limits_{x\to\infty} \dfrac{\int_0^x \ln t\,dt}{x} =$ _____.

8. 若 $\int_0^{+\infty} e^{-kx} dx = 2$，则 $k =$ _____.

9. 曲线 $y = 1 - x^2$ 与 x 轴围成的图形面积为_____.

10. 曲线 $y = x^2$ 与 $x = y^2$ 所围成的平面图形绕 x 轴旋转所得旋转体的体积为_____.

三、解答题.

1. 计算下列不定积分.

(1) $\displaystyle\int \frac{(2x-1)(\sqrt{x}+1)}{\sqrt{x}} dx$ 　　(2) $\displaystyle\int 9^x e^x dx$

(3) $\displaystyle\int \cos^2 \frac{x}{4} dx$ 　　(4) $\displaystyle\int \frac{\cos 2x}{\sin^2 x \cos^2 x} dx$

2. 计算定积分.

(1) $\displaystyle\int_4^9 \sqrt{x}(1+\sqrt{x}) dx$ 　　(2) $\displaystyle\int_0^5 \frac{x^3}{x^2+1} dx$

(3) $\displaystyle\int_0^1 \frac{dx}{1+e^x}$ 　　(4) $\displaystyle\int_1^{e^2} \frac{dx}{x\sqrt{1+\ln x}}$

3. 计算下列广义积分.

(1) $\displaystyle\int_0^{+\infty} e^{-5x} dx$ 　　(2) $\displaystyle\int_{-\infty}^{+\infty} \frac{2x}{x^2+1} dx$

(3) $\displaystyle\int_1^{+\infty} \frac{dx}{x(1+\ln^2 x)}$ 　　(4) $\displaystyle\int_0^{+\infty} x^2 e^{-x} dx$

4. 设 $f(x) = x - \int_0^{\pi} f(x) \cos x dx$，求 $f(x)$.

5. 在曲线 $y = x^2$ $(x \geq 0)$ 上某一点 A 处作一切线，使之与曲线以及 x 轴所围成图形的面积为 $\dfrac{1}{12}$，试求

(1) 切点 A 的坐标.

(2) 过切点 A 的切线方程.

(3) 由上述平面图形绕 x 轴旋转一周所成旋转体的体积.

第4章 常微分方程

学习要求：
1. 理解微分方程、解、通解、初始条件和特解等概念.
2. 掌握变量可分离方程及一阶线性方程的解法.
3. 会解齐次方程，会用降阶法解一些简单的二阶方程.
4. 掌握二阶常系数齐次线性微分方程的解法.
5. 了解一些微分方程的简单应用.

函数是客观事物的内部联系在数量方面的反映，利用函数关系又可以对客观事物的规律性进行研究，因此寻求变量之间的函数关系，在实践中具有重要的意义．在许多问题中，往往不能直接找出需要的函数关系，但是根据问题所提供的情况，有时可以列出含有要找的函数及其导数的关系式，这样的关系式就是微分方程．本章主要介绍微分方程的一些基本概念和几种较简单的微分方程的解法.

4.1 常微分方程的基本概念

我们先介绍下面两个例子.

例1 一曲线通过点$(1,2)$，且在该曲线上任意点$M(x,y)$处的切线斜率为$2x$，求这曲线的方程.

解 设所求曲线方程$y=y(x)$，按题意，未知函数$y(x)$应满足关系式

$$\frac{dy}{dx}=2x \tag{4-1}$$

此外，$y(x)$还应满足下列条件：

$$x=1 \text{ 时 } y=2 \tag{4-2}$$

把（4-1）式两端对x积分，得

$$y=\int 2x dx = x^2 + C \tag{4-3}$$

把条件（4-2）代入（4-3）式，得

$$2=1+C,$$

解得 $C=1$ 并代入（4-3）式，即得所求的曲线方程为
$$y = x^2 + 1 \tag{4-4}$$

例 2 以初速 v_0 将质点铅直上抛，不计阻力，求质点的运动规律．

解 如图 4-1 取坐标系，设运动开始时（$t=0$）质点位于 x_0，在时刻 t 质点位于 $x(t)$，变量 x 与 t 之间的函数关系 $x = x(t)$ 就是质点的运动规律．

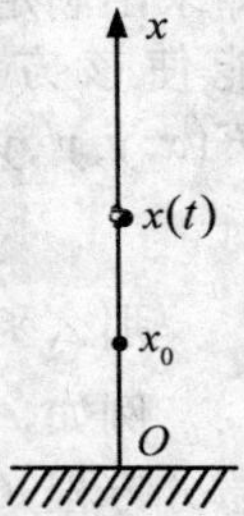

根据导数的物理意义，未知函数 $x(t)$ 应满足关系式
$$\frac{d^2 x}{dt^2} = -g. \tag{4-5}$$

此外，$x(t)$ 还应满足下列条件
$$t=0 \text{ 时}, \quad x = x_0, \frac{dx}{dt} = v_0. \tag{4-6}$$

图 4-1

把（4-5）式两端对 t 积分一次，得
$$\frac{dx}{dt} = gt + C_1 \tag{4-7}$$

再积分一次，得
$$x = -\frac{1}{2}gt^2 + C_1 t + C_2 \tag{4-8}$$

把条件（4-6）代入（4-7）和（4-8），得 $C_1 = v_0$，$C_2 = x_0$，于是有
$$x = -\frac{1}{2}gt^2 + v_0 t + x_0 \tag{4-9}$$

在这两个例子中，关系式（4-1）和（4-5）都含有未知函数的导数，它们都称为**微分方程**．一般地，凡表示未知函数、未知函数的导数及自变量之间的关系的方程称为微分方程．这里必须指出，在微分方程中，自变量及未知函数可以不出现，但未知函数的导数则必须出现．

微分方程中所出现的未知函数的最高阶导数的阶数，称为**微分方程的阶**．例如，方程（4-1）是一阶微分方程；方程（4-5）是二阶微分方程．又如，方程
$$x^2 y''' + xy'' - 4y' = 3x^4$$
是三阶微分方程；而方程
$$y^{(4)} - 4y''' + 10y'' - 12y' + 5y = \sin 2x$$
是四阶微分方程．

求函数 $f(x)$ 的原函数的问题，就是求解一阶微分方程 $y' = f(x)$ 的问题．这是最简单的一阶微分方程．一般地，一阶微分方程的形式为
$$y' = f(x, y) \text{ 或 } F(x, y, y') = 0$$
而二阶微分方程的一般形式为

$$y'' = f(x, y, y') \text{ 或 } F(x, y, y', y'') = 0$$

由前面的例子看到,在研究某些实际问题时,首先要建立微分方程,然后解微分方程,即求出满足微分方程的函数. 也就是求出这样的函数,把它及它的导数代入微分方程时,能使该方程成为恒等式. 这样的函数称为该**微分方程的解**. 就二阶微分方程 $F(x, y, y', y'') = 0$ 而言,如果在某个区间 I 上有二阶可微函数 $g(x)$,使当 $x \in I$ 时,有

$$F[x, g(x), \ g'(x), \ g''(x)] = 0$$

那么函数 $y = g(x)$ 就称为微分方程 $F(x, y, y', y'') = 0$ 在区间 I 上的解.

例如,函数(4-3)和(4-4)都是微分方程(4-1)的解;函数(4-8)和(4-9)都是微分方程(4-5)的解.

如果微分方程的解中含有任意常数,且任意常数的个数与微分方程的阶数相同,这样的解称为**微分方程的通解**. 例如,函数(4-3)是方程(4-1)的解,它含有一个任意常数,而方程(4-1)是一阶的,所以函数(4-3)是方程(4-1)的通解. 又如函数(4-8)是方程(4-5)的解,它含两个任意常数,而方程(4-5)是二阶的,所以函数(4-8)是方程(4-5)的通解.

由于通解中含有任意常数,所以它还不能完全确定地反映某些客观事物的规律性. 要完全确定地反映事物的规律性,必须确定这些常数的值. 为此,要根据问题的实际情况提出确定这些常数的条件. 例如,例 1 中的条件(2)、例 2 中的条件(6)便是这样的条件.

设微分方程中未知函数为 $y = y(x)$,如果微分方程是一阶的,那么通常用来确定任意常数的条件是

$$x = x_0 \text{ 时 } y = y_0$$

或写成

$$y|_{x=x_0} = y_0$$

其中 x_0、y_0 都是给定的值;如果微分方程是二阶的,那么通常用来确定任意常数的条件是

$$x = x_0 \text{ 时}, \ y = y_0, y' = y_0'$$

或写成

$$y|_{x=x_0} = y_0, y'|_{x=x_0} = y_0'$$

其中 x_0、y_0、y_0' 都是给定的值,上述这种条件称为**初值条件**.

确定了通解中的任意常数以后,就得到**微分方程的特解**. 例如(4-4)式是微分方程(4-1)满足初值条件(4-2)的特解;(4-9)式是微分方程(4-5)满足初值条件(4-6)的特解.

求一阶微分方程 $F(x, y, y') = 0$ 满足初值条件 $y|_{x=x_0} = y_0$ 的特解这样一个问题,称为一阶微分方程的初值问题,记做

$$\begin{cases} F(x,y,y') = 0 \\ y|_{x=x_0} = y_0 \end{cases} \quad (4\text{-}10)$$

微分方程的特解的图形是一条曲线,称为微分方程的积分曲线. 初值问题（4-10）的几何意义, 就是求微分方程的通过点（x_0, y_0）的积分曲线.

例 3 验证函数

$$x = C_1 \cos kt + C_2 \sin kt \quad (4\text{-}11)$$

是微分方程

$$\frac{\mathrm{d}^2 x}{\mathrm{d}t^2} + k^2 x = 0 \, (k \neq 0) \quad (4\text{-}12)$$

的通解.

证 求出所给函数（4-11）的一阶及二阶导数

$$\frac{\mathrm{d}x}{\mathrm{d}t} = -C_1 k \sin kt + C_2 k \cos kt \quad (4\text{-}13)$$

$$\frac{\mathrm{d}^2 x}{\mathrm{d}t^2} = -k^2 (C_1 \cos kt + C_2 \sin kt) \quad (4\text{-}14)$$

把（4-11）及（4-14）代入方程（4-12），得

$$-k^2 (C_1 \cos kt + C_2 \sin kt) + k^2 (C_1 \cos kt + C_2 \sin kt) \equiv 0$$

即函数（4-11）及其导数代入方程（4-12）后使该方程成为一个恒等式, 因此函数（4-11）是方程（4-12）的解. 又, 函数（4-11）中含有两个任意常数, 而方程（4-12）为二阶微分方程, 所以函数（4-11）是方程（4-12）的通解.

例 4 求微分方程（4-12）满足初值条件

$$x|_{t=0} = A, \quad \frac{\mathrm{d}x}{\mathrm{d}t}\bigg|_{t=0} = 0$$

的特解.

解 由例 3 知方程（4-12）的通解为函数（4-11），将条件 $x|_{t=0} = A$ 代入（4-11）式, 得 $C_1 = A$; 将条件 $\frac{\mathrm{d}x}{\mathrm{d}t}\bigg|_{t=0} = 0$ 代入（4-13）式, 得 $C_2 = 0$, 于是所求的特解为

$$x = A \cos kt.$$

习 题 4.1

1. 指出下列各微分方程的阶数.

(1) $xy'^2 + 2yy' - 3y = 0$

(2) $x^3 y''' - xy' + x = 0$

(3) $(2x - 3y)\mathrm{d}x + (x + 2y)\mathrm{d}y = 0$

(4) $L\dfrac{\mathrm{d}^2 Q}{\mathrm{d}t^2} + R\dfrac{\mathrm{d}Q}{\mathrm{d}t} + \dfrac{1}{C}Q = 0$

2．（1）$y = x^2 e^x$ 是不是微分方程 $y'' - 2y' + y = 0$ 的一个解？

（2）$y = \ln\sec(x+1)$ 是不是微分方程 $y'' = 1 + y'^2$ 的一个解？

4.2 一阶微分方程

4.2.1 可分离变量的一阶微分方程

如果一个一阶微分方程能化为 $g(y)\mathrm{d}y = f(x)\mathrm{d}x$ 的形式，那么原方程就称为**可分离变量**的微分方程。分离变量后即可对微分方程的两端积分，得

$$\int g(y)\mathrm{d}y = \int f(x)\mathrm{d}x + C$$

其中 $\int g(y)\mathrm{d}y$，$\int f(x)\mathrm{d}x$ 分别表示 $g(y)$ 及 $f(x)$ 的一个原函数，本章均沿用此规定.

例 5 求微分方程 $\dfrac{\mathrm{d}y}{\mathrm{d}x} = xy$ 的通解．

解 此微分方程是可分离变量的，分离变量后得

$$\frac{\mathrm{d}y}{y} = x\mathrm{d}x.$$

两端积分

$$\int \frac{1}{y}\mathrm{d}y = \int x\mathrm{d}x + C_1$$

即

$$\ln|y| = \frac{1}{2}x^2 + C_1$$

$$|y| = e^{C_1} e^{\frac{x^2}{2}}$$

$$y = \pm e^{C_1} e^{\frac{x^2}{2}}$$

因 $\pm e^{C_1}$ 是任意常数，把它记为 C，得方程通解为

$$y = Ce^{\frac{x^2}{2}}$$

例 6 求微分方程

$$\frac{\mathrm{d}y}{\mathrm{d}x} = 2xy^2$$

的通解．

解 此微方程是可分离变量的，分离变量得

$$\frac{1}{y^2}dy = 2xdx$$

两端积分得

$$\int \frac{1}{y^2}dy = \int 2xdx + C$$

即 $-\frac{1}{y} = x^2 + C$ 或 $y = -\frac{1}{x^2 + C}$，其中 C 为任意常数，便为所求的通解.

例 7 设降落伞从跳伞塔下落后，所受空气阻力与速度成正比（比例系数为 k，可设 $k>0$），并设降落伞脱钩时（$t=0$）速度为 0，求降落伞下落速度与时间的函数关系.

解 设降落伞下落速度为 $v(t)$，它在下落时，同时受到重力 P 与阻力 R 的作用（图 4-2），重力的大小为 mg，方向与 v 一致，阻力的大小为 kv，方向与 v 相反，从而降落伞所受外力为 $F = mg - kv$，根据牛顿第二运动定律（设加速度为 a），$F = ma = m\dfrac{dv}{dt}$，得函数 $v(t)$ 应满足的微分方程为

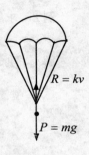

图 4-2

$$m\frac{dv}{dt} = mg - kv \qquad (4-15)$$

且有初值条件 $v|_{t=0} = 0$，把方程（4-15）分离变量得

$$\frac{dv}{mg - kv} = \frac{1}{m}dt$$

显然

$$mg - kv > 0$$

即

$$-\frac{1}{k}\ln(mg - kv) = \frac{t}{m} + C_1$$

即

$$mg - kv = e^{-\frac{k}{m}t - kC_1} \quad v = \frac{mg}{k} - Ce^{-\frac{k}{m}t} \ (C = \frac{1}{k}e^{-kC_1})$$

以初值条件 $v|_{t=0} = 0$ 代入，得

$$C = \frac{mg}{k}$$

于是所求的特解为：

$$v = \frac{mg}{k}(1 - e^{-\frac{k}{m}t}) \ (0 \leqslant t \leqslant T)$$

有些方程不能直接分离变量，但通过作一些简单的代换就可以使之变成可分离变量的微分方程．例如下面的齐次方程．

如果一阶微分方程

$$\frac{dy}{dx} = f(x,y)$$

中的函数 $f(x,y)$ 可写成 $\frac{y}{x}$ 的函数，即 $f(x,y) = \varphi(\frac{y}{x})$，则称该方程为**齐次方程**．

例 8 求解方程

$$2xy\,dx - (x^2 + y^2)\,dy = 0.$$

解 将原方程变为

$$\frac{dy}{dx} = \frac{2xy}{x^2+y^2} = \frac{2\left(\frac{y}{x}\right)}{1+\left(\frac{y}{x}\right)^2}$$

作代换，令 $u = \frac{y}{x}$，得 $y = xu$，因此

$$\frac{dy}{dx} = u + x\frac{du}{dx} \tag{4-16}$$

将（4-16）代入原方程得

$$x\frac{du}{dx} = \frac{u-u^3}{1+u^2},\quad \frac{dx}{x} = \frac{1+u^3}{u-u^3}du$$

分离变量得

$$\int\frac{dx}{x} = \int\left(\frac{1}{u} + \frac{2u}{1-u^2}\right)du + C \tag{4-17}$$

积分以后化简，再以 $u = \frac{y}{x}$ 代入，最后得到

$$x^2 = Cy + y^2$$

例 9 求解方程

$$\frac{dy}{dx} = \frac{y}{x} + \frac{1}{2}\frac{x}{y}$$

解 原方程不能直接分离变量，但作代换 $z = \frac{y}{x}$，则方程变为 $x\frac{dz}{dx} = \frac{1}{2z}$．

分离变量得

$$2z\,dz = \frac{dx}{x}$$

两边求分得
$$z^2 = \ln|x| + C$$
再将 $z = \dfrac{y}{x}$ 代入，得到通解
$$y^2 = x^2\left(\ln|x| + C\right)$$

例 10 求解方程
$$\frac{dy}{dx} = \frac{1}{x+y}$$

解 令 $x+y = z$，则 $y = z-x$，$\dfrac{dy}{dx} = \dfrac{dz}{dx} - 1$，又
$$\frac{dz}{dx} - 1 = \frac{1}{z}$$
即
$$\frac{dz}{dx} = \frac{z+1}{z}$$
分离变量得
$$\frac{z}{z+1}dz = dx$$
积分得
$$z - \ln|z+1| = x + C$$
以 $z = x+y$ 代回，得
$$y = \ln(x+y+1) + C \text{ 或 } x = C_1 e^y - y - 1$$

4.2.2 一阶线性微分方程

形如
$$\frac{dy}{dx} + p(x)y = Q(x) \tag{4-18}$$

的方程称为**一阶线性微分方程**，其中 $P(x)$，$Q(x)$ 为已知函数. 所谓线性微分方程是指方程关于未知函数及未知函数的导数是一次的方程，例如 $\dfrac{dy}{dx} + x^2 y = \sin x$ 是一阶线性微分方程，$yy' = x$，$y\dfrac{dy}{dx} + x^2 y = \sin x$ 都不是一阶线性微分方程.

当 $Q(x) \equiv 0$ 时，称方程 (4-18) 是**齐次**的；当 $Q(x) \neq 0$ 时，称方程 (4-18) 是**非齐次**的. 齐次方程与非齐次方程的解有着非常密切的联系，对于齐次方程 $\dfrac{dy}{dx} + P(x)y = 0$，分离变量后

可得其解为
$$y = Ce^{-\int P(x)dx}$$

再用所谓的"常数变易法"来求非齐次方程（4-18）的解，将上式中的常数 C 换成 x 的未知函数 u 即令 $y = ue^{-\int P(x)dx}$，代入（4-18）可得

$$\frac{du}{dx}e^{-\int P(x)dx} - up(x)e^{-\int P(x)dx} + up(x)e^{-\int P(x)dx} = Q(x)$$

$$\frac{du}{dx} = Q(x)e^{\int P(x)dx}$$

$$u = \int Q(x)e^{\int P(x)dx}dx + C$$

从而有一阶线性微分方程的通解公式：

$$y = e^{-\int P(x)dx}[\int Q(x)e^{\int P(x)dx}dx + C]$$

或

$$y = ce^{-\int P(x)dx} + e^{-\int P(x)dx}\int Q(x)e^{\int P(x)dx}dx.$$

可见，一阶非齐次线性方程的通解等于对应的齐次线性方程的通解与非齐次线性方程的一个特解之和。

例 11 求方程 $\dfrac{dy}{dx} + y = e^{-x}$ 的通解。

解 注意到 $P(x) = 1$，$Q(x) = e^{-x}$。
由一阶线性微分方程通解公式得：

$$y = e^{-\int dx}(\int e^{-x} \cdot e^{\int dx}dx + C)$$

故

$$y = (x+C)e^{-x}$$

即为所求方程的通解。

例 12 求解方程 $\dfrac{dy}{dx} - \dfrac{y}{x} = x^2$。

解 注意到 $P(x) = -\dfrac{1}{x}$，$Q(x) = x^2$。
由一阶线性微分方程通解公式得：

$$y = e^{\int \frac{dx}{x}}(\int x^2 e^{-\int \frac{dx}{x}}dx + C)$$

解得原方程通解为

$$y = \frac{1}{2}x^3 + Cx$$

例 13 求解方程 $\dfrac{dy}{dx} - \dfrac{y}{x} = -1$.

解 这里 $P(x) = -\dfrac{1}{x}$，$Q(x) = -1$，代入一阶线性微分方程通解公式得

$$y = e^{\int \frac{dx}{x}} \left[C + \int -e^{-\int \frac{dx}{x}} dx \right]$$

$$= e^{\ln x} \left[C - \int e^{-\ln x} dx \right]$$

$$= x \left[C - \int \dfrac{dx}{x} \right] = x \left(C - \ln|x| \right)$$

例 14 求一曲线，这曲线过原点，并且它在点 (x, y) 处切线的斜率等于 $2x+y$.

解 依题意可得一阶线性方程微分方程

$$\dfrac{dy}{dx} = 2x + y, \quad y(0) = 0 \quad 或 \quad \dfrac{dy}{dx} - y = 2x, \quad y(0) = 0$$

因 $P(x) = 1$，$Q(x) = 2x$ 故由一阶线性微分方程通解公式得：

$$y = e^{\int dx} (C + \int 2x e^{-\int dx} dx)$$

$$y = e^{x} (C - 2x e^{-x} - 2e^{-x})$$

$$y = C e^{x} - 2x - 2$$

把 $x = 0$，$y = 0$ 代入，得 $C = 2$，故

$$y = 2e^{x} - 2x - 2 = 2(e^{x} - x - 1)$$

为所求的曲线.

习 题 4.2

1. 求下列微分方程的通解或特解.

(1) $\dfrac{dy}{dx} = ay$ 　　　　　　　　　　　(2) $y' = e^{x-y}$

(3) $\begin{cases} 2y dx + x dy = 0 \\ y(2) = 1 \end{cases}$ 　　　　　　(4) $\begin{cases} y' \sin x = y \ln y \\ y(\dfrac{\pi}{2}) = e \end{cases}$

2. 解下列方程.

(1) $(x + 2y) dx - x dy = 0$ 　　　　(2) $(y^2 - 2xy) dx + x^2 dy = 0$

(3) $(x^2 + y^2) \dfrac{dy}{dx} = 2xy$ 　　　　　(4) $xy' - y = x \tan \dfrac{y}{x}$

(5) $xy' - y = (x + y) \ln \dfrac{x+y}{x}$ 　　(6) $xy' = \sqrt{x^2 - y^2} + y$

3. 变有如下的规律：镭的衰变速度与它的现存质量 R 成正比，由经验材料得知，镭经过 1600 年以后，只余原始量 R_0 的一半，试求镭的现存质量 R 与时间 t 的函数关系.

4. 求下列微分方程的通解或特解.

（1）$\dfrac{\mathrm{d}y}{\mathrm{d}x} + y = \mathrm{e}^{-x}$ 　　　　　　　　（2）$y' + 2xy = 4x$

（3）$\dfrac{\mathrm{d}p}{\mathrm{d}\theta} + 3p = 2$ 　　　　　　　　（4）$y' + y\tan x = \sin 2x$

（5）$y' - y\tan x = \sec x,\ y(0) = 0$ 　　　（6）$y + \dfrac{y}{x} = \dfrac{\sin x}{x},\ y(\pi) = 1$

（7）$y' + y\cot x = 5\mathrm{e}^{\cos x},\ y\!\left(\dfrac{\pi}{2}\right) = -4$ 　　（8）$y' + \dfrac{2 - 3x^2}{x^3} y = 1,\ y(1) = 0$.

4.3　几种可降阶的二阶微分方程

4.3.1　形如 $y'' = f(x)$ 的二阶微分方程

解此类二阶微分方程，可对两边同时求两次不定积分即可.

例 15 求方程 $y'' = \mathrm{e}^{2x} - \cos x$ 的通解.

解 对所给的方程连续积分两次得
$$y' = \frac{1}{2}\mathrm{e}^{2x} - \sin x + C_1$$
$$y = \frac{1}{4}\mathrm{e}^{2x} + \cos x + C_1 x + C_2$$

这就是所求的通解.

例 16 一汽车以 10m/s 的速度作匀速直线运动，又以匀减速刹车，5s 后完全停下来，求刹车时的路程函数，并求刹车距离.

分析 由路程 s、速度 v、加速度 a、时间 t 之间的关系是
$$s'(t) = v,\ s'''(t) = v' = a$$

解 依题意，$a = -\dfrac{10}{5} = -2\,\mathrm{m/s^2}$，当 $t = 0$ 时，$v = 10$，$s = 0$；当 $t = 5$ 时，$v = 0$. 即
$$\frac{\mathrm{d}^2 s}{\mathrm{d}t^2} = -2 \text{ 或 } s'' = -2$$

两边积分得
$$s' = -2t + C_1$$
$$s = -t^2 + C_1 t + C_2$$

代入初始条件计算得 $C_1 = 10$，$C_2 = 0$，故
路程函数为
$$s = -t^2 + 10t.$$
当 $t = 5$ 时，
$$s = -5^2 + 10 \times 5 = 25\text{m}.$$

4.3.2 形如 $y'' = f(x, y')$ 的二阶微分方程

方程的右端不显含未知函数 y，如果设 $y' = p$，则 $p' = f(x, p)$. 这是一个关于变量 x，p 的一阶微分方程，设通解为 $p = \varphi(x, C_1)$.

即
$$\frac{\mathrm{d}y}{\mathrm{d}x} = \varphi(x, C_1),$$
$$y = \int \varphi(x, C_1) \mathrm{d}x + C_2.$$

例 17 求微分方程 $(1 + x^2) y'' = 2xy'$ 的通解.

解 设 $y' = p$，则 $y'' = p' = \dfrac{\mathrm{d}p}{\mathrm{d}x}$，代入原方程得
$$\frac{\mathrm{d}p}{p} = \frac{2x}{1 + x^2} \mathrm{d}x,$$
两端积分
$$\ln|p| = \ln|1 + x^2| + C,$$
$$p = y' = \pm \mathrm{e}^C (1 + x^2),$$
两边再积分使得方程的通解为 $y = C_1(3x + x^3) + C_2$，其中
$$C_1 = \pm \frac{\mathrm{e}^C}{3}.$$

4.3.3 形如 $y'' = f(y, y')$ 的二阶微分方程.

方程中不含自变量 x，为了求出它的解，令 $y' = P(y)$，于是
$$y'' = \frac{\mathrm{d}p}{\mathrm{d}x} = \frac{\mathrm{d}p}{\mathrm{d}y} \frac{\mathrm{d}y}{\mathrm{d}x} = p \frac{\mathrm{d}p}{\mathrm{d}y}$$
原方程化为
$$p \frac{\mathrm{d}p}{\mathrm{d}y} = f(y, p)$$

这是一个关于变量 y,p 的一阶线性微分方程.

例 18 求解微分方程
$$yy'' - y'^2 = 0$$

解 设 $y' = P(y)$,则 $y'' = p\dfrac{\mathrm{d}p}{\mathrm{d}y}$,代入原方程得

$$yp\frac{\mathrm{d}p}{\mathrm{d}y} - p^2 = 0$$

$$p(y\frac{\mathrm{d}p}{\mathrm{d}y} - p) = 0$$

在 $y \neq 0$ 且 $p \neq 0$ 时,并分离变量,得

$$\frac{\mathrm{d}p}{p} = \frac{\mathrm{d}y}{y}$$

所以, $p = C_1 y$,或 $y' = C_1 y$.

再分离变量并积分,得方程通解为

$$\ln y = C_1 x + \ln C_2 \text{ 或 } y = C_2 \mathrm{e}^{c_1 x}$$

若 $p = 0$,则 $y = C$(C 为任意常数)

因此原方程解可统一表为

$$y = C_2 \mathrm{e}^{c_1 x}$$

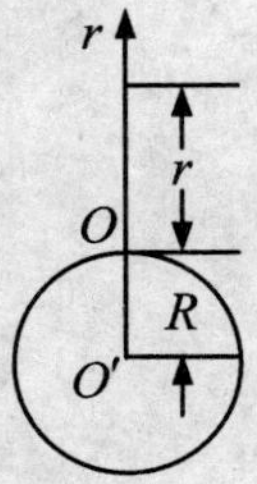

例 19 设地球质量为 M,万有引力常数为 G,地球半径为 R,今有一质量为 m 的火箭,由地面以初速 $v_0 = \sqrt{\dfrac{2GM}{R}}$ 垂直向上发射,试求火箭高度 r 与时间的关系.

解 如图 4-3 建立坐标系,火箭所受的地心引力是

$$f = -\frac{GMm}{(R+r)^2}$$

由牛顿第二定律得

$$m\frac{\mathrm{d}^2 r}{\mathrm{d}t^2} = -\frac{GMm}{(R+r)^2}$$

于是得到方程

$$\frac{\mathrm{d}^2 r}{\mathrm{d}t^2} = -\frac{GM}{(R+r)^2}$$

令 $\dfrac{\mathrm{d}r}{\mathrm{d}t} = p$,则 $\dfrac{\mathrm{d}^2 r}{\mathrm{d}t^2} = p\dfrac{\mathrm{d}p}{\mathrm{d}r}$,代入

图 4-3

$$p\frac{\mathrm{d}p}{\mathrm{d}r} = -\frac{GM}{(R+r)^2}$$

积分后得

$$\frac{1}{2}p^2 = \frac{GM}{R+r} + C$$

以初始条件 $p(0) = \sqrt{2\frac{GM}{R}}, r(0) = 0$，代入，得 $C = 0$，于是

$$p^2 = \frac{2GM}{R+r} \quad \text{或} \quad \frac{\mathrm{d}r}{\mathrm{d}t} = \sqrt{\frac{2GM}{R+r}}$$

积分后得

$$\frac{2}{3}(R+r)^{\frac{3}{2}} = \sqrt{2GM}t + C_1$$

以初始条件 $r(0) = 0$ 代入，得

$$C_1 = \frac{2}{3}R^{\frac{3}{2}}$$

所以，高度与时间的关系为

$$\frac{2}{3}(R+r)^{\frac{3}{2}} = \sqrt{2GM}t + \frac{2}{3}R^{\frac{3}{2}}$$

习 题 4.3

1. 求下列二阶微分方程的通解.
   (1) $y'' = x + \sin x$
   (2) $y'' = xe^x$
   (3) $y'' = \dfrac{1}{1+x^2}$
   (4) $y'' = y' + x$
   (5) $xy'' + y' = 0$
   (6) $y'' = 1 + y'^2$
   (7) $yy'' + 1 = y'^2$
   (8) $y^3 y'' - 1 = 0$

2. 设有一质量为 m 的物体，在空气中由静止开始下落，如果空气阻力为 $R = C^2 v^2$（其中 c 为常数，v 为物质运动的速度），试求物体下落的距离 s 与时间 t 的函数关系.

4.4 二阶常系数线性微分方程

4.1.1 二阶常系数线性齐次微分方程

微分方程

$$y'' + py' + qy = 0 \tag{4-19}$$

称为二阶常系数线性齐次微分方程,其中 p、q 为常数.

可以用代数的方法来解这类方程,为此,先讨论这类方程的性质.

定理 设 $y=y_1(x)$ 及 $y=y_2(x)$ 是方程(4-19)的两个解,那么,对于任何常数 C_1、C_2,$Y = C_1 y_1(x) + C_2 y_2(x)$ 仍然是(4-19)的解.

证 因 $y_1(x)$,$y_2(x)$ 是(4-19)的解,故有
$$y_1'' + py_1' + qy_1 = 0$$
$$y_2'' + py_2' + qy_2 = 0$$

从而
$$(C_1 y_1 + C_2 y_2)'' + p(C_1 y_1 + C_2 y_2)' + q(C_1 y_1 + C_2 y_2) = C_1(y_1'' + py_1' + qy_1) + C_2(y_2'' + py_2' + qy_2) = 0$$

即 $y = C_1 y_1 + C_2 y_2$ 是方程(4-19)的解.

由此定理可知,如果能找到方程(1)的两个解 $y_1(x)$ 及 $y_2(x)$,且 $y_1(x)/y_2(x) \neq$ 常数,那么
$$y = C_1 y_1(x) + C_2 y_2(x)$$

就是方程(4-19)的通解.

下面,我们讨论如何用代数的方法来找方程(4-19)的两个特解.

当 r 为常数时,指数函数 $y = e^{rx}$ 和它的各阶导数都只相差一个常数因子,正由于指数函数有这样的特点,因此我们用函数 $y = e^{rx}$ 来尝试,看能否适当地选取常数 r,使 $y = e^{rx}$ 满足方程(4-19).

对 $y = e^{rx}$ 求导,得
$$y' = re^{rx}, \quad y'' = r^2 e^{rx}$$

把 y、y' 及 y'' 代入方程(4-19),得
$$(r^2 + pr + q)e^{rx} = 0$$

由于 $e^{rx} \neq 0$,所以
$$r^2 + pr + q = 0 \tag{4-20}$$

由此可见,只要常数 r 满足方程(4-20),函数 $y = e^{rx}$ 就是方程(4-19)的解.代数方程(4-20)称为微分方程(4-19)的特征方程.

特征方程(4-20)的根称为特征根,可以用公式
$$r_{1,2} = \frac{1}{2}\left(-p \pm \sqrt{p^2 - 4q}\right)$$

求出,它们有 3 种不同的情形.

(1)当 $p^2 - 4q > 0$ 时,r_1, r_2 是两个不相等的实根.

$$r_1 = \frac{1}{2}\left(-p + \sqrt{p^2-4q}\right), \quad r_2 = \frac{1}{2}\left(-p + \sqrt{p^2-4q}\right)$$

（2）当 $p^2 - 4q = 0$ 时，r_1, r_2 是两个相等的实根.

$$r_1 = r_2 = -\frac{p}{2}$$

（3）当 $p^2 - 4q < 0$ 时，r_1, r_2 是一对共轭复根.

$$r_1 = a + \mathrm{i}\beta, \quad r_2 = a - \mathrm{i}\beta$$

其中 $a = -\dfrac{p}{2}$，$\beta = \dfrac{1}{2}\sqrt{4q - p^2}$.

相应地，微分方程（4-19）的通解也就有 3 种不同的情形，现在分别讨论如下：

（1）特征方程有两个不相等的实根：$r_1 \neq r_2$.

由上面的讨论知道，$y_1 = \mathrm{e}^{r_1 x}$，$y_2 = \mathrm{e}^{r_2 x}$ 是微分方程（4-19）的两个解，且 $y_1/y_2 = \mathrm{e}^{r_1 x}/\mathrm{e}^{r_2 x} = \mathrm{e}^{(r_1-r_2)x}$ 不是常数，因此方程（4-19）的通解为

$$y = C_1 \mathrm{e}^{r_1 x} + C_2 \mathrm{e}^{r_2 x}$$

例 20 求 $y'' + 2y' - 3y = 0$ 的通解.

解 特征方程为 $r^2 + 2r - 3 = 0$，即 $(r+3)(r-1) = 0$，得特征根 $r_1 = -3$，$r_2 = 1$，于是微分方程的通解为

$$y = C_1 \mathrm{e}^{-3x} + C_2 \mathrm{e}^{x}.$$

例 21 求 $y'' - 3y' = 0$ 的通解.

解 $r^2 - 3r = 0$，$r(r-3) = 0$，$r_1 = 0$，$r_2 = 3$，故通解为

$$y = C_1 + C_2 \mathrm{e}^{3x}$$

（2）特征方程有两个相等的实根：$r_1 = r_2$.

这时只能得到微分方程（4-19）的一个特解 $y_1 = \mathrm{e}^{r_1 x}$. 还需求出另一个特解 y_2，且要求 y_2/y_1 不是常数.

为此，设 $y_2/y_1 = u(x) \neq C$，即 $y_2 = \mathrm{e}^{r_1 x} u(x)$，要寻求 $u(x)$ 为何函数时，$y_2 = \mathrm{e}^{r_1 x} u(x)$ 能满足方程.

对 y_2 求导，得

$$y_2' = \mathrm{e}^{r_1 x}\left(u' + r_1 u\right)$$
$$y_2'' = \mathrm{e}^{r_1 x}\left(u'' + 2r_1 u' + r_1^2 u\right)$$

代入方程（4-19），得

$$\mathrm{e}^{r_1 x}\left[\left(u'' + 2r_1 u' + r_1^2 u\right) + p\left(u' + r_1 u\right) + qu\right] = 0$$

约去 $\mathrm{e}^{r_1 x}$，并按 u''、u' 及 u 合并同类项，得

$$u'' + (2r_1 + p)u' + (r_1^2 + pr_1 + q)u = 0$$

由于 r_1 是特征方程（4-20）的重根，故 $r_1^2 + pr_1 + q = 0, 2r_1 + p = 0$，于是有
$$u'' = 0$$

解得 $u = C_1 + C_2 x$，由于只要得到一个不为常数的解，所以不妨选取 $C_1 = 0$，$C_2 = 1$，即 $u = x$，可得微分方程的另一个解
$$y_2 = x\mathrm{e}^{r_1 x}$$

从而微分方程（4-19）的通解为
$$y = C_1 \mathrm{e}^{r_1 x} + C_2 x \mathrm{e}^{r_1 x} = (C_1 + C_2 x)\mathrm{e}^{r_1 x}$$

例 22 求 $y'' + 4y' + 4y = 0$ 的通解.

解 $r^2 + 4r + 4 = 0$，即 $(r+2)^2 = 0$，得重根 $r = -2$，于是通解为
$$y = (C_1 + C_2 x)\mathrm{e}^{-2x}$$

（3）特征方程有一对共轭复根：$r_1 = a + \mathrm{i}\beta$，$r_2 = a - \mathrm{i}\beta$（$\beta \neq 0$）.

这时得到微分方程的两个复值形式的解 $y_1 = \mathrm{e}^{(a+\mathrm{i}\beta)x}$ 及 $y_2 = \mathrm{e}^{(a-\mathrm{i}\beta)x}$. 为了便于应用，需要寻找方程的两个实函数形式的解，利用欧拉公式 $\mathrm{e}^{\mathrm{i}\varphi} = \cos\varphi + \mathrm{i}\sin\varphi$，有
$$y_1 = \mathrm{e}^{(a+\mathrm{i}\beta)x} = \mathrm{e}^{ax} \cdot \mathrm{e}^{\mathrm{i}\beta x} = \mathrm{e}^{ax}(\cos\beta x + \mathrm{i}\sin\beta x)$$
$$y_2 = \mathrm{e}^{(a-\mathrm{i}\beta)x} = \mathrm{e}^{ax} \cdot \mathrm{e}^{-\mathrm{i}\beta x} = \mathrm{e}^{ax}(\cos\beta x - \mathrm{i}\sin\beta x)$$

取
$$\bar{y}_1 = \frac{1}{2}(y_1 + y_2) = \mathrm{e}^{ax}\cos\beta x$$
$$\bar{y}_2 = \frac{1}{2\mathrm{i}}(y_1 - y_2) = \mathrm{e}^{ax}\sin\beta x$$

$\bar{y}_1$、$\bar{y}_2$ 是两个实函数，根据本节定理知 $\bar{y}_1$、$\bar{y}_2$ 仍是方程（4-9）的解，且
$$\bar{y}_1/\bar{y}_2 = \mathrm{e}^{ax}\cos\beta x/(\mathrm{e}^{ax}\sin\beta x) = \cot\beta x \neq C$$

故方程（4-9）的通解为
$$y = \mathrm{e}^{ax}(C_1 \cos\beta x + C_2 \sin\beta x)$$

例 23 求 $y'' + 2y' + 5y = 0$ 的通解.

解 $r^2 + 2r + 5 = 0$，$r = -1 \pm 2\mathrm{i}$，故通解为 $y = \mathrm{e}^{-x}(C_1 \cos 2x + C_2 \sin 2x)$.

例 24 求 $y'' + 2y = 0$ 的通解.

解 $r^2 + 2 = 0$，$r = \pm\sqrt{2}\mathrm{i}$，于是通解为
$$y = C_1 \cos\sqrt{2}x + C_2 \sin\sqrt{2}x$$

综上所述，二阶常数系齐次线性方程可以用代数方法求得通解，其求解步骤如下：
（1）写出特征方程，求出特征根.

（2）根据特征根的不同情况，对应地写出微分方程的通解：

特征方程 $r^2 + pr + q = 0$ 的两个根 r_1, r_2	微分方程 $y'' + py' + qy = 0$ 的通解
两个不相等的实根 $r_1 \neq r_2$	$y = C_1 e^{r_1 x} + C_2 e^{r_2 x}$
两个相等的实根 $r_1 = r_2$	$y = (C_1 + C_2 x) e^{r_2 x}$
一对共轭复根 $r_{1,2} = \alpha \pm i\beta$	$y = e^{\alpha x}(C_1 \cos\beta x + C_2 \sin\beta x)$

二阶常系数线性微分方程有着广泛的应用，特别是有关振动问题（如梁的振动、电路的振荡等）往往可归结为这种类型的微分方程，下面举一个弹簧振动的例子。

例 25 设有一弹簧，它的上端固定，下端挂一个质量为 m 的物体，当物体处于静止状态时，作用在物体上的重力与弹簧作用于物体的弹性力大小相等，方向相反．这个位置就是物体的平衡位置．如果有一外力使物体离开平衡位置，并随即撤去外力，那么物体便在平衡位置附近作上下振动．求物体的振动规律（只需写出方程）．

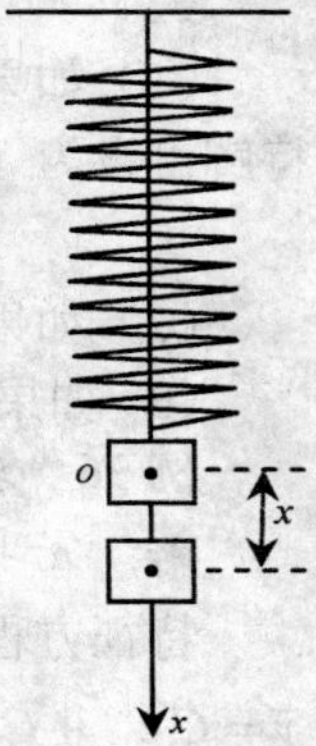

解 如图 4-4，取 x 轴铅直向下，并取物体的平衡位置为坐标原点．设在时刻 t 物体所在的位置为 x，则函数 $x = x(t)$ 就是所要求的振动规律．

由力学知道，当振幅不大时，弹簧使物体回到平衡位置的弹性恢复力 f（它不包括在平衡位置时和重力相平衡的那一部分弹性力）和物体离开平衡位置的位移 x 成正比

$$f = -Cx$$

其中 C 为弹簧的弹性系数，负号表示弹性恢复力的方向和物体位移的方向相反．

另外，物体在运动过程中，还受到阻尼介质（如空气、油等）的阻力作用，使得振动逐渐停止．由实验知道，当物体运动的速度不太大时，可设阻力与运动速度成正比

$$R = -\mu \frac{dx}{dt}$$

其中 μ 为比例系数，负号表示阻力方向与运动方向相反．
根据上述关于物体受力情况的分析，由牛顿第二定律，得

$$m \frac{d^2 x}{dt^2} = -Cx - \mu \frac{dx}{dt}$$

移项，并记 $2n = \mu/m$，$k^2 = C/m$，则上式化为

$$\frac{d^2 x}{dt^2} + 2n \frac{dx}{dt} + k^2 x = 0$$

这就是物体自由振动的微分方程．

图 4-4

4.4.2 二阶常系数线性非齐次微分方程

二阶常系数线性非齐次微分方程的一般形式是

$$y'' + py' + qy = f(x) \quad (4-21)$$

其中 p,q 是常数,而方程

$$y'' + py' + qy = 0 \quad (4-22)$$

是非齐次方程(4-21)所对应的齐次方程. 与一阶线形非齐次方程一样,二阶常系数线性非齐次方程的通解也等于它的一个特解与它所对应的齐次方程的一个通解之和,在本节只举例说明 $f(x) = (ax+b)e^{\lambda x}$ 型方程的解法,里面所涉及的理论知识从略.

关于求方程(4-21)的特解,有以下结论.

(1) 如果 λ 不是齐次方程(4-22)的特征方程 $r^2 + pr + q = 0$ 的根,则方程(4-21)的特解可设为

$$y^* = (cx + d)e^{\lambda x}$$

(2) 如果 λ 是(4-22)式特征方程的单根,则方程(4-21)的特解可设为 $x(cx+d)e^{\lambda x}$.

(3) 如果 λ 是(4-22)式特征方程的二重根,则方程(4-21)的特解可设为 $x^2(cx+d)e^{\lambda x}$.

例26 求微分方程 $y'' - 2y' - 3y = 3x + 1$ 的通解.

解 先求齐次方程 $y'' - 2y' - 3y = 0$ 的通解.

特征方程 $r^2 - 2r - 3 = 0$ 的特征根为 $r_1 = -1$,$r_2 = 3$. 则齐次方程的通解为 $\bar{y} = C_1 e^{-x} + C_2 e^{3x}$. 因 $3x + 1 = e^{0x}(3x + 1)$,$\lambda = 0$ 不是特征根,可设原方程的一个特解为

$$y^* = ax + b$$

把它代入所给方程得

$$-2a - 3(ax + b) = 3x + 1$$

比较两端同次幂的系数得

$$\begin{cases} -3a = 3 \\ -2a - 3b = 1 \end{cases}$$

$$a = -1, \quad b = \frac{1}{3}$$

即特解为 $y^* = -x + \dfrac{1}{3}$.

所以方程的通解为 $y = \bar{y} + y^* = C_1 e^{-x} + C_2 e^{3x} - x + \dfrac{1}{3}$.

例27 求微分方程 $y'' - 5y' + 6y = xe^{2x}$ 的通解.

解 齐次方程 $y'' - 5y' + 6y = 0$ 的通解为

$$\bar{y} = C_1 e^{2x} + C_2 e^{3x}, \quad e^{\lambda x} = e^{2x}$$

即 $\lambda=2$ 是单根，可设非齐次方程的一个特解为
$$y^* = x(ax+b)e^{2x}$$
代入原方程比较同次幂的系数得 $a = -\dfrac{1}{2}$, $b = -1$，特解即
$$y^* = -x\left(\dfrac{1}{2}x+1\right)e^{2x}$$
从而所求通解为
$$y = \bar{y} + y^* = \left(C_1 - x - \dfrac{1}{2}x^2\right)e^{2x} + C_2 e^{3x}$$

例 28 求微分方程 $y'' - 5y' + 6y = xe^{2x}$ 的通解.

解 先求对应的齐次方程的通解 $y = \bar{y}(x)$，由 $r^2 - 5r + 6 = 0$ 得 $r_1 = 2, r_2 = 3$，于是
$$\bar{y}(x) = C_1 e^{2x} + C_2 e^{3x}$$
$f(x) = xe^{2x}$ 属 $(ax+b)e^{\lambda x}$ 型，次数 $m=1$，$\lambda=2$ 为特征方程的单根，所以应设
$$y^* = x(b_0 x + b_1)e^{2x}$$
求导得
$$y^{*\prime} = \left[2b_0 x^2 + (2b_0 + 2b_1)x + b_1\right]e^{2x}$$
$$y^{*\prime\prime} = \left[4b_0 x^2 + (8b_0 + 4b_1)x + 2b_0 + 4b_1\right]e^{2x}$$
代入原方程，并约去 e^{2x}，得
$$4b_0 x^2 + (8b_0 + 4b_1)x + 2b_0 + 4b_1 - 5\left[2b_0 x^2 + (2b_0 + 2b_1)x + b_1\right] + b(b_0 x^2 + b_1 x) = x$$
即 $-2b_0 x + 2b_0 - b_1 = x$.
比较同次幂系数，得
$$\begin{cases} -2b_0 = 1 \\ 2b_0 - b_1 = 0 \end{cases}$$
求得 $b_0 = -1/2$，$b_1 = -1$，于是
$$y^* = -x(x/2 + 1)e^{2x}$$
从而所求通解为
$$y = \bar{y} + y^* = C_1 e^{3x} + C_2 e^{2x} - x(x/2+1)e^{2x}$$
$$= (C_1 - x - x^2/2)e^{2x} + C_2 e^{3x}$$

例 29 求微分方程 $y'' - 4y' + 4y = 2e^{2x}$ 的通解.

解 由于特征方程为

$$r^2 - 4r + 4 = 0$$

所以 $r_{1,2} = 2$，故对应齐次方程的通解为

$$\bar{y}(x) = (C_1 + C_2 x)e^{2x}$$

$f(x) = 2e^{2x}$，$m = 0$；$\lambda = 2$ 为特征方程的重根，所以应设

$$y^* = x^2(b_0)e^{2x} = b_0 x^2 e^{2x}$$

代入原方程，求得 $b_0 = 1$，故所求通解为

$$y = \bar{y}(x) + y^*(x) = (C_1 + C_2 x + x^2)e^{2x}$$

习 题 4.4

1．求下列微分方程的通解．
(1) $y'' + y' - 2y = 0$
(2) $y'' - 4y' = 0$
(3) $y'' + y = 0$
(4) $y'' + 6y' + 13y = 0$
(5) $4\dfrac{d^2 x}{dt^2} - 20\dfrac{dx}{dt} + 25x = 0$
(6) $y'' - 4y' + 5y = 0$
(7) $y^{(4)} - y = 0$
(8) $y^{(4)} - 2y'' + y = 0$．

2．求下列微分方程的特解．
(1) $y'' - 4y' + 3y = 0$　$y(0) = 6$，$y'(0) = 10$；
(2) $4y'' + 4y' + y = 0$　$y(0) = 2$，$y'(0) = 0$．

3．求下列微分方程的通解．
(1) $2y'' + y' - y = 2e^x$
(2) $2y'' + 5y' = 5x^2 - 2x - 1$
(3) $y'' + 3y' + 2y = 3xe^{-x}$
(4) $y'' - 6y' + 9y = (x+1)e^{3x}$

4．一个单位质量的质点在数轴上运动，开始时质点在原点 O 处且速度为 v_0，在运动过程中，它受到一个力的作用，这个力的大小与质点到原点的距离成正比（比例系数 k_1>0），而方向与初速度一致，又介质的阻力与速度成正比/（比例系数 k_2>0），求这质点的运动规律．

复 习 题 4

一、选择题．

1．设有微分方程
(1) $(y'')^2 + 5y' - y + x = 0$；
(2) $y'' + 5y' + 4y^2 - 8x = 0$；
(3) $(3x+2)dx + (x-y)dy = 0$．则（　　）．

A．方程（1）是线性微分方程；　　　　B．方程（2）是线性微分方程；
C．方程（3）是线性微分方程；　　　　D．它们都不是线性微分方程．

2. 函数 $y(x)$ 是方程 $xy' + y - y^2\ln x = 0$ 的解，且当 $x = 1$ 时，$y = 1$，则当 $x = e$ 时，$y = ($).

A. $\dfrac{1}{e}$
B. $\dfrac{1}{2}$
C. 2
D. e

3. 微分方程 $y' + \dfrac{2}{x}y + x = 0$，满足 $y(2) = 0$ 的特解是 $y = ($).

A. $\dfrac{4}{x^2} - \dfrac{x^2}{4}$
B. $\dfrac{x^2}{4} - \dfrac{4}{x^2}$
C. $x^2(\ln 2 - \ln x)$
D. $x^2(\ln x - \ln 2)$

4. 方程 $y'' - y' = 0$ 的通解是（ ）.

A. $e^x + C_1 x + C_2$
B. $C_1 x + C_2$
C. $C_1 e^x + C_2$
D. $C_1 x^2 + C_2 x$

5. 微分方程 $x\mathrm{d}y - y\mathrm{d}x = y^2 e^y \mathrm{d}y$ 的通解是（ ）.

A. $y = x(e^x + C)$
B. $x = y(e^y + C)$
C. $y = x(C - e^x)$
D. $x = y(C - e^y)$

6. 微分方程 $xy'^2 - 2yy' + x = 0$ 与 $x^2 y'' - xy' + y = 0$ 的阶数分别是（ ）.

A. 1，1
B. 1，2
C. 2，1
D. 2，2

7. 微分方程 $y'' - 4y' + 4y = xe^{2x}$ 具有的特解形式为（ ）.

A. $(Ax + B)e^{2x}$
B. $(Ax^2 + Bx)e^{2x}$
C. $(Ax^3 + Bx^2)e^{2x}$
D. $Ax^3 e^{2x}$

8. 微分方程 $\begin{cases} y' + 2xy = xe^{-x^2} \\ y(0) = 1 \end{cases}$ 的特解为（ ）.

A. $e^{-x^2}(\dfrac{x}{2} + 1)$
B. $e^{-x^2}(\dfrac{x^2}{2} + 1)$
C. $e^{-x^2}(1 - \dfrac{x}{2})$
D. $e^{-x^2}(1 - \dfrac{x^2}{2})$

二、填空题.

1. 微分方程 $yy' = \dfrac{\sqrt{y^2 - 1}}{1 + x^2}$ 的通解为_____.

2. 方程 $y'\sin x = y\ln y$ 满足初始条件 $y(\dfrac{\pi}{2}) = e$ 的特解是_____.

3. 以 $y = C_1 e^{-x} + C_2 e^{2x}$ 为通解的二阶常系数线形齐次微分方程为_____.

4. 微分方程 $xy'' + y' = 0$ 的通解为 $y = $ _____.

5. 一曲线过原点，且曲线上各点处切线的斜率等于该点横坐标的两倍，则此曲线方程为_____.

6. 曲线 $e^{x-y} = \dfrac{\mathrm{d}y}{\mathrm{d}x}$ 过点 $(1,1)$，则 $y(0) = $ _____.

三、解答题.

1. 求下列微分方程的通解.

(1) $y\ln x\,\mathrm{d}x + x\ln y\,\mathrm{d}y = 0$

(2) $yy' + e^{y^2} + 3x = 0$

(3) $y' + \sin\dfrac{x+y}{2} = \sin\dfrac{x-y}{2}$

(4) $y' - e^{x-y} + e^x = 0$

(5) $y'' - x\ln x = 0$

(6) $y''' = \sin x - \cos x$

(7) $y'' = \dfrac{2xy'}{x^2+1}$

(8) $y'' = \dfrac{y'}{x}$

2. 求下列微分方程满足初始条件的特解

(1) $\sin y\cos x\,\mathrm{d}y - \cos y\sin x\,\mathrm{d}x = 0$, $y(0) = \dfrac{\pi}{4}$

(2) $y' + y\cos x = \sin x\cos x$; $y(0) = 1$

(3) $xy' - \dfrac{y}{1+x} = x$, $y(1) = 1$

(4) $y'' - 3y' - 4y = 0$, $y(0) = 0$, $y'(0) = -5$

(5) $9y'' + 6y' + y = 0$, $y(0) = 3$, $y'(0) = 0$

(6) $y'' + 2\sqrt{y} = 0$, $y(0) = 2$, $y'(0) = 5$

3. 求一曲线，曲线上各点处的切线、切点到原点的连线及 x 轴可以围成一个以 x 轴为底的等腰三角形，且通过点 $(1,2)$.

4. 一船从河边 A 点驶向对岸码头 O 点，设河宽 $OA = a$，水流速度为 w，船的速度为 v，如果船总是 O 点的方向前进，试求船的路线.

5. 试求 $y'' = x$ 的经过点 $M(0,1)$ 且在此点与直线 $y = \dfrac{1}{2}x + 1$ 相切的积分曲线.

6. 一质量为 m 的物体受到冲击而获得速度为 v_0，沿着水平面滑动，设所受的摩擦力与质量成正比，比例系数为 k，试求此物体能走的距离.

第 5 章 空间解析几何

学习要求:
1. 理解向量的概念,掌握向量的坐标表示法.
2. 熟练掌握向量的线性运算、向量的数量积与向量积的计算方法.
3. 会求平面的点法式方程和直线的点向式方程.
4. 了解球面、母线平行于坐标轴的柱面、旋转抛物面、圆锥面和椭球面的方程及其图形.

在自然科学和工程技术中,所遇到的几何图形经常是空间几何图形,用代数的方法研究空间图形的性质和规律的学科,称为解析几何. 本章以向量作为工具来研究空间解析几何的有关内容,为此先介绍向量的概念、向量的运算.

5.1 向 量 代 数

5.1.1 空间直角坐标系

确定直线上一点的位置,只要用一个数就可以了. 确定平面上一点的位置,需要用两个有序数,例如在平面上建立直角坐标系 xOy,平面上任一点的位置就可以用两个有序数 x 和 y 来确定,记做 $M(x,y)$,要确定空间中一点的位置,自然会想到需要用 3 个有序数. 下面建立空间直角坐标的概念.

由空间中 3 条交于原点且相互垂直的数轴所组成的 3 条坐标轴称为空间坐标系,其中 3 个相互垂直的坐标轴分别称为横轴(x 轴)、纵轴(y 轴)与竖轴(z 轴),坐标轴的方向按右手螺旋法则(图 5-1)确定. 每两轴所在的平面称为坐标平面,其中 x 轴与 y 轴所在平面记为 xOy 平面,y 轴与 z 轴所在平面记为 yOz 平面,z 轴和 x 轴所在平面记为 zOx 平面. 3 个坐标平面将空间分成 8 个部分,每一部分称为一个卦限(图 5-2),在 xOy 平面上方的 4 个部分分别为第 Ⅰ、Ⅱ、Ⅲ、Ⅳ 卦限,在 xOy 平面下方的 4 个部分分别称为第 Ⅴ、Ⅵ、Ⅶ、Ⅷ 卦限.

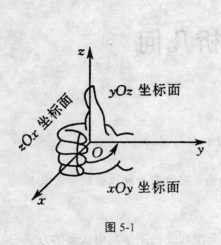

图 5-1

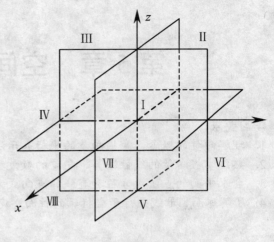

图 5-2

在空间建立了直角坐标系后，就可以建立空间的点与 3 个有序数组之间的一一对应关系．设 M 为空间中的一点（图 5-3），过点 M 作垂直于 3 个坐标轴的平面，与 3 个坐标轴分别相交于 P、Q、R 三点，这三点在 x 轴、y 轴、z 轴上的坐标依次为 x、y、z．于是空间的一点 M 就惟一地确定了一个有序数组 (x,y,z)．反之，已知一个有序数组 (x,y,z)，可以在 x 轴上取坐标为 x 的点 P，在 y 轴上取坐标为 y 的点 Q，在 z 轴上取坐标为 z 的点 R，然后通过 P、Q 与 R 分别作 x 轴、y 轴、z 轴的垂直平面．这 3 个垂直平面的交点 M 便是由有序数组 (x,y,z) 所确定的惟一的点．因此空间的所有点与全体有序数组 (x,y,z) 之间就建立了一一对应的关系．这组数 (x,y,z) 就称为点 M 的坐标，记为 $M(x,y,z)$．

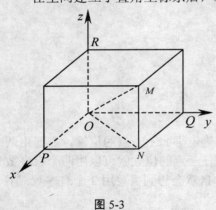

图 5-3

5.1.2　向量及其坐标表示

1. 向量的概念

在实际问题中，有一种量，例如时间、长度、质量等，它们只有大小、没有方向，在取定一个单位后，可以用一个数来表示，这种量叫做**数量**．另外还有一种量，例如物理学中的力、位移、速度等，它们除有大小外还有方向，这种既有大小又有方向的量称为**向量**．

用有向线段 $\overrightarrow{M_1M_2}$ 来表示向量（图 5-4），其中 M_1、M_2 分别为向量 $\overrightarrow{M_1M_2}$ 的起点和终

点，线段的长度 $|\overrightarrow{M_1M_2}|$ 表示向量 $\overrightarrow{M_1M_2}$ 的大小，由起点 M_1 到终点 M_2 的指向表示向量 $\overrightarrow{M_1M_2}$ 的方向．有时也用一个粗体字母或书写体上面加箭头的字母来表示向量．例如 a，b，⋯表示向量．

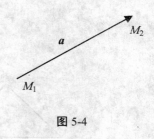

图 5-4

向量的大小称为向量的**模**，向量 a 的模记做 $|a|$（或 $|\overrightarrow{M_1M_2}|$），模等于 1 的向量称为**单位向量**，模等于零的向量称为 **0 向量**，记做 **0**，零向量没有确定的方向，或者说它的方向是任意的．

在数学中，对于向量，只考虑其大小和方向，不考虑其起点，向量可以平行地自由移动（称为**自由向量**）．因此，如果两向量 a、b 的大小相等，方向相同、就称它们是相等的，记做 $a=b$．

2．向量的加减法．

向量的加法运算规定如下．

设有两个非零向量 a、b，平移 a、b 使它们的起点重合，并以 a、b 为边作平行四边形（图 5-5），那么，以 a、b 的起点为起点的对角线所表示的向量定义为两向量之和，记做 $a+b$．这就是向量加法的**平行四边形法则**．由于向量 b 的起点可以平行移动到 a 的终点，因而向量的加法也可理解为：以向量 a 的终点为向量 b 的起点作向量 b，则由 a 的起点到 b 的终点的向量，即为 $a+b$，这便是向量加法的**三角形法则**（图 5-6）．这个法则可以推广到多个向量求和的情形．

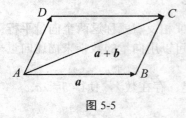

图 5-5

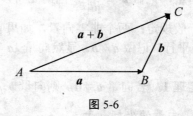

图 5-6

向量加法像实数加法一样满足交换律和结合律，即

交换律：$a+b=b+a$．

结合律：$(a+b)+c=a+(b+c)$．

向量的减法可以看做向量加法的逆运算．规定：若 $b+c=a$，则称 c 为 a 与 b 的差，记做 $c=a-b$（图 5-7）．

与已知向量 a 的模相等，而方向相反的向量称为 a 的负向量，记做 $-a$．应用负向量的概念，可以把向量的减法变成向量的加法来运算（图 5-8），即

$$a-b=a+(-b).$$

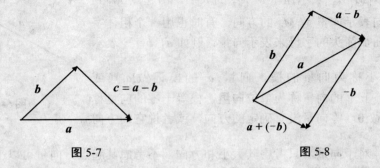

图 5-7 图 5-8

3. 数与向量的乘积

实数 λ 和向量 $\boldsymbol{a}$ 的积（简称数乘）是一个向量，记做 $\lambda\boldsymbol{a}$。当 $\lambda>0$ 时，它与 $\boldsymbol{a}$ 同向；当 $\lambda<0$ 时，它与 $\boldsymbol{a}$ 反向。而它的模是 $|\boldsymbol{a}|$ 的 $|\lambda|$ 倍，即 $|\lambda\boldsymbol{a}|=|\lambda||\boldsymbol{a}|$。

当 $\lambda=0$ 时，$\lambda\boldsymbol{a}=\boldsymbol{0}$；当 $\lambda=1$ 时，$1\cdot\boldsymbol{a}=\boldsymbol{a}$；当 $\lambda=-1$ 时，$-1\cdot\boldsymbol{a}=-\boldsymbol{a}$。

数乘运算满足结合律与分配律，即

$$\mu(\lambda\boldsymbol{a})=(\mu\lambda)\boldsymbol{a},\ \lambda(\boldsymbol{a}+\boldsymbol{b})=\lambda\boldsymbol{a}+\lambda\boldsymbol{b},\ (\lambda+\mu)\boldsymbol{a}=\lambda\boldsymbol{a}+\mu\boldsymbol{a}.$$

其中 λ、μ 都是实数。

设 $\boldsymbol{a}$ 为非零向量，令 $\lambda=\dfrac{1}{|\boldsymbol{a}|}$，于是 $\lambda\boldsymbol{a}=\dfrac{\boldsymbol{a}}{|\boldsymbol{a}|}$，$\dfrac{\boldsymbol{a}}{|\boldsymbol{a}|}$ 的模等于 1，故 $\dfrac{\boldsymbol{a}}{|\boldsymbol{a}|}$ 是一个与 $\boldsymbol{a}$ 同向的单位向量，记做 $\boldsymbol{a}^0=\dfrac{\boldsymbol{a}}{|\boldsymbol{a}|}$，因此 $\boldsymbol{a}$ 可以表示为 $\boldsymbol{a}=|\boldsymbol{a}|\boldsymbol{a}^0$。

一般规定：两个非零向量，如果它们的方向相同或相反，就称这两个向量**平行**。向量 $\boldsymbol{a}$ 与 $\boldsymbol{b}$ 平行，记做 $\boldsymbol{a}/\!/\boldsymbol{b}$。显然向量 $\lambda\boldsymbol{a}$ 与 $\boldsymbol{a}$ 平行，因此可以用向量的数乘来描述向量平行的条件。

定理1 若向量 $\boldsymbol{a}\neq\boldsymbol{0}$，则向量 $\boldsymbol{b}/\!/\boldsymbol{a}$ 的充要条件是：存在数 λ，使得 $\boldsymbol{b}=\lambda\boldsymbol{a}$。

4. 向量的坐标表示

上面是用几何方法介绍和讨论向量及其运算的，这个方法比较直观，但计算不方便，而且有些问题仅靠几何方法是很难解决的。现在引进向量的坐标，用代数方法讨论向量及其运算。

在空间直角坐标系中，沿 x 轴、y 轴、z 轴的正方向分别取单位向量 $\boldsymbol{i}$、$\boldsymbol{j}$、$\boldsymbol{k}$，称为基本单位向量。

设向量 $\boldsymbol{a}$ 的起点在坐标原点 O（图 5-9），过 $\boldsymbol{a}$ 的终点 $P(x,y,z)$ 作 3 个平面，分别垂直于 3 条坐标轴，并顺次交于 A、B、C，因 $\overrightarrow{OA}$ 在 x 轴上，点 A 的坐标是 $(x,0,0)$ 故有 $\overrightarrow{OA}=x\boldsymbol{i}$；

同理有 $\overrightarrow{OB} = y\boldsymbol{i}$，$\overrightarrow{OC} = z\boldsymbol{k}$，从而有
$$\boldsymbol{a} = \overrightarrow{OP} = \overrightarrow{OA} + \overrightarrow{OB} + \overrightarrow{OC} = x\boldsymbol{i} + y\boldsymbol{i} + z\boldsymbol{k}$$

上式称为向量 $\boldsymbol{a}$ 的坐标表示式，简记为 $\boldsymbol{a} = (x, y, z)$.

x、y、z 也称为向量 $\boldsymbol{a}$ 的坐标，而 (x, y, z) 恰好又是以原点 O 为起点的向量 $\boldsymbol{a}$ 的终点 P 的坐标. 向量 $x\boldsymbol{i}, y\boldsymbol{j}, z\boldsymbol{k}$ 分别叫做 $\boldsymbol{a}$ 在 x 轴、y 轴、z 轴上的分向量.

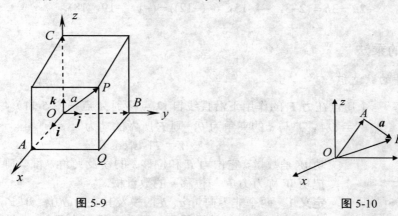

图 5-9 图 5-10

例 1 已知 $\boldsymbol{a} = \overrightarrow{AB}$ 是以 $A(x_1 + y_1 + z_1)$ 为起点、$B(x_2, y_2, z_2)$ 为终点的向量（图 5-10），求向量 $\boldsymbol{a}$ 的坐标.

解 $\boldsymbol{a} = \overrightarrow{AB} = \overrightarrow{OB} - \overrightarrow{OA}$
$$= (x_2\boldsymbol{i} + y_2\boldsymbol{j} + z_2\boldsymbol{k}) - (x_1\boldsymbol{i} + y_1\boldsymbol{j} + z_1\boldsymbol{k})$$
$$= (x_2 - x_1)\boldsymbol{i} + (y_2 - y_1)\boldsymbol{j} + (z_2 - z_1)\boldsymbol{k}$$

即：
$$\boldsymbol{a} = (x_2 - x_1, y_2 - y_1, z_2 - z_1).$$

由此可知，起点不在坐标原点的向量的坐标，恰好等于向量终点坐标与起点坐标之差.

利用向量的坐标表示式，可得向量的加法、减法以及数乘的运算如下：

设 $\boldsymbol{a} = (x_1, y_1, z_1)$，$\boldsymbol{b} = (x_2, y_2, z_2)$，即 $\boldsymbol{a} = x_1\boldsymbol{i} + y_1\boldsymbol{j} + z_1\boldsymbol{k}$，$\boldsymbol{b} = x_2\boldsymbol{i} + y_2\boldsymbol{j} + z_2\boldsymbol{k}$. 利用向量加法的交换律与结合律以及数乘向量的结合律与分配律，有
$$\boldsymbol{a} \pm \boldsymbol{b} = (x_1\boldsymbol{i} + y_1\boldsymbol{j} + z_1\boldsymbol{k}) \pm (x_2\boldsymbol{i} + y_2\boldsymbol{j} + z_2\boldsymbol{k}) = (x_1 \pm x_2)\boldsymbol{i} + (y_1 \pm y_2)\boldsymbol{j} + (z_1 \pm z_2)\boldsymbol{k}$$
$$\lambda\boldsymbol{a} = \lambda(x_1\boldsymbol{i} + y_1\boldsymbol{j} + z_1\boldsymbol{k}) = (\lambda x_1)\boldsymbol{i} + (\lambda y_1)\boldsymbol{j} + (\lambda z_1)\boldsymbol{k}$$

或记为
$$\boldsymbol{a} \pm \boldsymbol{b} = (x_1 \pm x_2,\ y_1 \pm y_2,\ z_1 \pm z_2),\quad \lambda\boldsymbol{a} = (\lambda x_1, \lambda y_1, \lambda z_1)$$

其中 λ 为数量. 由此可见，对向量的运算可以转化为向量的各个坐标普通的代数运算.

定理 1 指出，当向量 $\boldsymbol{a} \neq \boldsymbol{0}$ 时，向量 $\boldsymbol{b} // \boldsymbol{a}$ 相当于 $\boldsymbol{b} = \lambda\boldsymbol{a}$，依坐标表示式即为
$$(x_2, y_2, z_2) = \lambda(x_1, y_1, z_1)$$

这也就相当于向量 b 与 a 对应的坐标成比例

$$\frac{x_1}{x_2}=\frac{y_1}{y_2}=\frac{z_1}{z_2}$$

例 2 已知 $a=(1,-2,3)$，$b=(1,5,-4)$，求 $2a-3b$.

解 因为 $2a=(2,-4,6)$，$3b=(3,15,-12)$，所以
$$2a-3b=(2-3,-4-15,6-(-12))=(-1,-19,18).$$

5.1.3 向量的乘法

1. 两向量的数量积

在力学中，一个质点在力 F 的作用下沿直线自 O 点移到 A 点（图 5-11），得到位移 $s=\overrightarrow{OA}$，F 与 s 的夹角为 θ，则 F 所做的功为

$$W=|F|\cdot|s|\cos\theta$$

功 W 是数量，它由力 F 和位移 s 的模及夹角 θ 惟一确定．在数学上，把功 W 称为力 F 与位移 s 的数量积．

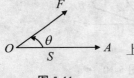

图 5-11

定义 1 两个非零向量 a、b 的模及其夹角 $\theta(0\leq\theta\leq\pi)$ 的余弦的乘积，称为两向量 a、b 的**数量积**（又称**点乘**或**内积**），记做 $a\cdot b$，即

$$a\cdot b=|a||b|\cos\theta(0\leq\theta\leq\pi).$$

向量 a、b 的数量积也是一种运算，运算符号用 a、b 中间加一个黑点"·"表示，注意作点乘时，这个"·"不能省略.

容易证明，数量积满足下列运算性质.

（1）$a\cdot 0=0$.

（2）交换律：$a\cdot b=b\cdot a$.

（3）结合律：$\lambda(a\cdot b)=(\lambda a)\cdot b$，$\lambda$ 为一数量.

（4）分配律：$(a+b)\cdot c=a\cdot c+b\cdot c$.

由数量积的定义可知

$$a\cdot a=|a||a|\cos(a,a)=|a|^2$$

即 $a\cdot a=a^2=|a|^2$．因而有 $i\cdot i=j\cdot j=k\cdot k=1$.

定理 2 两个非零向量 a、b 相互垂直的充分必要条件是 $a\cdot b=0$.

证 充分性：若 $a\cdot b=0$，由于 $|a|\neq 0$，$|b|\neq 0$，所以 $\cos\theta=0$，从而 $\theta=\dfrac{\pi}{2}$，即 a 与 b 相互垂直.

必要性：若 a 与 b 相互垂直，则 $\theta=\dfrac{\pi}{2}$，$\cos\theta=0$，于是 $a\cdot b=|a||b|\cos\theta=0$.

由于零向量的方向可以看做是任意的，故可以认为零向量与任何向量都垂直，因此，

上述定理可以叙述为：$a \perp b$ 的充分必要条件是 $a \cdot b = 0$.

显然，$i \cdot j = j \cdot k = k \cdot i = 0$.

2. 数量积的坐标表示式

设 $a = (x_1, y_1, z_1)$，$b = (x_2, y_2, z_2)$，利用数量积的运算律，有

$$\begin{aligned}a \cdot b &= (x_1 i + y_1 j + z_1 k) \cdot (x_2 i + y_2 j + z_2 k) \\ &= x_1 x_2 i^2 + x_1 y_2 i \cdot j + x_1 z_2 i \cdot k + y_1 x_2 j \cdot i + y_1 y_2 j^2 + y_1 z_2 j \cdot k + z_1 x_2 k \cdot i \\ &\quad + z_1 y_2 k \cdot j + z_1 z_2 k^2 \\ &= x_1 x_2 + y_1 y_2 + z_1 z_2\end{aligned}$$

这就是说，两个向量的数量积等于它们对应坐标的乘积的和，即

$$a \cdot b = x_1 x_2 + y_1 y_2 + z_1 z_2$$

由此还可以得到以下结论.

（1）设 $a = (x, y, z)$，则 $|a|^2 = x^2 + y^2 + z^2$ 或 $|a| = \sqrt{x^2 + y^2 + z^2}$.

如果表示向量 a 的有向线段的起点和终点的坐标分别为 (x_1, y_1, z_1)、(x_2, y_2, z_2)，那么

$$|a| = \sqrt{(x_2 - x_1)^2 + (y_2 - y_1)^2 + (z_2 - z_1)^2}$$

这就是空间内两点间的距离公式.

（2）设 $a = (x_1, y_1, z_1)$，$b = (x_2, y_2, z_2)$，a 与 b 的夹角为 θ，则有

$$\cos \theta = \frac{x_1 x_2 + y_1 y_2 + z_1 z_2}{\sqrt{x_1^2 + y_1^2 + z_1^2} \sqrt{x_2^2 + y_2^2 + z_2^2}}$$

（3）设 $a = (x_1, y_1, z_1)$，$b = (x_2, y_2, z_2)$，则

$$a \perp b \Leftrightarrow x_1 x_2 + y_1 y_2 + z_1 z_2 = 0$$

例 3 求向量 $a = (1, \sqrt{2}, -1)$，$b = (-1, 0, 1)$ 的夹角.

解 因为

$$a \cdot b = 1 \times (-1) + \sqrt{2} \times 0 + (-1) \times 1 = -2$$

$$|a| = \sqrt{1^2 + (\sqrt{2})^2 + (-1)^2} = 2$$

$$|b| = \sqrt{(-1)^2 + 0^2 + 1^2} = \sqrt{2}$$

$$\cos \theta = \frac{a \cdot b}{|a| \cdot |b|} = \frac{-2}{2\sqrt{2}} = -\frac{\sqrt{2}}{2}$$

所以向量 a 与 b 的夹角为 $\theta = \frac{3}{4}\pi$.

例 4 设 $\triangle ABC$ 的 3 个顶点为 $A(1,1,1)$，$B(2,-1,2)$，$C(3,0,3)$，试证明 $\triangle ABC$ 为直角三角形.

$$\overrightarrow{AB} = (2,-1,2)-(1,1,1) = (1,-2,1)$$
$$\overrightarrow{BC} = (3,0,3)-(2,-1,2) = (1,1,1)$$
$$\overrightarrow{AB} \cdot \overrightarrow{BC} = 1\times 1+(-2)\times 1+1\times 1 = 0$$

所以 $\overrightarrow{AB} \perp \overrightarrow{BC}$，$\triangle ABC$ 为直角三角形．

前面已解决了向量大小（模）的求法，向量另一重要特征是其方向．表示向量方向是用向量的方向角或方向余弦：

设向量 $\boldsymbol{a}=(a_x, a_y, a_z)$ 与 x 轴、y 轴、z 轴正向的夹角分别为 α、β、$\gamma(0\leq\alpha, \beta, \gamma\leq\pi)$，称为向量 $\boldsymbol{a}$ 的 3 个方向角，并称 $\cos\alpha$，$\cos\beta$，$\cos\gamma$ 为 $\boldsymbol{a}$ 的方向余弦，则

(1) $\cos\alpha = \dfrac{a_x}{\sqrt{a_x^2+a_y^2+a_z^2}}$，$\cos\beta = \dfrac{a_y}{\sqrt{a_x^2+a_y^2+a_z^2}}$，$\cos\gamma = \dfrac{a_z}{\sqrt{a_x^2+a_y^2+a_z^2}}$．

(2) $\cos^2\alpha + \cos^2\beta + \cos^2\gamma = 1$．

(3) 向量 $\boldsymbol{a}^0 = (\cos^2\alpha, \cos^2\beta, \cos^2\gamma)$ 是与向量 $\boldsymbol{a}$ 同方向的单位向量．

证 (1) 因为 α 是向量 $\boldsymbol{a}$ 与 $\boldsymbol{i}$ 的夹角，β 是向量 $\boldsymbol{a}$ 与 $\boldsymbol{j}$ 的夹角，γ 是向量 $\boldsymbol{a}$ 与 $\boldsymbol{k}$ 的夹角，而单位向量 $\boldsymbol{i}$、$\boldsymbol{j}$、$\boldsymbol{k}$ 的坐标表达式分别为 $\boldsymbol{i}=(1,0,0)$，$\boldsymbol{j}=(0,1,0)$，$\boldsymbol{k}=(0,0,1)$，所以有

$$\cos\alpha = \frac{\boldsymbol{a}\cdot\boldsymbol{i}}{|\boldsymbol{a}|\cdot|\boldsymbol{i}|} = \frac{a_x}{\sqrt{a_x^2+a_y^2+a_z^2}},$$
$$\cos\beta = \frac{\boldsymbol{a}\cdot\boldsymbol{j}}{|\boldsymbol{a}|\cdot|\boldsymbol{j}|} = \frac{a_y}{\sqrt{a_x^2+a_y^2+a_z^2}},$$
$$\cos\gamma = \frac{\boldsymbol{a}\cdot\boldsymbol{k}}{|\boldsymbol{a}|\cdot|\boldsymbol{k}|} = \frac{a_z}{\sqrt{a_x^2+a_y^2+a_z^2}};$$
$$\boldsymbol{a} = |\boldsymbol{a}|\boldsymbol{a}^0.$$

(2) 利用 (1) 得

$$\cos^2\alpha + \cos^2\beta + \cos^2\gamma = \frac{a_x^2+a_y^2+a_z^2}{(\sqrt{a_x^2+a_y^2+a_z^2})^2} = 1$$

(3) 利用 (2) 知 $\boldsymbol{a}^0$ 是单位向量，又知 $\boldsymbol{a}=|\boldsymbol{a}|\,\boldsymbol{a}^0$，于是 $\boldsymbol{a}^0$ 是与向量 $\boldsymbol{a}$ 同方向的单位向量．

3. 两个向量的向量积

在实际问题中还会遇到向量间的另一种乘法运算——向量积．下面给出定义．

定义 2 两个向量 $\boldsymbol{a}$ 和 $\boldsymbol{b}$ 的**向量积**（又称**叉积**或**外积**）是一个向量，记做 $\boldsymbol{a}\times\boldsymbol{b}$，它按下列方式来确定．

(1) 模：$|\boldsymbol{a}\times\boldsymbol{b}| = |\boldsymbol{a}||\boldsymbol{b}|\sin(\boldsymbol{a},\boldsymbol{b})$．

(2) 方向：$\boldsymbol{a}\times\boldsymbol{b}\perp\boldsymbol{a}$，$\boldsymbol{a}\times\boldsymbol{b}\perp\boldsymbol{b}$，即 $\boldsymbol{a}\times\boldsymbol{b}$ 垂直于 $\boldsymbol{a}$ 与 $\boldsymbol{b}$ 所确定的平面，且 $\boldsymbol{a}$、$\boldsymbol{b}$、$\boldsymbol{a}\times\boldsymbol{b}$ 构成右手系（图 5-12）．

几何上，向量积的模表示以 a 和 b 为邻边的平行四边形的面积（图 5-13）.

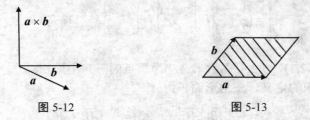

图 5-12　　　　　　　　　　图 5-13

向量积有以下运算性质.
（1） $a \times a = 0$， $a \times 0 = 0$.
（2） $a \times b = -b \times a$.
（3） $(\lambda a) \times b = \lambda (a \times b) = a \times (\lambda b)$.
（4） $(a+b) \times c = a \times c + b \times c$.

这里要特别注意的是，交换律对向量积是不成立的，这是因为按右手规则，$a \times b$ 与 $b \times a$ 的方向是相反的.

定理 3　两个非零向量 a、b 相互平行的充分必要条件是 $a \times b = 0$.

证　充分性：若 $a \times b = 0$，由于 $|a| \neq 0$，$|b| \neq 0$，故必有 $\sin\theta = 0$，于是 $\theta = 0$ 或 π，即 $a // b$.

必要性：若 $a // b$，那么 $\theta = 0$ 或 π，于是 $\sin\theta = 0$，从而 $|a \times b| = |a||b|\sin\theta = 0$，即 $a \times b = 0$.

由定理 3 显然有
$$i \times i = j \times j = k \times k = 0$$

因为可以认为零向量与任何向量都平行，所以上述定理可以叙述为：$a // b$ 的充分必要条件是 $a \times b = 0$.

4. 向量积的坐标表示式

设 $a = x_1 i + y_1 j + z_1 k$，$b = x_2 i + y_2 j + z_2 k$，利用向量积的运算规律有
$$\begin{aligned}
a \times b &= (x_1 i + y_1 j + z_1 k) \times (x_2 i + y_2 j + z_2 k) \\
&= x_1 i \times (x_2 i + y_2 j + z_2 k) + y_1 j \times (x_2 i + y_2 j + z_2 k) + z_1 k \times (x_2 i + y_2 j + z_2 k) \\
&= x_1 x_2 i \times i + x_1 y_2 i \times j + x_1 z_2 i \times k + y_1 x_2 j \times i + y_1 y_2 j \times j + y_1 z_2 j \times k + z_1 x_2 k \times i + z_1 y_2 k \times j + z_1 z_2 k \times k \\
&= (y_1 z_2 - z_1 y_2) i + (z_1 x_2 - x_1 z_2) j + (x_1 y_2 - y_1 x_2) k
\end{aligned}$$

为了帮助记忆，借助于三阶行列式记号，上式可表示为
$$a \times b = \begin{vmatrix} i & j & k \\ x_1 & y_1 & z_1 \\ x_2 & y_2 & z_2 \end{vmatrix}$$

例 5　设 $a = (2, 3, -1)$，$b = (1, 2, 3)$，求 $a \times b$.

解 $a \times b = \begin{vmatrix} i & j & k \\ 2 & 3 & -1 \\ 1 & 2 & 3 \end{vmatrix} = \begin{vmatrix} 3 & -1 \\ 2 & 3 \end{vmatrix} i - \begin{vmatrix} 2 & -1 \\ 1 & 3 \end{vmatrix} j + \begin{vmatrix} 2 & 3 \\ 1 & 2 \end{vmatrix} k = 11i - 7j + k$

例 7 求以 $A(1,2,3)$，$B(3,4,5)$，$C(2,4,7)$ 为顶点的三角形面积.

解 根据向量积的定义，三角形面积为

$$S = \frac{1}{2} |\overrightarrow{AB}| |\overrightarrow{AC}| \sin \angle A = \frac{1}{2} |\overrightarrow{AB} \times \overrightarrow{AC}|$$

而 $\overrightarrow{AB} = (2,2,2)$，$\overrightarrow{AC} = (1,2,4)$，于是 $\overrightarrow{AB} \times \overrightarrow{AC} = \begin{vmatrix} i & j & k \\ 2 & 2 & 2 \\ 1 & 2 & 4 \end{vmatrix} = 4i - 6j + 2k$

$$S = \frac{1}{2} |4i - 6j + 2k| = \frac{1}{2} \sqrt{4^2 + (-6)^2 + 2^2} = \sqrt{14}$$

故所求三角形面积为 $\sqrt{14}$.

习 题 5.1

1. 在空间直角坐标系中，说明下列各点的位置 $A(3,1,2)$，$B(2,-3,2)$，$C(1,-2,-4)$，$D(-3,0,4)$，$E(0,0,-2)$，$F(-2,6,-2)$.

2. 求点 $M(2,3,4)$ 关于下列条件的对称点的坐标.
（1）各坐标面　　　　　　（2）各坐标轴　　　　　　（3）坐标原点

3. 已知平行四边形 $ABCD$，M 是对角线 AC、BD 的交点，设 $\overrightarrow{AB} = a$，$\overrightarrow{AD} = b$，试用 a 和 b 表示向量 $\overrightarrow{MA}$、$\overrightarrow{MB}$、$\overrightarrow{MC}$ 和 $\overrightarrow{MD}$.

4. 已知向量 $a = (3,5,-1)$，$b = (2,2,2)$，$c = (4,-1,-3)$，试求以下问题.
（1）$2a-3b+4c$　　　　　　（2）$ma+nb$（m，n 为数量）.

5. 已知 $a = 3i+2j-k$，$b = i-j+2k$，求以下问题.
（1）$a \cdot b$　　　　　　（2）$5a \cdot 3b$　　　　　　（3）$a \cdot i$
（4）$b \cdot j$　　　　　　（5）$(a+2b) \cdot b$　　　　　　（6）$a \cdot (-2a+3b)$

6. 已知 $a = i+j-4k$，$b = 2i-2j+k$，试求 $a \cdot b$，$|a|$，$|b|$ 及 (a, b).

7. 已知 $|a| = 4$，$|b| = 5$，$(a,b) = \frac{3}{4}\pi$，试求以下问题.
（1）$a \cdot b$　　　　　　（2）$(3a-2b) \cdot (2a-3b)$

8. 求顶点为 $A(2,1,4)$，$B(3,-1,2)$，$C(5,0,6)$ 的三角形各边的长.

9. 已知两点 $A(4,\sqrt{2},1)$ 与 $B(3,0,2)$，求向量 $\overrightarrow{AB}$ 的模、方向余弦和方向角.

10. 已知 $a = (3,2,-1)$，$b = (1,-1,2)$，求以下问题.
（1）$a \times b$　　　　　　（2）$2a \times 3b$　　　　　　（3）$a \times i$
（4）$b \times j$　　　　　　（5）$(a+2b) \times b$　　　　　　（6）$a \times (-2a+3b)$

11. 已知三角形 3 个顶点分别为 $A(3,4,1)$，$B(2,3,0)$，$C(3,5,1)$，试求其面积.

12. 已知 $A(1,-1,2,)$，$B(3,3,1)$，$C(3,1,3)$，求与 $\overrightarrow{AB}$，$\overrightarrow{AC}$ 同时垂直的单位向量.

5.2 平面与直线

平面与直线是空间中的最简单的曲面和曲线，本节主要讨论空间的平面与直线的方程.

5.2.1 平面及其方程

1. 平面的点法式方程

由立体几何知道，过两条相交直线或过不在一直线上的三点可以惟一确定一平面. 又如，过一点仅可作一个平面垂直于已知直线，下面将从这些条件出发来建立平面方程.

首先定义平面的法向量. 如果一个非零向量垂直于一个平面，那么这个向量叫做此平面的**法向量**，用 **n** 表示. 显然，一个平面有无数法向量，而且平面上任一向量都与平面的法向量垂直.

设平面 π 的法向量为 $\boldsymbol{n}=(A,B,C)$，且平面 π 上有一已知点 $M_0(x_0,y_0,z_0)$，来建立平面 π 的方程.

设 $M(x,y,z)$ 为平面 π 内任意一点（图 5-14），于是 $\overrightarrow{M_0M}=(x-x_0,y-y_0,z-z_0)$ 为平面 π 上一向量. 由于平面上任何一个向量都与 $\boldsymbol{n}$ 垂直，因此 $\boldsymbol{n}\cdot\overrightarrow{M_0M}=0$. 将此式写成坐标形式，就得到点 M 应满足的方程

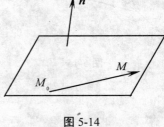

图 5-14

$$A(x-x_0)+B(y-y_0)+C(z-z_0)=0 \tag{5-1}$$

就是说，平面 π 上的所有点的坐标都满足方程（5-1）.

反过来，如果 $M(x,y,z)$ 不在平面 π 上，那么向量 $\overrightarrow{M_0M}$ 与法向量 $\boldsymbol{n}$ 不垂直，从而 $\boldsymbol{n}\cdot\overrightarrow{M_0M}\neq 0$，即不在平面 π 上的点 M 的坐标 x,y,z 不满足方程（5-1）. 所以方程（5-1）就是过已知点 M_0 且以 $\boldsymbol{n}$ 为法向量的平面方程，称为**平面的点法式方程**.

例 7 求过点 $(1,1,1)$ 且垂直于向量 $\boldsymbol{n}=(2,2,3)$ 的平面方程.

解 $\boldsymbol{n}$ 就是这个平面的法向量，由 (5-1) 式得此平面的方程为

$$2(x-1)+2(y-1)+3(z-1)=0$$

例 8 求通过点 $(2,1,-1)$ 且平行于平面 $3x-y+2z=0$ 的平面方程.

解 因为所求平面与平面 $3x-y+2z=0$ 平行，故所求平面的法向量 $\boldsymbol{n}=(3,-1,2)$，由点线式方程得

$$3(x-2)-(y-1)+2(z+1)=0$$

2. 平面的一般式方程

由于任何平面都可以由点法式方程（5-1）来表示，所以平面的方程是三元一次方程，反之，任给三元一次方程

$$Ax+By+Cz+D=0 \tag{5-2}$$

其中 A，B，C 不同时为 0，取方程（5-2）的一组解 x_0，y_0，z_0，则有

$$Ax_0+By_0+Cz_0+D=0 \tag{5-3}$$

由（5-2）减去（5-3）得

$$A(x-x_0)+B(y-y_0)+C(z-z_0)=0 \tag{5-4}$$

这就是方程（5-1），它表示过点 $M_0(x_0,y_0,z_0)$ 而与向量 $\boldsymbol{n}=(A,B,C)$ 垂直的平面．因为这个方程与（5-2）同解，所以三元一次方程表示一个平面．

方程（5-2）称为**平面的一般式方程**，其中 x、y、z 的系数 A、B、C 是平面法向量 $\boldsymbol{n}$ 的 3 个坐标，即 $\boldsymbol{n}=(A,B,C)$．

例 9 设平面 π 与 x、y、z 轴分别交于 $P(a,0,0)$，$Q(0,b,0)$，$R(0,0,c)$ 三点（图 5-15），其中 a、b、c 均不为 0，求 π 的方程．

解 设 π 的方程为 $Ax+Bx+Cz+D=0$

由条件知，P、Q、R 的坐标满足方程（5-2），即有

$$\begin{cases} aA+D=0 \\ bB+D=0 \\ cC+D=0 \end{cases}$$

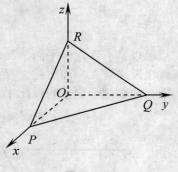

图 5-15

于是 $A=-\dfrac{D}{a}$，$B=-\dfrac{D}{b}$，$C=-\dfrac{D}{c}$，代入方程（5-4），并除以 D（$D\neq 0$），便得平面 π 的方程

$$\frac{x}{a}+\frac{y}{b}+\frac{z}{c}=1$$

这个方程叫做**平面的截距式方程**，而 a，b，c 依次叫做平面在 x，y，z 轴上的**截距**．

例 10 求过三点 $A(1,-1,0)$，$B(-1,0,1)$，$C(0,2,-1)$ 的平面方程．

解一 利用平面的一般方程，设所求的平面方程为

$$Ax+By+Cz+D=0$$

把三点坐标代入上式，得

$$\begin{cases} A\cdot 1 + B\cdot(-1) + C\cdot 0 + D = 0 \\ A(-1) + B\cdot 0 + C\cdot 1 + D = 0 \\ A\cdot 0 + B\cdot 2 + C\cdot(-1) + D = 0 \end{cases}$$

解得,$A=4$,$B=3$,$C=5$,$D=-1$,于是所求平面方程为
$$4x+3y+5z-1=0$$

解二 利用平面的点法式方程.先求出这个平面的法向量 $\boldsymbol{n}$,由于法向量 $\boldsymbol{n}$ 与向量 $\overrightarrow{AB}$、$\overrightarrow{AC}$ 都垂直,且 $\overrightarrow{AB}=(-2,1,1)$,$\overrightarrow{AC}=(-1,3,-1)$,所以有

$$\boldsymbol{n}=\overrightarrow{AB}\times\overrightarrow{AC}=\begin{vmatrix} \boldsymbol{i} & \boldsymbol{j} & \boldsymbol{k} \\ -2 & 1 & 1 \\ -1 & 3 & -1 \end{vmatrix}=-4\boldsymbol{i}-3\boldsymbol{j}-5\boldsymbol{k}$$

因此,过 A 点 $(1,-1,0)$,且以 $\boldsymbol{n}=(-4,-3,-5)$ 为法向量的平面方程为 $-4(x-1)-3(y+1)-5z=0$ 即所求平面方程为
$$4x+3y+5z-1=0$$

3. 两平面的位置关系

设两平面 π_1 与 π_2 的方程分别为
$$\pi_1:\ A_1x+B_1y+C_1z+b_1=0$$
$$\pi_2:\ A_2x+B_2y+C_2z+b_2=0$$

其法向量分别为 $\boldsymbol{n}_1=(A_1,B_1,C_1)$,$\boldsymbol{n}_2=(A_2,B_2,C_2)$
则有如下结论.

(1) 若 $\pi_1\perp\pi_2 \Leftrightarrow \boldsymbol{n}_1\perp\boldsymbol{n}_2 \Leftrightarrow A_1A_2+B_1B_2+C_1C_2=0$.

(2) 若 $\pi_1//\pi_2 \Leftrightarrow \boldsymbol{n}_1//\boldsymbol{n}_2 \Leftrightarrow \dfrac{A_1}{A_2}=\dfrac{B_1}{B_2}=\dfrac{C_1}{C_2}\neq\dfrac{D_1}{D_2}$.

(3) 若 π_1 与 π_2 重合 $\Leftrightarrow \dfrac{A_1}{A_2}=\dfrac{B_1}{B_2}=\dfrac{C_1}{C_2}=\dfrac{D_1}{D_2}$.

(4) π_1 与 π_2 夹角 θ(一般取锐角)的公式为
$$\cos\theta=\frac{|\boldsymbol{n}_1\cdot\boldsymbol{n}_2|}{|\boldsymbol{n}_1||\boldsymbol{n}_2|}=\frac{A_1A_2+B_1B_2+C_1C_2}{\sqrt{A_1^2+B_1^2+C_1^2}\cdot\sqrt{A_2^2+B_2^2+C_2^2}}\quad(0\leqslant\theta\leqslant\frac{\pi}{2})$$

例 11 试证平面 $\pi_1:x+2y+3z+6=0$ 与平面 $\pi_2:2x+5y-4z-8=0$ 垂直;而平面 π_2 与 $\pi_3:6x+15y-12z-8=0$ 平行.

证 π_1、π_2 和 π_3 的法向量分别为 $\boldsymbol{n}_1=(1,2,3)$,$\boldsymbol{n}_2=(2,5,-4)$,$\boldsymbol{n}_3=(6,15,-12)$,且 $\boldsymbol{n}_1\cdot\boldsymbol{n}_2=1\times 2+2\times 5+3\times(-4)=0$,所以 $\boldsymbol{n}_1\perp\boldsymbol{n}_2$.

即 $\pi_1\perp\pi_2$.

由于 $\dfrac{2}{6} = \dfrac{5}{15} = \dfrac{-4}{-12} \neq \dfrac{-8}{-8}$，所以 $\boldsymbol{n}_2 \parallel \boldsymbol{n}_3$，即 $\pi_2 \parallel \pi_3$.

例 13 求两平面 $x-y+2z-6=0$ 和 $2x+y+z-5=0$ 的夹角.

解 利用两平面的夹角公式，这两个平面的法向量分别是 $\boldsymbol{n}_1=(1,-1,2)$，$\boldsymbol{n}_2=(2,1,1)$，于是有

$$\cos\theta = \dfrac{|\boldsymbol{n}_1 \cdot \boldsymbol{n}_2|}{|\boldsymbol{n}_1|\cdot|\boldsymbol{n}_2|} = \dfrac{|1\times 2 + (-1)\times 1 + 2\times 1|}{\sqrt{1^2+(-1)^2+2^2}\sqrt{2^2+1^2+1^2}} = \dfrac{3}{\sqrt{6}\sqrt{6}} = \dfrac{1}{2}$$

因此，两个平面的夹角 $\theta = \dfrac{\pi}{3}$.

例 14 设 $P_0(x_0,y_0,z_0)$ 是平面 π：$Ax+By+Cz+D=0$ 外一点，求 P_0 到这平面的距离.

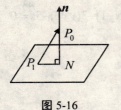

图 5-16

解 平面 π 的法向量 $\boldsymbol{n}=(A,B,C)$.

设 N 为 P_0 到平面 π 的垂足（图 5-16），$P_1(x_1,y_1,z_1)$ 为 π 上不同于 N 的另一点，显然 P_0N 垂直 P_1N，于是

$$d = |P_0N| = \left|\overrightarrow{P_1P_0}\right|\left|\cos(\overrightarrow{P_1P_0},\boldsymbol{n})\right| = \dfrac{|\boldsymbol{n}|\left|\overrightarrow{P_1P_0}\cos(\overrightarrow{P_1P_0},\boldsymbol{n})\right|}{|\boldsymbol{n}|}$$

即

$$d = \dfrac{\left|\overrightarrow{P_1P_0}\cdot\boldsymbol{n}\right|}{|\boldsymbol{n}|}$$

而 $\overrightarrow{P_1P_0} = (x_0-x_1, y_0-y_1, z_0-z_1)$，由于 P_1 在平面 π 上，因此 $D=-(Ax_1+By_1+Cz_1)$，代入上式得

$$d = \dfrac{|Ax_0+By_0+Cz_0+D|}{\sqrt{A^2+B^2+C^2}}$$

这就是点到平面的距离公式.

5.2.2 直线及其方程

1. 直线的一般式方程

空间直线可以看做是两个平面 π_1 和 π_2 的交线（图 5-17），如果两个相交平面 π_1 和 π_2 的方程分别为 $A_1x+B_1y+C_1z+D_1=0$ 和 $A_2x+B_2y+C_2z+D_2=0$，那么，它们的交线就是空间的一条直线 L. 由于直线 L 上任何点的坐标应同时满足这两个平面的方程，而不在直线 L 上的点的坐标不能同时满足这两个平面的方程，所以方程组

$$\begin{cases} A_1x+B_1y+C_1z+D_1=0 \\ A_2x+B_2y+C_2z+D_2=0 \end{cases}$$

称为空间直线的 L 的一般方程.

一般通过空间直线 L 的平面有无限多个,只要在这无限多个平面中任意选取两个,把它们的方程联立起来,所得的方程组就表示空间直线 L.

2. 直线的对称式方程

设直线过已知点 $M_0(x_0,y_0,z_0)$,且平行于已知向量 $s=(m,n,p)$,求此直线的方程.
在直线上任取一点 $M(x,y,z)$(图 5-18),则

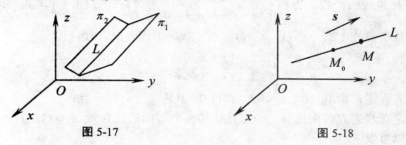

图 5-17　　　　　　　　　　图 5-18

$$\overrightarrow{M_0M}=(x-x_0,y-y_0,z-z_0)$$

因为 $\overrightarrow{M_0M}$ 与 s 平行,根据两向量平行的充分必要条件有

$$\frac{x-x_0}{m}=\frac{y-y_0}{n}=\frac{z-z_0}{p}$$

该方程组称为**直线的对称式方程**或**点向式方程**,$s=(m,n,p)$ 称为**直线的方向向量**,其中 m、n、p 不同时为 0. 当 m、n、p 中有一为 0 时,对应的分子理解为 0. 例如当 $m=0$ 时,应理解为

$$\begin{cases} x-x_0=0 \\ \dfrac{y-y_0}{n}=\dfrac{z-z_0}{p} \end{cases}$$

直线的任一方向向量 s 坐标的三分量 m、n、p 也称为直线的方向数.

例 14　求过点 $(2,0,3)$ 且平行于 $s=(4,1,-1)$ 的直线方程.

解　由直线的对称式方程可知,所求的直线的方程为

$$\frac{x-2}{4}=\frac{y}{1}=\frac{z-3}{-1}$$

例 15　已知直线过点 $M_1(x_1,y_1,z_1)$ 和点 $M_2(x_2,y_2,z_2)$,求此直线方程.

解　直线的方向向量 $s=\overrightarrow{M_1M_2}=(x_2-x_1,y_2-y_1,z_2-z_1)$,于是直线方程为

$$\frac{x-x_1}{x_2-x_1}=\frac{y-y_1}{y_2-y_1}=\frac{z-z_1}{z_2-z_1}$$

此方程组称为直线的两点式方程.

由于直线的一般式方程不易看出直线的方向向量,所以常将一般式方程化为对称式方程. 下面举例来说明这种方法.

例 16 化直线的一般式方程 $\begin{cases} x+y+z+1=0 \\ 2x-y+3z+4=0 \end{cases}$ 为对称式方程,并求其方向数.

解 先找出直线上的一点 (x_0, y_0, z_0),可取 $x_0=1$ 代入原方程,得

$$\begin{cases} y+z=-2 \\ y-3z=6 \end{cases}$$

解这个方程组,得 $y_0=0$,$z_0=-2$,即 $(1,0,-2)$ 是直线上的一点.

再来确定直线的方向向量 s. 因为直线与两个平面的法向量 $n_1=(1,1,1)$,$n_2=(2,-1,3)$ 都垂直,所以可取

$$s = n_1 \times n_2 = \begin{vmatrix} i & j & k \\ 1 & 1 & 1 \\ 2 & -1 & 3 \end{vmatrix} = 4i-j-3k$$

因此,所给直线的对称式方程为

$$\frac{x-1}{4}=\frac{y}{-1}=\frac{z+2}{-3}$$

所求方向数为 4,-1,-3.

3. 直线的参数方程

从直线的对称式方程很容易导出直线的参数方程,如设

$$\frac{x-x_0}{m}=\frac{y-y_0}{n}=\frac{z-z_0}{p}=t$$

从而得

$$\begin{cases} x=x_0+mt \\ y=y_0+nt \\ z=z_0+pt \end{cases}$$

这个方程组称为**直线的参数方程**,t 称为**参数**. 对应于 t 的不同值,由上式所确定的点 $M(x,y,z)$ 就描出了直线.

例 17 已知直线 $\frac{x-1}{-1}=\frac{y-2}{1}=\frac{z-3}{-2}$ 和平面 $2x+y-z-5=0$ 相交,求其交点.

解 显然交点坐标既适合平面方程，又适合直线方程．一般需解由直线方程和平面方程联立的方程组来决定交点．但本题有更方便的解法：将直线的对称式方程化为参数方程，令

$$\frac{x-1}{-1}=\frac{y-2}{1}=\frac{z-3}{-2}=t$$

从而 $x=1-t$，$y=2+t$，$z=3-2t$，代入所给平面方程，得

$$2(1-t)+(2+t)-(3-2t)-5=0,$$

解得 $t=4$，并将它代入参数方程，得 $x=-3$，$y=6$，$z=-5$．故交点的坐标为 $(-3,6,-5)$．

4．两条直线的位置关系

设两条直线 L_1 与 L_2 的点向式方程为

$$L_1: \frac{x-x_1}{m_1}=\frac{y-y_1}{n_1}=\frac{z-z_1}{p_1}$$

$$L_2: \frac{x-x_2}{m_2}=\frac{y-y_2}{n_2}=\frac{z-z_2}{p_2}$$

则其方向向量分别为 $s_1=(m_1,n_1,p_1)$，$s_2=(m_2,n_2,p_2)$，显然，有如下结论

（1）$L_1 \perp L_2 \Leftrightarrow s_1 \perp s_2 \Leftrightarrow m_1m_2+n_1n_2+p_1p_2=0$

（2）$L_1 // L_2 \Leftrightarrow s_1 // s_2 \Leftrightarrow \frac{m_1}{m_2}=\frac{n_1}{n_2}=\frac{p_1}{p_2}$

例 18 试证直线 $L_1: \frac{x-2}{2}=\frac{y+3}{5}=\frac{z-6}{4}$ 与直线 $L_2: \frac{x}{1}=\frac{y+2}{-2}=\frac{z-8}{2}$ 垂直.

证 因 L_1，L_2 的方向向量分别为 $s_1=(2,5,4)$，$s_2(1,-2,2)$，$s_1 \cdot s_2 = 2\times 1+5\times(-2)+4\times(-4)=0$，所以 $s_1 \perp s_2$，即 $L_1 \perp L_2$.

习 题 5.2

1．求满足下列条件的平面方程．
（1）过点 $M(1,1,1)$，且与平面 $3x-y+2z-1=0$ 平行．
（2）与 x、y、z 轴的交点分别为 $(2,0,0)$，$(1,-3,0)$ 和 $(0,0,-1)$．
（3）过点 $M(1,2,1)$，且同时与平面 $x+y-2z+1=0$ 和 $2x-y+z=0$ 垂直．
（4）过点 $A(2,3,0)$，$B(-2,-3,4)$ 和 $C(0,6,0)$．

2．求满足下列条件的平面方程．
（1）经过 z 轴，且过点 $(-3,1,-2)$．
（2）平行于 z 轴，且经过点 $(4,0,-2)$ 和 $(5,1,7)$．
（3）平行于 zOx 面，且过点 $(2,-5,3)$．

3．一平面过点 $M(2,1,-1)$，而在 x 轴和 y 轴上的截距分别为 2 和 1，求此平面方程．

4. 求平面 $3x+y-2z-6=0$ 在各坐标轴上的截距，并将平面化为截距式方程．

5. 求点 $M(1, 2, 1)$ 到平面 $x+2y+2z-10=0$ 的距离．

6. 求满足下列条件的直线方程．

(1) 过点 $(2, -1, 4)$ 且与直线 $\dfrac{x-1}{3}=\dfrac{y}{-1}=\dfrac{z+1}{2}$ 平行．

(2) 过点 $(3, 4, -4)$ 且与平面 $9x-4y+2z-1=0$ 垂直．

(3) 经过点 $(3, -2, -1)$ 和点 $(5, 4, 5)$．

7. 试求下列直线的对称式方程．

(1) $\begin{cases} x-y+z+5=0 \\ 5x-8y+4z+36=0 \end{cases}$ (2) $\begin{cases} x=2z-5 \\ y=6z+7 \end{cases}$

8. 一直线经过点 $(2, -3, 4)$，且垂直平面 $3x-y+2z=4$，求此直线方程．

9. 求过直线 $\dfrac{x-1}{1}=\dfrac{y+1}{-1}=\dfrac{z-1}{2}$ 与平面 $x+y-3z+15=0$ 的交点，且垂直于此平面的垂线方程．

10. 求平面 $5x-14y+2z-8=0$ 和 xOy 面的夹角．

5.3 二次曲面

上节讨论了空间平面与直线的方程，在本节中，将讨论较一般的曲面和空间曲面方程，并介绍几种常见的曲面方程．

5.3.1 空间曲面

1. 曲面的一般方程

如果曲面 S 和三元方程

$$F(x,y,z)=0 \tag{5-5}$$

有下述关系：

① 曲面 S 上任一点的坐标都满足方程（5-5）．

② 不在曲面 S 上的点的坐标都不满足方程（5-5）．

则称方程（5-5）为**曲面 S 的一般方程**．

例 19 建立球心在 $M_0(x_0, y_0, z_0)$，半径为 R 的球面方程．

解 设 $M(x, y, z)$ 为球面上的任一点，那么 $\left|\overline{M_0M}\right|=R$，所以

$$\sqrt{(x-x_0)^2+(y-y_0)^2+(z-z_0)^2}=R$$

即
$$(x-x_0)^2+(y-y_0)^2+(z-z_0)^2=R^2.$$

容易验证在球面上点的坐标满足该方程，不在球面上的点的坐标都不满足这个方程，所以这就是以 $M_0(x_0,y_0,z_0)$ 为球心、R 为半径的球面方程.

特别地，球心在原点 $O(0,0,0)$，半径为 R 的球面方程为 $x^2+y^2+z^2=R^2$.

例 20 方程 $x^2+y^2+z^2+8x-6y=0$ 表示怎样的曲面？

解 通过配方，此方程可改写为 $(x+4)^2+(y-3)^2+z^2=25$，由此可知方程表示球心在 $(-4,3,0)$、半径为 5 的球面.

2. 柱面

定义 3 设有动直线 L，沿给定曲线 C 平行移动所形成的曲面称为**柱面**. 动直线 L 称为柱面的**母线**，给定的曲线 C 称为柱面的**准线**.

例如，$x^2+y^2=R^2$ 是圆柱面的方程（图 5-19），事实上，在空间直角坐标系中，设 $M_0(x_0,y_0,0)$ 是满足方程 $x^2+y^2=R^2$ 的一个点，由于这个方程中不含竖坐标 z，因此点 $M(x_0,y_0,z)$（其中 z 取任意数），也必满足这个方程，但当 z 为任意数时，点 $M(x_0,y_0,z)$ 在通过点 $M_0(x_0,y_0,0)$ 而平行于 z 轴的直线上，所以方程的图形是一个母线平行于 z 轴，以 xy 面上的圆 $x^2+y^2=R^2$ 为准线的柱面，此柱面叫做**圆柱面**.

需要特别注意的是，方程 $x^2+y^2=R^2$ 在平面直角坐标系中表示一个圆，而在空间直角坐标中表示一个母线平行于 z 轴的圆柱面.

一般地，母线平行于 z 轴，准线是 xOy 面上的曲线，$f(x,y)=0$ 的柱面方程为 $f(x,y)=0$. 所以，直角坐标方程中不含有坐标 z 的曲面是母线平行于 z 轴的柱面方程.

同理，方程 $f(y,z)=0$ 及 $f(x,z)=0$ 在空间都表示柱面，它们的母线分别平行于 x 轴和 y 轴.

3. 旋转曲面

定义 2 一条平面曲线 C，绕同一平面上的定直线 L 旋转一周所成的曲面称为**旋转曲面**，曲线 C 称为旋转曲面的**母线**，定直线 L 称为**旋转轴**.

下面只讨论母线 C 在某个坐标面上绕某个坐标轴旋转所形成的旋转曲面.

设 yOz 平面上有一条已知曲线 C，它在 yOz 平面上的方程是 $f(y,z)=0$，求此曲线 C 绕 z 轴旋转一周所形成的旋转曲面的方程.

在旋转曲面上任取一点 $M(x,y,z)$，设这点是由母线上的点 $M_1(0,y_1,z_1)$ 绕 z 轴旋转一定角度而得到的. 由图 5-20 可知，点 $M(x,y,z)$ 与 z 轴的距离等于点 $M_1(0,y_1,z_1)$ 与 z 轴的距离，且有同一纵坐标，即

$$\sqrt{x^2+y^2}=|y_1|,\ z=z_1$$ 又因为点 $M_1(0,y_1,z_1)$ 在母线 C 上，所以 $f(y_1,z_1)=0$，于是有

$$f(\pm\sqrt{x^2+y^2},\ z)=0$$

在旋转曲面上的点都满足方程 $f(\pm\sqrt{x^2+y^2},\ z)=0$，而不在旋转曲面上的点都不满足方程 $f(\pm\sqrt{x^2+y^2},\ z)=0$. 因此，此方程是以 C 为母线、以 z 轴为旋转轴的旋转曲面方程. 由此可见，只要在 yOz 平面上把曲线 C 的方程 $f(y,z)=0$ 中的 y 换成 $\pm\sqrt{x^2+y^2}$，就可得到曲线 C 绕 z 轴旋转的旋转曲面方程.

同理，曲线 C 绕 y 轴旋转的旋转曲面方程为 $f(y,\pm\sqrt{x^2+y^2})=0$.

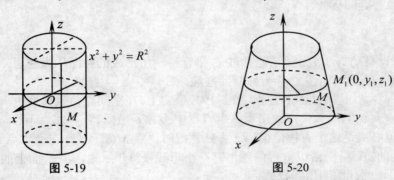

图 5-19　　　　　　　　图 5-20

例 21　求 xOy 面上的抛物线 $x=ay^2(a>0)$ 绕 x 轴旋转所形成的旋转抛物面的方程（如图 5-21 所示）.

解　方程 $x=ay^2$ 中的 x 不变，y 换成 $\pm\sqrt{y^2+z^2}$，便得到旋转抛物面的方程为
$$x=a(y^2+z^2)$$

例 22　求 yOz 面上的直线 $z=ky(k>0)$ 绕 z 轴旋转一周而成的圆锥面的方程（如图 5-22 所示）.

解　所求圆锥面的方程为
$$z=\pm k\sqrt{x^2+y^2}$$
即　$z^2=k^2(x^2+y^2)$.

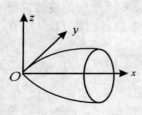
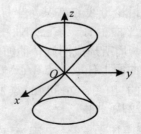

图 5-21　　　　　　　　图 5-22

5.3.2 常见二次曲面及其方程

在空间直角坐标系中，如果 $F(x,y,z)$ 是二次方程，则它的图形称为二次曲面．下面介绍几种常见的二次曲面．

1. 椭球面

由方程

$$\frac{x^2}{a^2}+\frac{y^2}{b^2}+\frac{z^2}{c^2}=1 \tag{5-6}$$

所表示的曲面叫做**椭球面**，方程（5-6）称为**椭球面的标准方程**．下面来讨论椭球面（5-6）的形状．

由方程（5-6）知

$$\frac{x^2}{a^2}\leqslant 1,\quad \frac{y^2}{b^2}\leqslant 1,\quad \frac{z^2}{c^2}\leqslant 1$$

即 $|x|\leqslant a, |y|\leqslant b, |z|\leqslant c$，这说明椭球面介于 $x=\pm a$，$y=\pm b, z=\pm c$ 这六个平面所构成的长方体内，a,b,c 叫做**椭球面的半轴**．

为了能清楚地看出曲面的形状，可以用一组或几组与坐标面平行的平面去截这个曲面，得到一组或几组交线（称为截痕）．考察各平行截痕的形状，就能了解曲面的整个形状，这种方法叫做**截痕法**．

用 3 个坐标面 $x=0, y=0, z=0$ 分别截这个椭球面（图 5-23），所得的截痕为

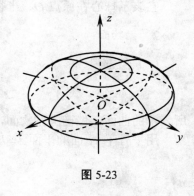

图 5-23

$$\begin{cases}\dfrac{y^2}{b^2}+\dfrac{z^2}{c^2}=1\\ x=0\end{cases}\quad \begin{cases}\dfrac{x^2}{a^2}+\dfrac{z^2}{c^2}=1\\ y=0\end{cases}\quad \begin{cases}\dfrac{x^2}{a^2}+\dfrac{y^2}{b^2}=1\\ z=0\end{cases}$$

它们是各坐标面上的椭圆，再用平行 xy 面的平面 $z=h(|h|<c)$ 去截椭球面，所得截痕为

$$\begin{cases}\dfrac{x^2}{a(1-\dfrac{h^2}{c^2})}+\dfrac{y}{b^2(1-\dfrac{h^2}{c^2})}=1\\ z=h\end{cases}$$

这是平面 $z=h$ 上的椭圆，两个半轴分别为

$$\frac{a}{c}\sqrt{c^2-h^2}, \frac{b}{c}\sqrt{c^2-h^2}$$

当 $|h|$ 逐渐增大时，所截得的椭圆逐渐缩小；当 $|h|=c$ 时，所截得的椭圆缩为一点.

由类似讨论可知，用平面 $x=h$ 和 $y=h$ 去截椭球面所得截痕也是椭圆.

显然，椭球面与坐标轴的交点为 $(\pm a, 0, 0)$、$(0, \pm b, 0)$、$(0, 0, \pm c)$，它们称为椭球面的顶点.

由以上讨论可知椭球面（5-6）是由一系列椭圆组成，其图形如图 5-23 所示.

在椭球面方程（5-6）中，当 $a=b$ 时，方程变为

$$\frac{x^2+y^2}{a^2}+\frac{z^2}{c^2}=1$$

它是绕 z 轴旋转的旋转曲面（称为旋转椭球面），同理可得绕 x 轴和 y 轴旋转的旋转椭球面.

当 $a=b=c$ 时，方程（5-6）变为

$$x^2+y^2+z^2=a^2$$

它表示球心在原点 O、半径为 a 的球面，即球面可以看成是椭球面的一种特殊情形.

2. 抛物面

（1）由方程

$$\frac{x^2}{a^2}+\frac{y^2}{b^2}=z \tag{5-7}$$

所表示的曲面叫做椭圆抛物面，方程（5-7）是其标准方程，其形状讨论如下：

用平行于 xy 面的平面 $z=h$ 去截椭圆抛物面，所得截痕为

$$\begin{cases}\dfrac{x^2}{a^2}+\dfrac{y^2}{b^2}=h \\ z=h\end{cases}$$

当 $h=0$ 时，它是一个点（即原点）；当 $h<0$ 时，无交线；当 $h>0$ 时，它是一个椭圆，当 h 逐渐增大时，椭圆也愈来愈大.

用平面 $x=h$ 或 $y=h$ 去截椭圆抛物面，所得的截痕均为抛物线（图 5-24）.

在方程（5-7）中，当 $a=b$ 时，得 $\dfrac{x^2+y^2}{a^2}=z$，这是由抛物线

$$\begin{cases}\dfrac{x^2}{a^2}=z \\ y=0\end{cases} \text{或} \begin{cases}\dfrac{y^2}{a^2}=z \\ x=0\end{cases}$$

绕 z 轴旋转而得的旋转抛物面.

（2）由方程

$$z = \frac{x^2}{a^2} - \frac{y^2}{b^2} \tag{5-8}$$

所表示的曲面叫**双曲抛物面**（或叫**马鞍面**），方程（5-8）是其标准方程，双曲抛物面的图形形状读者可自行作类似讨论，方程（5-8）的图形如图 5-25 所示．

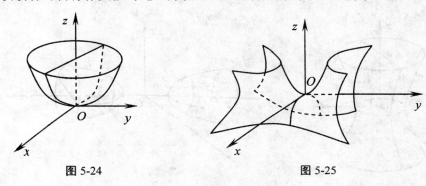

图 5-24　　　　　　　　图 5-25

3. 双曲面

在讨论旋转曲面时，以双曲线 $\dfrac{y^2}{b^2} - \dfrac{z^2}{c^2} = 1$ 分别绕 z 轴和 y 轴旋转而得到旋转单叶双曲面和旋转双叶双曲面的概念，现在用截痕法讨论．

（1）由方程

$$\frac{x^2}{a^2} + \frac{y^2}{b^2} - \frac{z^2}{c^2} = 1 \tag{5-9}$$

所表示的曲面叫做单叶双曲面，方程（5-9）是其标准方程，其形状讨论如下：

用平面 $z = h$ 去截曲面，所得截痕为椭圆

$$\begin{cases} \dfrac{x^2}{a^2\left(1 + \dfrac{h^2}{c^2}\right)} + \dfrac{y^2}{b^2\left(1 + \dfrac{h^2}{c^2}\right)} = 1 \\ z = h \end{cases}$$

用平面 $y = h$ 去截曲面，所得截痕为双曲线

$$\begin{cases} \dfrac{x^2}{a^2\left(1 - \dfrac{h^2}{b^2}\right)} - \dfrac{z^2}{c^2\left(1 - \dfrac{h^2}{b^2}\right)} = 1, \quad (h^2 \neq b^2) \\ y = h. \end{cases}$$

当 $h = \pm b$ 时，双曲线退化为两条直线．

所以，单叶双曲面是由一族椭圆或一族双曲线构成，其如图 5-26 所示．

（2）由方程

$$\frac{y^2}{b^2} - \frac{x^2}{a^2} - \frac{z^2}{c^2} = 1 \qquad (5-10)$$

所表示的曲面叫做**双叶双曲面**，方程（5-10）是其标准方程，读者可用截痕法对其形状自行讨论．其图形 5-27 所示．读者可用截痕法对其形状进行讨论．

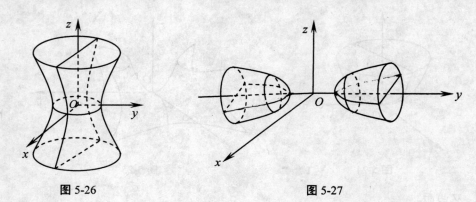

图 5-26　　　　　　　　　　图 5-27

习题 5.3

1. 方程 $x^2+y^2+z^2-2x+4y+2z=0$ 表示什么曲面？
2. 已知球面的一条直径的两个端点是 $(2,-3,5)$ 和 $(4,1,-3)$，写出球面的方程．
3. 指出下列方程表示什么曲面，并作出它们的草图．
   （1）$y = 2x^2$ 　　　　　　　　　　（2）$x^2 - y^2 = 1$
   （3）$\dfrac{x^2}{4} + \dfrac{y^2}{9} = 1$ 　　　　　　（4）$x - y = 0$
4. 说明下列旋转曲面是怎样形成的．
   （1）$\dfrac{x^2}{4} + \dfrac{y^2}{9} + \dfrac{z^2}{9} = 1$ 　　　（2）$x^2 - \dfrac{y^2}{4} + z^2 = 1$
   （3）$x^2 - y^2 - z^2 = 1$ 　　　　　（4）$(2-a)^2 = x^2 + y^2$
5. 把 zOx 面上的抛物线 $z = x^2+1$ 绕 z 轴旋转一周，求所形成的旋转曲面方程．
6. 求 xOy 面上的直线 $x+y=1$ 绕 y 轴旋转一周所形成的旋转曲面方程．
7. 指出下列方程表示什么曲面．
   （1）$\dfrac{x^2}{4} + \dfrac{y^2}{9} + \dfrac{z^2}{16} = 1$ 　　　（2）$\dfrac{z}{3} = \dfrac{x^2}{4} + \dfrac{y^2}{9}$
   （3）$4x^2 + 9y^2 = -2$ 　　　　　　（4）$9x^2 + 9y^2 + 9z^2 = 36$
8. 分别写出曲面 $\dfrac{x^2}{9} - \dfrac{y^2}{25} + \dfrac{x^2}{4} = 1$ 在下列各平面上的截痕的方程，并指出这些截痕是什么曲线．
   （1）$x = 2$ 　　　　（2）$y = 5$ 　　　　（3）$z = 1$

复习题 5

一、选择题.

1. 设向量 $a = (2,1,-1)$ 的终点坐标为 $(3,1,-2)$，则（　　）．
   A. a 的起点坐标为 $(-2,3,1)$　　B. a 的模为 8　　C. a 与 x 轴正向的夹角为 $\dfrac{\pi}{3}$
   D. a 的方向余弦为 $\cos\alpha = \dfrac{2}{\sqrt{6}}$, $\cos\beta = \dfrac{1}{\sqrt{6}}$, $\cos\gamma = \dfrac{1}{\sqrt{6}}$

2. 已知向量 $a = i+j$，$b = i+k$，那么 $a \times b$ 等于（　　）．
   A. $i-j-k$　　B. $-i-j-k$　　C. $i+k$　　D. $i-k$

3. 向量 a、b 垂直的充要条件是（　　）．
   A. $a \cdot b = 0$　　B. $a \times b = 0$　　C. $a = mb$　　D. $\sin(a,b) = 0$

4. 向量 $a = i-4j+k$ 与 $b = 2i-2j-k$ 的夹角是（　　）．
   A. $\dfrac{\pi}{4}$　　B. $\dfrac{\pi}{2}$　　C. 0　　D. $\dfrac{\pi}{3}$

5. 平行于向量 $a = (6,7,-6)$ 的单位向量是（　　）．
   A. $\left(\dfrac{6}{11}, \dfrac{7}{11}, -\dfrac{6}{11}\right)$　　B. $\left(-\dfrac{6}{11}, -\dfrac{7}{11}, \dfrac{6}{11}\right)$
   C. $\left(\mp\dfrac{6}{11}, \pm\dfrac{6}{11}, \mp\dfrac{6}{11}\right)$　　D. $\left(\pm\dfrac{6}{11}, \pm\dfrac{6}{11}, \mp\dfrac{6}{11}\right)$

6. 设平面 $2x+4y+3z = 3$ 与平面 $x+ky-2z = p$ 垂直，则 $k = $（　　）．
   A. $\dfrac{1}{2}$　　B. $\dfrac{1}{3}$　　C. 2　　D. 1

7. 平面 $2x+3y+4z+4 = 0$ 与平面 $2x+3y+4z-4 = 0$ 的位置关系（　　）．
   A. 垂直　　B. 相交　　C. 平行　　D. 重合

8. 曲面 $z = \sqrt{4-x^2-y^2}$ 是（　　）．
   A. 球面　　B. 半球面　　C. 圆锥面　　D. 半圆锥面

9. 在空间中，方程 $y^2 = 2Px(P>0)$ 表示（　　）．
   A. 母线平行于 x 轴的抛物柱面　　B. 母线平行于 y 轴的抛物柱面
   C. 母线平行于 z 轴的抛物柱面　　D. xOy 面内抛物线

10. 在空间中，方程 $z = x^2+y^2$ 的图形是（　　）．
    A. 球面　　B. 柱面　　C. 圆　　D. 抛物面

二、填空题.

1. 点 $M(-1,6,2)$ 关于 x 轴对称的点的坐标为 _____．

2. 设 $a = i+j-4k$，$b = 2i+\lambda k$，且 $a \perp b$，则 $\lambda = $ _____．

3. 设 $a//b$，则 $a \cdot b =$ _____，$|a \times b| =$ _____.
4. 若 α、β、γ 为方向角，则 $\sin^2\alpha + \sin^2\beta + \sin^2\gamma =$ _____.
5. 过点 $M(1,2,-1)$ 且方向向量 $a=(2,-1,1)$ 的直线方程为 _____.
6. 过点 $M(1,0,-1)$ 且平行于平面 $x-y-3z=5$ 的平面方程为 _____.
7. 两平面的方程分别为 $2x+y+z-7=0$，$x-y+2z-11=0$，它们的夹角为 _____.
8. 点 $M(1,0,-2)$ 到平面 $2x+3y-2=5$ 的距离为 _____.
9. 球面 $x^2+y^2+z^2-2x+2y=1$ 的球心为 _____，半径为 _____.
10. 直线 $\begin{cases} x=1 \\ y=0 \end{cases}$ 绕 z 轴旋转一周所形成旋转曲面方程为 _____.

三、解答题.

1. 试决定 k 的值，使平面 $x+ky-2z-7=0$ 分别满足下列条件.
（1）经过点 $(1,-1,1)$.　　　　　（2）与平面 $2x-3y+2=0$ 成 $\dfrac{\pi}{4}$ 角.
（3）与平面 $3x-7y+z-10=0$ 垂直.（4）与平面 $x-2y-2z-9=0$ 平行.

2. 求下列各直线方程.
（1）通过点 $A(2,-1,3)$ 与 $B(0,2,5)$.
（2）通过点 $A(1,2,0)$ 且平行于直线 $\begin{cases} x-2y+z-1=0 \\ 2x+y-3=0 \end{cases}$
（3）通过点 $A(1,-2,5)$ 且垂直于平面 $x-2y+3z-7=0$.
（4）通过直线 $\dfrac{x-1}{1}=\dfrac{y-1}{2}=\dfrac{z+2}{-1}$ 与平面 $x+y-2z-2=0$ 的交点且垂直于该平面.

3. 求满足下列条件的动点轨迹方程.
（1）到点 $A(1,3,2)$ 与到点 $B(2,1,5)$ 的距离分别等于 2 和 3.
（2）到点 $A(5,-4,1)$ 的距离等于到 yOz 平面的距离.
（3）动点 P 到 y 轴的距离是动点 P 到 z 轴的距离的 4 倍.

4. 求下列曲面方程：
（1）中心在 $(2,1,-4)$ 并与 xOy 相切的球面.
（2）曲线 $\begin{cases} z^2=6y \\ x=0 \end{cases}$ 绕 y 轴旋转形成的曲面方程.
（3）以 $y^2=5x$ 为准线，母线平行于 z 轴的柱面.
（4）顶点在原点，以 z 轴为对称轴，顶角为 $\dfrac{\pi}{3}$ 的圆锥面方程.

5. 指出下列方程所表示的曲面名称：
（1）$x^2+y^2=2z$　　　　（2）$x^2+2y^2=z$　　　　（3）$x^2+y^2=z+2$
（4）$4x^2+y^2=z^2$　　　（5）$x^2-z^2=0$　　　　　（6）$x^2+2y^2+4z^2=8$

第 6 章　二元函数微分学

学习要求:
1. 理解二元函数的概念，了解二元函数的极限与连续的概念，以及有界闭区域上连续函数的性质.
2. 理解二元函数的偏导数和全微分的概念，掌握求二元函数偏导数和全微分的方法.
3. 掌握复合函数和隐函数的偏导数.
4. 理解二元函数极值和条件极值的概念，会求二元函数的极值. 了解条件极值的拉格朗日乘数法，会求解一些简单的最大值和最小值应用问题.

前面几章讨论了一元函数的微积分学，研究的对象是一元函数 $y = f(x)$. 但在许多实际问题中，常常遇到含有两个或更多个自变量的函数，即多元函数. 本章简要介绍二元函数的微分学.

6.1　二 元 函 数

6.1.1　二元函数的概念及几何意义

为引出二元函数的概念，举例如下.

例 1　矩形的面积 S 与它的长 x 和宽 y 的关系式是
$$S = xy$$
这里，当 x、y 在一定范围（$x>0$，$y>0$）内取定一对数值 (x,y) 时，S 就有惟一确定的值与之对应.

例 2　一定量的理想气体的压强 p、体积 V 和绝对温度 T 之间具有关系
$$P = \frac{RT}{V}$$
其中 R 为常数. 当 V、T 在一定范围（$V>0$，$T>0$）内取定一对数值 (V,T) 时，P 就有惟一确定的值与之对应.

以上两例的具体含义不同，若仅从数量关系来研究，它们有共同的属性. 抽出这些共性，对照一元函数，可给出二元函数的定义.

定义1 设有3个变量 x、y 和 z，如果当变量 x、y 在平面点集 D 内任意取定一对数值 (x,y) 时，变量 z 按照一定的对应法则 f 总有确定的数值与它们对应，则称 z 是 x、y 的**二元函数**，记为

$$z = f(x,y)$$

其中 x,y 称为**自变量**，z 称为**因变量**，集合 D 称为函数 $f(x,y)$ 的**定义域**。

与一元函数一样，通常二元函数的定义域就是使函数表达式有意义的自变量的取值范围。二元函数的定义域在几何上通常表示为 xOy 平面上的一个平面区域。围成区域的曲线称为该区域的边界，不包括边界的区域称为**开区域**；连同边界在内的区域称为**闭区域**。对应的函数值的集合称为该函数的**值域**。

例3 求 $z = \ln(x+y-1)$ 的定义域

解 要使函数有意义，自变量 x,y 应满足 $x+y-1>0$，于是定义域

$$D = \{(x,y) | x+y-1>0\}$$

它是直线 $x+y-1=0$ 的右上方的平面部分（不包括直线 $x+y-1=0$）（图6-1），直线 $x+y-1=0$ 是区域 D 的边界，作图时先画出 D 的边界，然后决定 D 所在区域。

例4 求 $z = \sqrt{R^2 - x^2 - y^2}$ 的定义域。

解 要使函数有意义，自变 x、y 应满足 $R^2 - x^2 - y^2 \geq 0$，于是定义域

$$D = \{(x,y) | x^2 + y^2 \leq R^2\}$$

它是 xOy 平面上以坐标原点为圆心，以 R 为半径，且含圆周的闭区域（图6-2）。作图时先画出 D 的边界 $x^2 + y^2 = R^2$，再决定 D 的区域。

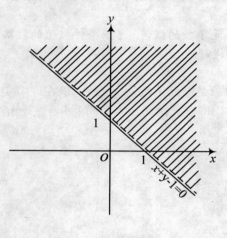

图 6-1

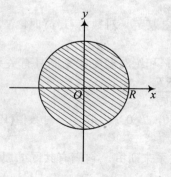

图 6-2

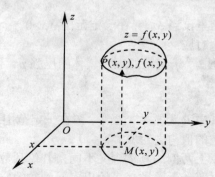

图 6-3

与一元函数比较：一元函数 $y=f(x)$ 通常表示 xOy 平面上的一条曲线. 而二元函数 $z=f(x,y)$, $(x,y)\in D$, 其定义域 D 是 xOy 平面上的一个区域. 对于任意取定的点 $M(x,y)\in D$, 对应的函数值为 $z=f(x,y)$. 这样, 以 x 为横坐标, y 为纵坐标, $z=f(x,y)$ 为竖坐标在空间就确定一点 $(P(x,y),f(x,y))$. 所有这样确定的点的集合就是函数 $z=f(x,y)$ 的图形, 它通常是一个曲面（图 6-3）.

6.1.2 二元函数的极限与连续

类似一元函数的极限, 给出二元函数极限的定义:

定义 2 设函数 $z=f(x,y)$ 在点 (x_0,y_0) 的附近有定义（(x_0,y_0) 处可除外）, 当 (x,y) 以任意方式无限趋近于 (x_0,y_0) 时, 函数 $f(x,y)$ 总是趋于一个确定的常数 A, 则称当 (x,y) 趋于 (x_0,y_0) 时, 函数 $f(x,y)$ 以 A 为极限, 记做

$$\lim_{(x,y)\to(x_0,y_0)}f(x,y)=A \text{ 或 } \lim_{\substack{x\to x_0\\y\to y_0}}f(x,y)=A.$$

注意：在二元函数极限的定义中, (x,y) 以任意方式趋近于 (x_0,y_0), 是指平面上的点 (x,y) 以任何路径无限趋近 (x_0,y_0). 如果点 (x,y) 只取某些特殊方式, 如沿一条给定的直线或给定的曲线趋近于 (x_0,y_0), 则即使这时函数值无限趋近于某一确定的常数, 也不能断定函数的极限就一定存在.

例 5 讨论函数

$$f(x,y)=\begin{cases}\dfrac{xy}{x^2+y^2}, & x^2+y^2\neq 0\\ 0, & x^2+y^2=0\end{cases}$$

当 $(x,y)\to(0,0)$ 时的极限是否存在.

解 当 (x,y) 沿着直线 $y=kx$ 趋近于点 $(0,0)$ 时, 有

$$\lim_{\substack{x\to 0\\y=kx}}\frac{xy}{x^2+y^2}=\lim_{x\to 0}\frac{kx^2}{x^2+k^2x^2}=\frac{k}{1+k^2}$$

显然, 它是随着 k 的变化而变化, 因而 $\lim\limits_{\substack{x\to 0\\y\to 0}}f(x,y)$ 不存在.

定义 3 设函数 $z=f(x,y)$ 在 (x_0,y_0) 及其附近有定义, 并且

$$\lim_{\substack{x\to x_0\\y\to y_0}}f(x,y)=f(x_0,y_0)$$

则称函数 $f(x,y)$ 在 (x_0,y_0) 处**连续**, 否则称函数 $f(x,y)$ 在 (x_0,y_0) 处**间断**, (x_0,y_0) 称为该函数的**间断点**.

如果函数 $f(x,y)$ 在平面区域 D 内的每一点都连续, 则称函数 $f(x,y)$ 在区域 D 内连续.

二元函数的连续性的概念与一元函数是类似的. 对于二元函数有如下结论:
(1) 二元连续函数经过四则运算后得到的新函数仍为二元连续函数.
(2) 如果 $f(x,y)$ 在有界闭区域 D 上连续, 则 $f(x,y)$ 必在 D 上取得最大值和最小值.

习题 6.1

1. 已知函数 $f(x,y) = x^2 + y^2 - xy\tan\dfrac{x}{y}$, 试求 $f(tx,ty)$.
2. 已知函数 $f(u,v) = \mathrm{e}^u \sin v$, 试求 $f(xy, x+y)$.
3. 已知函数 $f(x+y, x-y) = xy + y^2$, 试求 $f(x,y)$.
4. 求下列各函数的定义域.

   (1) $z = \sqrt{4x^2 + y^2 - 1}$

   (2) $z = \dfrac{1}{\sqrt{x-y}} + \dfrac{1}{y}$

   (3) $z = \ln(4 - x^2 - y^2) - \dfrac{x+y}{\sqrt{x^2 + y^2 - 1}}$

   (4) $z = \arcsin(1-y) + \ln(x-y)$

5. 证明下列函数的极限不存在.

   (1) $\lim\limits_{\substack{x \to 0 \\ y \to 0}} \dfrac{x+y}{x-y}$

   (2) $\lim\limits_{\substack{x \to 0 \\ y \to 0}} \dfrac{x^2 y}{x^4 + y^2}$

6.2 偏导数与全微分

6.2.1 偏导数

对于一元函数 $f(x)$, 前面章节讨论了它关于 x 的导数, 也就是 $f(x)$ 关于 x 的变化率. 对于二元数 $f(x,y)$, 也常常遇到研究它对某个自变量的变化率的问题, 这就产生了偏导数的概念.

设函数 $z = f(x,y)$ 在 (x_0, y_0) 及其附近有定义, 当自变量 x 在 x_0 处取得改变量 Δx, 而自变量 $y = y_0$ 保持不变时, 函数相应的改变量
$$f(x_0 + \Delta x, y_0) - f(x_0, y_0)$$
称为函数 $f(x,y)$ 关于 x 的**偏增量**. 类似地, 函数 $f(x,y)$ 关于 y 的**偏增量**为
$$f(x_0, y_0 + \Delta y) - f(x_0, y_0)$$

定义 4 设函数 $z = f(x,y)$ 在 (x_0, y_0) 及其附近有定义, 如果极限

$$\lim_{\Delta x \to 0} \frac{f(x_0 + \Delta x, y_0) - f(x_0, y_0)}{\Delta x} \tag{6-1}$$

存在 (有限), 则称此极限值为函数 $f(x,y)$ 在 (x_0, y_0) 处对 x 的**偏导数**, 记做

$$f'_x(x_0, y_0) \text{ 或 } \left.\frac{\partial f}{\partial x}\right|_{\substack{x=x_0 \\ y=y_0}} \text{ 或 } \left.\frac{\partial z}{\partial x}\right|_{\substack{x=x_0 \\ y=y_0}} \text{ 或 } \left.\frac{\partial z}{\partial x}\right|_{(x_0, y_0)}$$

同样，可以定义对 y 的**偏导数**

$$f'_y(x_0, y_0) = \lim_{\Delta x \to 0} \frac{f(x_0, y_0 + \Delta y) - f(x_0, y_0)}{\Delta y} \tag{6-2}$$

如果函数 $z = f(x,y)$ 在定义域 D 内对每个 (x,y) 处的偏导数 $f'_x(x,y)$ 都存在，则称函数 $f(x,y)$ 在 D 内存在对 x 的偏导函数，简称为偏导数，记做

$$f'_x(x,y) \text{ 或 } \frac{\partial f}{\partial x} \text{ 或 } z'_x \text{ 或 } \frac{\partial z}{\partial x}$$

显然，根据偏导数的定义，求二元函数对某一自变量的偏导数，只需要将另一个自变量看成常数，用一元函数求导法便可求得.

例 6 设 $f(x,y) = x^3 + y^3 - 3xy^2$，求 $f'_x(x,y)$，$f'_y(x,y)$，$f'_x(1,2)$，$f'_y(1,-2)$.

解 视 y 为常数，得 $f'_x(x,y) = 3x^2 - 3y^2$，于是 $f'_x(1,2) = \left.(3x^2 - 3y^2)\right|_{\substack{x=1 \\ y=2}} = -9$.

视 x 为常数，得 $f'_y(x,y) = 3y^2 - 6xy$，于是 $f'_y(1,-2) = \left.(3y^2 - 6xy)\right|_{\substack{x=1 \\ y=-2}} = 24$.

例 7 设 $z = e^{xy} \sin(x-y)$，求 $\dfrac{\partial z}{\partial x}, \dfrac{\partial z}{\partial y}$.

解
$$\frac{\partial z}{\partial x} = \left(e^{xy}\right)'_x \sin(x-y) + e^{xy} \left[\sin(x-y)\right]'_x$$
$$= e^{xy}(xy)'_x \sin(x-y) + e^{xy} \cos(x-y) \cdot (x-y)'_x$$
$$= y e^{xy} \sin(x-y) + e^{xy} \cos(x-y)$$
$$= e^{xy}\left[y\sin(x-y) + \cos(x-y)\right]$$

$$\frac{\partial z}{\partial y} = \left(e^{xy}\right)'_y \sin(x-y) + e^{xy} \left[\sin(x-y)\right]'_y$$
$$= e^{xy}(xy)'_y \sin(x-y) + e^{xy} \cos(x-y) \cdot (x-y)'_y$$
$$= x e^{xy} \sin(x-y) - e^{xy} \cos(x-y)$$
$$= e^{xy}\left[x\sin(x-y) - \cos(x-y)\right]$$

例 8 求 $z = x^y$ $(x>0)$ 的偏导数.

解 $\dfrac{\partial z}{\partial x} = y x^{y-1}, \dfrac{\partial z}{\partial y} = x^y \ln x$.

例 9 已知气态方程 $PV = RT$（R 是常数），求证

$$\frac{\partial P}{\partial V}\cdot\frac{\partial V}{\partial T}\cdot\frac{\partial T}{\partial P}=-1.$$

证 由 $P=\dfrac{RT}{V}$，得 $\dfrac{\partial P}{\partial V}=-\dfrac{RT}{V^2}$；

由 $V=\dfrac{RT}{P}$，得 $\dfrac{\partial V}{\partial T}=\dfrac{R}{P}$；

由 $T=\dfrac{PV}{R}$，得 $\dfrac{\partial T}{\partial P}=\dfrac{V}{R}$，

所以 $\dfrac{\partial P}{\partial V}\cdot\dfrac{\partial V}{\partial T}\cdot\dfrac{\partial T}{\partial P}=-\dfrac{RT}{V^2}\dfrac{R}{P}\dfrac{V}{R}=-\dfrac{RT}{PV}=-1$.

这个例子说明：偏导数的记号是一个整体记号，不能将 $\dfrac{\partial P}{\partial V}$ 看做 "∂P" 与 "∂V" 的商.

一般说来，函数 $z=f(x,y)$ 的两个偏导数 $f_x'(x,y)$、$f_y'(x,y)$ 仍是 x、y 的函数，如果这两个函数的偏导数也存在，则称它们的偏导数是 $f(x,y)$ 的二阶偏导数，记做

$$\frac{\partial^2 z}{\partial x^2}=\frac{\partial}{\partial x}\left(\frac{\partial z}{\partial x}\right), \text{ 或记为 } z_{xx}'',\ f_{xx}'',\ \frac{\partial^2 f}{\partial x^2};$$

$$\frac{\partial^2 z}{\partial x\partial y}=\frac{\partial}{\partial y}\left(\frac{\partial z}{\partial x}\right), \text{ 或记为 } z_{xy}'',\ f_{xy}'',\ \frac{\partial^2 f}{\partial y\partial x};$$

$$\frac{\partial^2 z}{\partial y\partial x}=\frac{\partial}{\partial x}\left(\frac{\partial z}{\partial y}\right), \text{ 或记为 } z_{yx}'',\ f_{yx}',\ \frac{\partial^2 f}{\partial x\partial y};$$

$$\frac{\partial^2 z}{\partial y^2}=\frac{\partial}{\partial y}\left(\frac{\partial z}{\partial y}\right), \text{ 或记为 } z_{yy}'',\ f_{yy}'',\ \frac{\partial^2 f}{\partial y^2}.$$

偏导数 $\dfrac{\partial^2 z}{\partial x\partial y}$ 与 $\dfrac{\partial^2 z}{\partial y\partial x}$ 称为**混合偏导数**.

例 10 求 $z=x^3y^2-3xy^2-xy+1$ 的二阶偏导数.

解

$$\frac{\partial z}{\partial x}=3x^2y^2-3y^2-y,\quad \frac{\partial^2 z}{\partial x^2}=6xy^2.$$

$$\frac{\partial z}{\partial y}=2x^3y-6xy-x,\quad \frac{\partial^2 z}{\partial y^2}=2x^3-6x.$$

$$\frac{\partial^2 z}{\partial x\partial y}=6x^2y-6y-1,\quad \frac{\partial^2 z}{\partial y\partial x}=6x^2y-6y-1.$$

例 11 设 $z=\arctan\dfrac{y}{x}$，求 $\dfrac{\partial^2 z}{\partial x\partial y}$，$\dfrac{\partial^2 z}{\partial y\partial x}$.

解
$$\frac{\partial z}{\partial x} = \frac{1}{1+(\frac{y}{x})^2}(\frac{-y}{x^2}) = \frac{-y}{x^2+y^2}$$

$$\frac{\partial z}{\partial y} = \frac{1}{1+(\frac{y}{x})^2}\frac{1}{x} = \frac{x}{x^2+y^2}$$

$$\frac{\partial^2 z}{\partial x \partial y} = \frac{\partial}{\partial y}(\frac{-y}{x^2+y^2}) = \frac{(-1)(x^2+y^2)-(-y)(0+2y)}{(x^2+y^2)^2} = \frac{y^2-x^2}{(x^2+y^2)^2}$$

$$\frac{\partial^2 z}{\partial y \partial x} = \frac{\partial}{\partial x}(\frac{x}{x^2+y^2}) = \frac{1 \cdot (x^2+y^2)-x(2x+0)}{(x^2+y^2)^2} = \frac{y^2-x^2}{(x^2+y^2)^2}$$

本题中，$\frac{\partial^2 z}{\partial x \partial y} = \frac{\partial^2 z}{\partial y \partial x}$ 不是偶然的，可以证明二阶混合偏导数在连续的条件下与求偏导次序无关．以后我们在求抽象函数的混合偏导数时，总认为它与求导偏次序无关．

6.2.2 全微分

在一元函数 $y = f(x)$ 中，y 对 x 的微分 $dy = f'(x)dx$ 是自变量 Δx 的线性函数，并且当 $\Delta x \to 0$ 时，dy 与函数改变量 Δy 的差是一个比 Δx 高阶的无穷小量．当 $|\Delta x|$ 很小时．可以用 dy 近似地表示 Δy．

类似地，对二元函数引入全微分的概念．

例 12 设矩形的边长分别为 x、y，则矩形面积
$$S = xy$$
如果边长 x 与 y 分别取得改变量 Δx 与 Δy，则面积 S 的全增量为
$$\Delta S = (x+\Delta x)(y+\Delta y) - xy = y\Delta x + x\Delta y + \Delta x \Delta y$$

上式包含两部分，一部分是 $y\Delta x + x\Delta y$，它是关于 Δx、Δy 的线性函数（图 6-4），另一部分是 $\Delta x \Delta y$．当 $\Delta x \to 0$，$\Delta y \to 0$ 时，是比 $\rho = \sqrt{(\Delta x)^2+(\Delta y)^2}$ 高阶的无穷小量．因此可以用 $y\Delta x + x\Delta y$ 近似表示 ΔS，而将 $\Delta x \Delta y$ 略去．

把 $y\Delta x + x\Delta y$ 叫做 S 的微分，记为 dS，即
$$dS = y\Delta x + x\Delta y$$

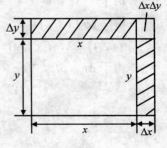

图 6-4

一般地，对二元函数 $z = f(x, y)$ 有：

定义 5 如果二元函数 $z = f(x, y)$ 在 (x, y) 处的全增量 Δz 可表示为
$$\Delta z = f(x+\Delta x, y+\Delta y) - f(x, y) = A\Delta x + B\Delta y + o(\rho) \tag{6-3}$$

其中 A, B 不依赖于 Δx、Δy，而仅与 x, y 有关，$\rho = \sqrt{(\Delta x)^2+(\Delta y)^2}$，$o(\rho)$ 表示关于

ρ 的高阶无穷小量,则称函数 $z=f(x,y)$ 在 (x,y) 处可微,并称 $A\Delta x+B\Delta y$ 为函数 $z=f(x,y)$ 在 (x,y) 处的**全微分**,记做 $\mathrm{d}z$,即

$$\mathrm{d}z = A\Delta x + B\Delta y \tag{6-4}$$

特别 $\mathrm{d}x=\Delta x$, $\mathrm{d}y=\Delta y$,故 $\mathrm{d}z=A\mathrm{d}x+B\mathrm{d}y$。若 $z=f(x,y)$ 在点 (x,y) 可微还可以证明 $A=\dfrac{\partial z}{\partial x}$,$B=\dfrac{\partial z}{\partial y}$,于是

$$\mathrm{d}z = \frac{\partial z}{\partial x}\mathrm{d}x + \frac{\partial z}{\partial y}\mathrm{d}y$$

一般来说,如果函数 $z=f(x,y)$ 在 (x,y) 及其附近有连续偏导数 $f'_x(x,y)$、$f'_y(x,y)$,则其全微分必存在,且

$$\mathrm{d}z = \mathrm{d}f(x,y) = f'_x(x,y)\mathrm{d}x + f'_y(x,y)\mathrm{d}y \tag{6-5}$$

这便是可微的充分条件.

当 $|\Delta x|$、$|\Delta y|$ 都较小时,有近似公式

$$\Delta z \approx \mathrm{d}z = f'_x(x,y)\mathrm{d}x + f'_y(x,y)\mathrm{d}y$$

上式也可写成

$$f(x+\Delta x, y+\Delta y) \approx f(x,y) + f'_x(x,y)\Delta x + f'_y(x,y)\Delta y \tag{6-6}$$

例 13 求 $z=\mathrm{e}^{xy}$ 的全微分.

解 因 $\dfrac{\partial z}{\partial x}=y\mathrm{e}^{xy}$,$\dfrac{\partial z}{\partial y}=x\mathrm{e}^{xy}$,

所以 $\mathrm{d}z = \dfrac{\partial z}{\partial x}\mathrm{d}x + \dfrac{\partial z}{\partial y}\mathrm{d}y = \mathrm{e}^{xy}(y\mathrm{d}x+x\mathrm{d}y)$.

例 14 计算 $(1.97)^{1.05}$ 的近似值 $(\ln 2 \approx 0.693)$.

解 设 $f(x,y)=x^y$,取 $x=2$,$y=1$,$\Delta x=-0.03$,$\Delta y=0.05$,则 $f(2,1)=2$,$f'_x(x,y)=yx^{y-1}$,$f'_y(x,y)=x^y\ln x$,$f'_x(2,1)=1$,$f'_y(2,1)=2\ln 2 \approx 1.386$.
由于 $\Delta f \approx \mathrm{d}f$,故

$$(1.97)^{1.05} = f(1.97,1.05) \approx f(2,1) + f'_x(2,1)\Delta x + f'_y(2,1)\Delta y$$
$$= 2 + 1\times(-0.03) + 1.386\times 0.05 = 2.039.$$

6.2.3 二元复合函数与隐函数的偏导数

设函数 $z=f(u,v)$ 是变量 u、v 的函数,而 u、v 又是变量 x、y 的函数: $u=\varphi(x,y)$,$v=\psi(x,y)$,因而 $z=f[\varphi(x,y),\psi(x,y)]$ 是 x、y 的二元复合函数,u 与 v 称为中间变量.

如果函数 $u=\varphi(x,y)$ 及 $v=\psi(x,y)$ 在 (x,y) 处的偏导数 $\frac{\partial u}{\partial x}$、$\frac{\partial u}{\partial y}$ 及 $\frac{\partial v}{\partial x}$、$\frac{\partial v}{\partial y}$ 都存在，且在对应于 (x,y) 处的 (u,v) 处函数 $z=f(u,v)$ 可微，则复合函数 $z=f\left[\varphi(x,y),\psi(x,y)\right]$ 对 x 及 y 的偏导数存在，且

$$\frac{\partial z}{\partial x}=\frac{\partial z}{\partial u}\frac{\partial u}{\partial x}+\frac{\partial z}{\partial v}\frac{\partial v}{\partial x}$$
$$\frac{\partial z}{\partial y}=\frac{\partial z}{\partial u}\frac{\partial u}{\partial y}+\frac{\partial z}{\partial v}\frac{\partial v}{\partial y} \tag{6-7}$$

这便是二元复合函数求偏导数的链式法则，可借助复合函数的结构图（图 6-5）将函数关系用图表示出来．求 z 对其中一个自变量（如 x）的偏导数时，注意 z 到达 x 的路径有两条：$z\to u\to x$ 和 $z\to v\to x$，意味着 z 对 x 的偏导数由两项 $\frac{\partial z}{\partial u}\cdot\frac{\partial u}{\partial x}$ 与 $\frac{\partial z}{\partial v}\cdot\frac{\partial v}{\partial x}$ 的和组成．

$$z<\begin{matrix} u<\begin{matrix}x\\y\end{matrix} \\ v<\begin{matrix}x\\y\end{matrix}\end{matrix}$$

图 6-5

例 15　设 $z=u^2\ln v$，$u=1+xy$，$v=\frac{x}{y}$，求 $\frac{\partial z}{\partial x}\cdot\frac{\partial z}{\partial y}$．

解　本题的复合函数结构图如图 6-5，因此由

$$\frac{\partial z}{\partial u}=2u\ln v,\quad \frac{\partial z}{\partial v}=\frac{u^2}{v},\quad \frac{\partial u}{\partial x}=y,$$
$$\frac{\partial u}{\partial y}=x,\quad \frac{\partial v}{\partial x}=\frac{1}{y},\quad \frac{\partial v}{\partial y}=-\frac{x}{y^2}.$$

得到

$$\begin{aligned}\frac{\partial z}{\partial x}&=\frac{\partial z}{\partial u}\frac{\partial u}{\partial x}+\frac{\partial z}{\partial v}\frac{\partial v}{\partial x}\\&=2u\ln v\cdot y+\frac{u^2}{v}\cdot\frac{1}{y}\\&=2y(1+xy)\ln\frac{x}{y}+\frac{(1+xy)^2}{x};\end{aligned}$$

$$\begin{aligned}\frac{\partial z}{\partial y}&=\frac{\partial z}{\partial u}\frac{\partial u}{\partial y}+\frac{\partial z}{\partial v}\frac{\partial v}{\partial y}\\&=2u\ln v\cdot x+\frac{u^2}{v}\left(-\frac{x}{y^2}\right)\\&=2x(1+xy)\ln\frac{x}{y}-\frac{(1+xy)^2}{y}.\end{aligned}$$

例 16 设 $z=(x^2-y^2)^{xy}$，求 $\dfrac{\partial z}{\partial x},\dfrac{\partial z}{\partial y}$.

解 设 $u=x^2-y^2$，$v=xy$，则 $z=u^v$. 由于

$$\frac{\partial z}{\partial u}=vu^{v-1},\frac{\partial z}{\partial v}=u^v\ln u$$

$$\frac{\partial u}{\partial x}=2x,\frac{\partial u}{\partial y}=-2y,\frac{\partial v}{\partial x}=y,\frac{\partial v}{\partial y}=x,$$

因此

$$\begin{aligned}\frac{\partial z}{\partial x}&=\frac{\partial z}{\partial u}\frac{\partial u}{\partial x}+\frac{\partial z}{\partial v}\frac{\partial v}{\partial x}\\&=vu^{v-1}\cdot 2x+u^v\ln u\cdot y\\&=2x^2y(x^2-y^2)^{xy-1}+y(x^2-y^2)^{xy}\ln(x^2-y^2);\end{aligned}$$

$$\begin{aligned}\frac{\partial z}{\partial y}&=\frac{\partial z}{\partial u}\frac{\partial u}{\partial y}+\frac{\partial z}{\partial v}\frac{\partial v}{\partial y}\\&=vu^{v-1}\cdot(-2y)+u^V\ln u\cdot x\\&=-2xy^2(x^2-y^2)^{xy-1}+x(x^2-y^2)^{xy}\ln(x^2-y^2)\end{aligned}$$

$$z\langle\begin{matrix}u-x\\v-x\end{matrix}$$

图 6-6

特别地，如果 $z=f(u,v)$，且 $u=\varphi(x)$，$v=\psi(x)$，则 $z=f[\varphi(x),\psi(x)]$ 就是 x 的一元函数，函数关系图如 6-6 所示，这时，z 对 x 的导数称为**全导数**，即

$$\frac{\mathrm{d}z}{\mathrm{d}x}=\frac{\partial z}{\partial u}\frac{\mathrm{d}u}{\mathrm{d}x}+\frac{\partial z}{\partial v}\frac{\mathrm{d}v}{\mathrm{d}x}$$

例 17 设 $z=\sin(uv)$，$u=\mathrm{e}^x$，$v=x^2$，求 $\dfrac{\mathrm{d}z}{\mathrm{d}x}$.

解 因 $\dfrac{\partial z}{\partial u}=v\cos(uv)$，$\dfrac{\partial z}{\partial v}=u\cos(uv)$，$\dfrac{\mathrm{d}u}{\mathrm{d}x}=\mathrm{e}^x$，$\dfrac{\mathrm{d}v}{\mathrm{d}x}=2x$

故

$$\begin{aligned}\frac{\mathrm{d}z}{\mathrm{d}x}&=\frac{\partial z}{\partial u}\frac{\mathrm{d}u}{\mathrm{d}x}+\frac{\partial z}{\partial v}\frac{\mathrm{d}v}{\mathrm{d}x}\\&=x(x+2)\mathrm{e}^x\cos(x^2\mathrm{e}^x)\end{aligned}$$

例 18 设 $z=f(x^2+y^2,xy)$，求 $\dfrac{\partial z}{\partial x},\dfrac{\partial z}{\partial y}$.

解 本题给出的函数没有具体的表达式，这类函数称为抽象函数. 求这类函数的偏导数时一般要先设中间变量.

令 $u=x^2+y^2$，$v=xy$，则 $z=f(u,v)$，因此

$$\frac{\partial z}{\partial x} = \frac{\partial z}{\partial u}\frac{\partial u}{\partial x} + \frac{\partial z}{\partial v}\frac{\partial v}{\partial x} = 2x\frac{\partial z}{\partial u} + y\frac{\partial z}{\partial v}$$

$$\frac{\partial z}{\partial y} = \frac{\partial z}{\partial u}\frac{\partial u}{\partial y} + \frac{\partial z}{\partial v}\frac{\partial v}{\partial y} = 2y\frac{\partial z}{\partial u} + x\frac{\partial z}{\partial v}$$

现在讨论由方程 $F(x,y,z)=0$ 确定了隐函数 $z=f(x,y)$ 的偏导数，由于

$$F(x,y,f(x,y))=0,$$

则可仿照一元函数的隐函数的求导法则，在方程两边分别对 x 与 y 求偏导数，得

$$\frac{\partial F}{\partial x} + \frac{\partial F}{\partial z}\frac{\partial z}{\partial x} = 0, \quad \frac{\partial F}{\partial y} + \frac{\partial F}{\partial z}\frac{\partial z}{\partial y} = 0$$

当 $\frac{\partial F}{\partial z} \neq 0$ 时，便得到

$$\frac{\partial z}{\partial x} = -\frac{\frac{\partial F}{\partial x}}{\frac{\partial F}{\partial z}} = -\frac{F_x'}{F_z'}, \quad \frac{\partial z}{\partial y} = -\frac{\frac{\partial F}{\partial y}}{\frac{\partial F}{\partial z}} = -\frac{F_y'}{F_z'} \tag{6-8}$$

以上公式就是求由方程 $F(x,y,z)=0$ 所确定的隐函数 $z=f(x,y)$ 的偏导数公式.

例19 求由方程 $x^3+y^3+z^3+xyz=1$ 所确定的隐函数的偏导数.

解 设 $F(x,y,z)=x^3+y^3+z^3+xyz-1$，则

$$F_x' = 3x^2+yz, \quad F_y' = 3y^2+xz, \quad F_z' = 3z^2+xy$$

于是

$$\frac{\partial z}{\partial x} = -\frac{F_x'}{F_z'} = -\frac{3x^2+yz}{3z^2+xy}, \quad \frac{\partial z}{\partial y} = -\frac{F_y'}{F_z'} = -\frac{3y^2+xz}{3z^2+xy}.$$

例20 求由方程 $e^z=xyz$ 所确定的隐函数的偏导数.

解 设 $F(x,y,z)=e^z-xyz$，则隐函数方程变为 $F(x,y,z)=0$，且

$$F_x' = -yz, \quad F_y' = -xz, \quad F_z' = e^z-xy$$

于是

$$\frac{\partial z}{\partial x} = -\frac{F_x'}{F_z'} = \frac{yz}{e^z-xy}, \quad \frac{\partial z}{\partial y} = -\frac{F_y'}{F_z'} = \frac{xz}{e^z-xy}$$

习 题 6.2

1. 求 $z=x^2+3xy+y^2$ 在 $(1,2)$ 处的偏导数.
2. 求 $z=e^{xy}$ 在 $(2,1)$ 处的全微分.
3. 求下列函数的偏导数.

(1) $z = xy + \dfrac{x}{y}$ (2) $z = e^{xy} + yx^2$

(3) $z = \ln\sqrt{x^2 + y^2}$ (4) $z = \arctan\dfrac{y}{x}$

(5) $z = 3^{2x+y}$ (6) $z = \sin(xy) + \cos^2(xy)$

4. 设 $z = e^u \sin v$，而 $u = xy$, $v = x + y$，求 $\dfrac{\partial z}{\partial x}, \dfrac{\partial z}{\partial y}$.

5. 设 $z = e^{\frac{x}{y^2}}$，试证 $2x\dfrac{\partial z}{\partial x} + y\dfrac{\partial z}{\partial y} = 0$.

6. 设 $z = \ln(\sqrt{x} + \sqrt{y})$，试证 $x\dfrac{\partial z}{\partial x} + y\dfrac{\partial z}{\partial y} = \dfrac{1}{2}$.

7. 求下列各函数的 z''_{xx}, z''_{yy}, z''_{xy}.

(1) $z = \dfrac{x+y}{x-y}$ (2) $z = x\ln(x+y)$

8. 求下列各函数的全导数.

(1) $z = x^y$, $x = \sin t$, $y = \cos t$ (2) $z = \dfrac{y}{x}$, $x = e^t$, $y = 1 - e^{2t}$

(3) $z = \arcsin(x - y)$, $x = 3t$, $y = 4t^2$

9. 求下列函数的全微分.

(1) $z = x^2 y + y^2$ (2) $z = \sqrt{x^2 + y^2}$

(3) $z = \ln(1 + x^2 + y^2)$ (4) $z = \arctan(xy)$

10. 求由下列各方程确定的隐函数的导数或偏导数.

(1) $z^3 - 3xyz = a^3$，求 z'_x, z'_y. (2) $\dfrac{x}{z} = \ln\dfrac{z}{y}$，求 z'_x, z'_y.

(3) $\ln\sqrt{x^2 + y^2} = \arctan\dfrac{y}{x}$，求 $\dfrac{dy}{dx}$. (4) $xy + z = e^{x+z}$，求 $\dfrac{\partial z}{\partial x}, \dfrac{\partial z}{\partial y}$.

11. 求下列函数的一阶偏导数（其中 f 具有一阶连续偏导数）.

(1) $z = f\left(\dfrac{x}{y}, xy\right)$ (2) $z = f(x^2 - y^2, e^{xy})$

6.3 二元函数的极值

6.3.1 二元函数的无条件极值

定义 设函数 $z = f(x, y)$ 在 (x_0, y_0) 的附近有定义，如果对异于 (x_0, y_0) 的 (x, y) 都有

$$f(x,y) < f(x_0,y_0) \text{ 或 } f(x,y) > f(x_0,y_0).$$

则称 $Z = f(x,y)$ 在 (x_0,y_0) 处取得极大值（或极小值），并称 (x_0,y_0) 为函数的**极大值点**（或**极小值点**）.

函数的极大值与极小值统称为**极值**，使函数取得极值的点称为**极值点**.

定理 1（极值存在的必要条件） 设函数 $z = f(x,y)$ 在 (x_0,y_0) 处的偏导数 $f'_x(x_0,y_0)$、$f'_y(x_0,y_0)$ 存在，且在 (x_0,y_0) 处有极值，则有

$$f'_x(x_0,y_0) = 0, \quad f'_y(x_0,y_0) = 0.$$

证 如果固定 $y = y_0$，则函数 $z = f(x,y_0)$ 是 x 的一元函数. 因为 $x = x_0$ 时，$f(x_0,y_0)$ 显然是一元函数 $f(x,y_0)$ 的极值，又 $f'_x(x_0,y_0)$ 存在，所以由一元函数极值的必要条件知 $f'_x(x_0,y_0) = 0$.

同理有

$$f'_y(x_0,y_0) = 0$$

使两个偏导数同时等于 0 的点 (x_0,y_0) 称为函数的**驻点**. 与一元函数极值的有关结论类似，偏导数存在的函数 $z = f(x,y)$ 的极值点必定是它们的驻点，但驻点未必一定是极值点.

定理 2（极值存在的充分条件） 设函数 $z = f(x,y)$ 在 (x_0,y_0) 的附近有连续的二阶偏导数，且 (x_0,y_0) 是它的驻点，记

$$A = f''_{xx}(x_0,y_0), \quad B = f''_{xy}(x_0,y_0), \quad C = f''_{yy}(x_0,y_0)$$

则（1）当 $B^2 - AC > 0$ 时，(x_0,y_0) 不是极值点；

（2）当 $B^2 - AC < 0$ 且 $A < 0$ 时，(x_0,y_0) 是极大值点；

（3）当 $B^2 - AC < 0$ 且 $A > 0$ 时，(x_0,y_0) 是极小值点；

（4）当 $B^2 - AC = 0$ 时，不能判定 (x_0,y_0) 是否为极值点，这时需用其他方法判定.

（证明从略）

例 21 求函数 $f(x,y) = x^3 - 4x^2 + 2xy - y^2 + 1$ 的极值.

解 $f'_x(x,y) = 3x^2 - 8x + 2y$，$f'_y(x,y) = 2x - 2y$.

$$f''_{xx}(x,y) = 6x - 8, \quad f''_{xy}(x,y) = 2, \quad f''_{yy}(x,y) = -2.$$

令 $f'_x = 0$，$f'_y = 0$，则得

$$\begin{cases} 3x^2 - 8x + 2y = 0 \\ 2x - 2y = 0 \end{cases}, \text{解得驻点 }(0,0)\text{ 和 }(2,2).$$

对于驻点 $(0,0)$：$A = f''_{xx}(0,0) = -8$，$B = f''_{xy}(0,0) = 2$，$C = f''_{yy}(0,0) = -2$，$B^2 - AC = -12 < 0$ 且 $A = -8 < 0$. 所以在 $(0,0)$ 处有极大值 $f(0,0) = 1$.

对于驻点 $(2,2)$：$A = f''_{xx}(2,2) = 4$，$B = f''_{xy}(2,2) = 2$，$C = f''_{yy}(2,2) = -2$，$B^2 - AC = 12 > 0$，所以 $(2,2)$ 不是极值点.

6.3.2 二元函数的条件极值

在求函数 $z=f(x,y)$ 的极值时,如果自变量 x 与 y 之间还要满足一定的条件 $g(x,y)=0$,(称为**约束条件**或**约束方程**),这时所求的极值称为**条件极值**. 例如,求函数 $z=x^2+y^2$ 在约束条件 $x+y=1$ 下的极值. 当约束条件比较简单时,条件极值问题可化为无条件极值问题来处理. 下面介绍求 $z=f(x,y)$ 在约束条件 $g(x,y)=0$ 下的条件极值的**拉格朗日乘数法**.

首先构造辅助函数

$$L(x,y,\lambda)=f(x,y)+\lambda g(x,y)$$

称为**拉格朗日函数**,其中 λ 称为**拉格朗日乘数**. 然后求 $L(x,y,\lambda)$ 的驻点,即 $L(x,y,\lambda)$ 对 x、y、λ 的偏导数,并令之为 0,得到方程组

$$\begin{cases} L'_x = f'_x(x,y)+\lambda g'_x(x,y)=0 \\ L'_y = f'_y(x,y)+\lambda g'_y(x,y)=0 \\ L'_\lambda = g(x,y)=0 \end{cases}$$

解该方程组得到驻点. 在实际问题中,往往驻点惟一且就是所求的极值点.

例 22 某农场欲围一个面积为 $60 m^2$ 的矩形场地,正面所用材料每米造价 10 元,其余 3 面每米造价 5 元,求场地长、宽各多少米时,所用材料费最少?

解 设场地长为 x 米,宽为 y 米,则总造价为

$$f(x,y)=10x+5(x+2y)$$

而 x,y 应满足关系式

$$xy=60 \text{ 或 } xy-60=0$$

作拉格朗日函数

$$L(x,y,\lambda)=15x+10y+\lambda(xy-60)$$

解方程组

$$\begin{cases} L'_x = 15+\lambda y = 0 \\ L'_y = 10+\lambda x = 0 \\ L'_\lambda = xy-60 = 0 \end{cases}$$

得 $x=2\sqrt{10}$,$y=3\sqrt{10}$,因实际问题的最小值存在,且驻点惟一,所以当长、宽各为 $2\sqrt{10}$ m 与 $3\sqrt{10}$ m 时,所用材料费最省.

例 23 作为一个生产经营者,你想生产某种产品,通过查阅资料,你查到了 Cobb-Douglas 生产函数模型 $f(x,y)=Cx^\alpha y^{1-\alpha}$(其中 x 为劳动力数量,y 为单位资本数量,函数值为生产量). 根据工厂的具体情况,得到了式中的 $\alpha=\dfrac{3}{4}$,$C=100$,又经过市场调查发现,每个劳动力的成本是 150 元,每单位资本的成本是 250 元. 在总的预算是 50000 元的情况下,应如何分配这笔钱,以使产量最高?

解 设所用劳动力为 x，资本量为 y，问题就是求函数
$$f(x,y) = 100\, x^{\frac{3}{4}} y^{\frac{1}{4}}$$
在条件 $150x+250y = 50000$ 下的最大值．作拉格朗日函数
$$L(x,y,\lambda) = 100\, x^{\frac{3}{4}} y^{\frac{1}{4}} + \lambda\,(150x+250y - 50000)$$
解方程组
$$\begin{cases} L'_x = 75 x^{-\frac{1}{4}} y^{\frac{1}{4}} + 150\lambda = 0 \\ L'_y = 25 x^{\frac{3}{4}} y^{-\frac{3}{4}} + 250\lambda = 0 \\ L'_\lambda = 150x + 250y - 50000 = 0 \end{cases}$$

得 $x = 250$，$y = 50$，因为存在最高产量，且只有惟一的一个驻点，因此，应雇用 250 个劳动力，再把其他部分作为资本投入可获得最大产量．

习 题 6.3

1．求函数 $f(x,y) = y^3 - x^2 + 6x - 12y + 5$ 的极值．
2．求函数 $f(x,y) = \mathrm{e}^{2x}(x + y^2 + 2y)$ 的极值．
3．求 $z = x^2 + y^2$ 在约束条件 $x+y=1$ 下的条件极值．
4．要制造一个容积为 V 的长方体开口水箱，当长、宽、高为多少时可使用料最省？
5．设某公司甲、乙两厂生产同一种产品，月产量分别为 x 与 y（千件），甲厂的月生产成本是 $c_1 = x^2 - x + 5$（千元），乙厂的月生产成本是 $c_2 = y^2 + 2y + 3$（千元），若要求该产品每月总产量为 8000 件，并使总成本最小，求每个厂的最优产量和相应的最小成本．

复 习 题 6

一、选择题．

1．函数 $z = \dfrac{1}{\ln(x+y)}$ 的定义域是（　　）．

A．$x+y \neq 0$ B．$x+y > 0$
C．$x+y \neq 1$ D．$x+y > 0$ 且 $x+y \neq 1$

2．$\lim\limits_{\substack{x \to 0 \\ y \to 0}} \dfrac{xy}{\sqrt{xy+1}-1} = $（　　）．

A．-2 B．0
C．2 D．∞

3. 点（ ）是二元函数 $z = x^3 - y^3 + 3x^2 + 3y^2 - 9x$ 的极小值点.

A. $(1,0)$ B. $(1,2)$
C. $(-3,0)$ D. $(-3,2)$

4. 设 $z = x^y$，则 $\left.\dfrac{\partial z}{\partial x}\right|_{(e,1)} = $（ ）.

A. $\dfrac{1}{e}$ B. 1
C. e D. $\dfrac{1}{2}$

5. 设 $u = e^x \sin y$，则 $\dfrac{\partial^2 u}{\partial x \partial y} = $（ ）.

A. $e^x \cos y$ B. $e^x \sin y$
C. $-e^x \cos y$ D. $-e^x \sin y$

6. 设 $f(x+y, x-y) = x^2 - y^2$，则 $\mathrm{d}f(x,y) = $（ ）.

A. $x\mathrm{d}x + y\mathrm{d}y$ B. $x\mathrm{d}y + y\mathrm{d}x$
C. $2x\mathrm{d}x + 2y\mathrm{d}y$ D. $2x\mathrm{d}x - 2y\mathrm{d}y$

7. 设 $y = f(x)$ 是由方程 $x^2 + y^2 - 1 = 0$ 所确定的隐函数，则 $\dfrac{\mathrm{d}y}{\mathrm{d}x} = $（ ）.

A. $-\dfrac{y}{x}$ B. $-\dfrac{x}{y}$
C. $2x$ D. $\dfrac{y^2}{2}$

8. 设 $f''_{xx}(x_0, y_0) = A$，$f''_{xy}(x_0, y_0) = B$，$f''_{yy}(x_0, y_0) = C$，那么当函数 $f(x,y)$ 在驻点 (x_0, y_0) 处取得极小值，则有（ ）.

A. $B^2 - AC \geq 0$，$A < 0$ B. $B^2 - AC > 0$，$A < 0$
C. $B^2 - AC < 0$，$A > 0$ D. $B^2 - AC < 0$，$A < 0$

二、填空题.

1. 若 $f\left(x+y, \dfrac{y}{x}\right) = x^2 - y^2$，则 $f(x,y) = $ _____.

2. 设 $z = x\ln(x+y)$，则 $\dfrac{\partial z}{\partial x} = $ _____，$\dfrac{\partial z}{\partial y} = $ _____，$\dfrac{\partial z}{\partial x \partial y} = $ _____.

3. 函数 $f(x,y) = 4(x-y) - x^2 - y^2$ 在驻点 _____ 处取得极大值，且极大值为 _____.

4. 设 $z = x^2 e^{xy}$，则 $\dfrac{\partial z}{\partial x} = $ _____，$\dfrac{\partial z}{\partial y} = $ _____.

5. 设 $z = \ln(x + y^2)$，则 $\mathrm{d}z\Big|_{\substack{x=1\\y=0}} = $ _____.

三、计算题.

1. 求下列函数的定义域.

   (1) $z = \dfrac{1}{\sqrt{x+y}} + \dfrac{1}{\sqrt{x-y}}$

   (2) $z = \dfrac{\sqrt{4x-y^2}}{\ln(1-x^2-y^2)}$

2. 求下列函数的偏导数.

   (1) $z = \arctan\dfrac{y}{v}$, 其中 $u = x+y, v = x-y$

   (2) $z = \ln(1+xy)^y$

   (3) $z = e^{xy} + yx^2$

3. 求下列函数的偏导数.

   (1) $z = x\ln(x+y)$, 求 $\dfrac{\partial^2 z}{\partial x^2}$, $\dfrac{\partial^2 z}{\partial y^2}$, $\dfrac{\partial^2 z}{\partial x^2}$

   (2) 设 $x^2 + 2y^2 + 3z^2 = 5$, 求 $\dfrac{\partial z}{\partial x}$, $\dfrac{\partial z}{\partial y}$, $\dfrac{\partial^2 z}{\partial x^2}$.

4. 求下列函数的极值.

   (1) $f(x,y) = xy + \dfrac{50}{x} + \dfrac{20}{y} \ (x>0, y>0)$

   (2) $f(x,y) = x^3 + y^3 - 3(x^2+y^2)$

5. 设矩形的边长为 x, 宽为 y, 且 $x+y=1$, 试判定矩形的两边 x、y 各为多少时,能使矩形面积 S 最大.

6. 从斜边长为 L 的一切直角三角形中求周长最大的直角三角形.

第7章 二重积分

学习要求：
1. 理解二重积分的概念及其性质.
2. 掌握二重积分计算方法（直角坐标，极坐标）.
3. 会用二重积分解决简单的应用问题.

在一元函数积分学中，定积分是定义在闭区间上的一元函数的某种特定形式的和式极限，把这种和式极限的概念推广到定义在平面区域上的二元函数的情形，便得到重积分的的概念.

7.1 二重积分的概念与性质

7.1.1 二重积分的概念

例1 曲顶柱体的体积

设有一立体，它的底是 xOy 平面上的有界闭区域 D，侧面是从 D 的边界上竖起来的垂直柱面，顶部是曲面 $z = f(x,y)$，这里 $f(x,y) \geq 0$ 且在 D 上连续（图 7-1），这种立体称为曲顶柱体，试求该曲顶柱体的体积.

解 平顶柱体的高是不变的，它的体积可以用公式

$$V = 高 \times 底面积$$

来计算. 现在曲顶柱体的顶是曲面，它的高 $f(x,y)$ 在 D 上是变量，因此它的体积不能直接用上式来计算. 但是可仿照求曲边梯形面积的思路，采用"分割算近似，求和取极限"的方法，来计算曲顶柱体的体积.

（1）用一曲线网把闭区域 D 分成 n 个小闭区域

$$\Delta\sigma_1, \Delta\sigma_2, \cdots, \Delta\sigma_n$$

且以 $\Delta\sigma_i$ 表示第 i 个小区域的面积，见图 7-2. 这样就把曲顶柱面分成了 n 个小曲顶柱体，设以小闭区域 $\Delta\sigma_i$ 为底的细条曲顶柱体的体积为 ΔV_i，则有

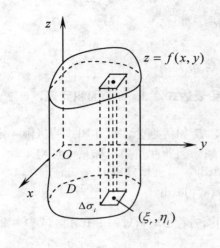
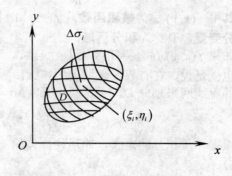

图 7-1   图 7-2

$$V = \sum_{i=1}^{n} \Delta V_i$$

（2）在每个小区域 $\Delta\sigma_i$（$i=1,2,\ldots,n$）内任取一点 (ξ_i,η_i)，用以 $f(\xi_i,\eta_i)$ 为高、$\Delta\sigma_i$ 为底的平顶柱体的体积 $f(\xi_i,\eta_i)\Delta\sigma_i$ 近似替代第 i 个曲顶柱体的体积，即

$$\Delta V_i \approx f(\xi_i,\eta_i)\Delta\sigma_i$$

（3）求和．将这 n 个小平顶柱体的体积相加，得到原曲顶柱体体积的近似值，即

$$V = \sum_{i=1}^{n} \Delta V_i \approx \sum_{i=1}^{n} f(\xi_i,\eta_i)\Delta\sigma_i$$

（4）当分割愈来愈细时，小区域 $\Delta\sigma_i$ 越来越小，令 n 个小闭区域的直径（有界闭区域的直径是指区域中任意两点间距离的最大值）中的最大值 λ 趋于 0，这时得到的极限值

$$\lim_{\lambda \to 0} \sum_{i=1}^{n} f(\xi_i,\eta_i)\Delta\sigma_i$$

便可认为是上述曲顶柱体的体积．撇开上述问题中的几何特性，可以抽象出二重积分的定义：

定义   设二元函数 $z=f(x,y)$ 是有界闭区域 D 上的有界函数，将区域 D 任意分成 n 个小闭区域 $\Delta\sigma_i$（$i=1,2,\cdots,n$），并以 $\Delta\sigma_i$ 表示第 i 个小区域的面积．在 $\Delta\sigma_i$ 上任取一点 (ξ_i,η_i)．求和 $\sum_{i=1}^{n} f(\xi_i,\eta_i)\Delta\sigma_i$．如果当各个小区域的直径中的最大值趋于 0 时，此和式的极限存在，且极限值与划分及 (ξ_i,η_i) 的取法无关，则称 $f(x,y)$ 在 D 上可积，并称此极限为函

数 $f(x,y)$ 在区域 D 上的**二重积分**，记为 $\iint\limits_{D} f(x,y)\mathrm{d}\sigma$，即

$$\iint\limits_{D} f(x,y)\mathrm{d}\sigma = \lim_{\lambda \to 0}\sum_{i=1}^{n} f(\xi_i,\eta_i)\Delta\sigma_i$$

其中 $f(x,y)$ 称为**被积函数**，$f(x,y)\mathrm{d}\sigma$ 称为**被积表达式**，$\mathrm{d}\sigma$ 称为**面积元素**，x 与 y 称为**积分变量**，D 称为**积分区域**.

如果 $f(x,y)$ 在有界闭区域 D 上连续，则无论对 D 如何划分，上述和式的极限一定存在，也就是说，在有界闭区域上的连续函数一定可积. 因此在直角坐标系中可用平行于坐标轴的直线网来划分 D，于是面积元素 $\Delta\sigma_i$ 可记做 $\mathrm{d}x\mathrm{d}y$，二重积分可记为

$$\iint\limits_{D} f(x,y)\mathrm{d}\sigma = \iint\limits_{D} f(x,y)\mathrm{d}x\mathrm{d}y$$

根据二重积分的定义，曲顶柱体体积 V 就是曲面方程 $z=f(x,y) \geqslant 0$ 在区域 D 上的二重积分.

7.1.2 二重积分的性质

二重积分与一元函数定积分具有相应的性质（证明从略），以下论及的函数假定均可积.

性质 1 被积函数中的常数因子可以提到二重积分号的外面，即

$$\iint\limits_{D} kf(x,y)\mathrm{d}\sigma = k\iint\limits_{D} f(x,y)\mathrm{d}\sigma \quad (k\text{ 为常数})$$

性质 2 函数和（或差）的二重积分等于各个函数的二重积分的和（或差），即

$$\iint\limits_{D} [f(x,y) \pm g(x,y)]\mathrm{d}\sigma = \iint\limits_{D} f(x,y)\mathrm{d}\sigma \pm \iint\limits_{D} g(x,y)\mathrm{d}\sigma$$

性质 1 与性质 2 统称为积分的**线性性质**.

性质 3 如果区域 D 被某曲线分成两个子区域 D_1、D_2，则在 D 上的二重积分等于各子区间 D_1、D_2 上的二重积分之和，即

$$\iint\limits_{D} f(x,y)\mathrm{d}\sigma = \iint\limits_{D_1} f(x,y)\mathrm{d}\sigma + \iint\limits_{D_2} f(x,y)\mathrm{d}\sigma$$

该性质称为积分区域的**可加性**.

性质 4 如果在 D 上，$f(x,y)=1$，且 D 的面积为 σ，则

$$\iint\limits_{D} \mathrm{d}\sigma = \sigma$$

性质 5 如果在 D 上，$f(x,y) \leqslant g(x,y)$，则

$$\iint\limits_{D} f(x,y)\mathrm{d}\sigma \leqslant \iint\limits_{D} g(x,y)\mathrm{d}\sigma$$

该性质称为积分的**比较性质**.

特殊地，由于
$$-|f(x,y)| \leqslant f(x,y) \leqslant |f(x,y)|$$
可得不等式
$$\left|\iint_D f(x,y)\mathrm{d}\sigma\right| \leqslant \iint_D |f(x,y)|\mathrm{d}\sigma$$

性质 6 设 M、m 分别是 $f(x,y)$ 在 D 上的最大值与最小值，σ 是 D 的面积，则
$$m\sigma \leqslant \iint_D f(x,y)\mathrm{d}\sigma \leqslant M\sigma$$
该性质称为积分的**估值公式**.

性质 7 （**二重积分中值定理**）设函数 $f(x,y)$ 在闭区域 D 上连续，σ 是 D 的面积，则在 D 上至少存在一点 (ξ,η)，使得
$$\iint_D f(x,y)\mathrm{d}\sigma = f(\xi,\eta)\sigma$$

习 题 7.1

1. 设有平面薄片，占有 xOy 平面上的闭区域 D，它在 (x,y) 处的面密度为 $\rho(x,y)$，这里 $\rho(x,y) > 0$ 且在 D 上连续．试用二重积分表示该薄片的质量．

2. 利用二重积分的几何意义，不经计算直接给出下列二重积分的值．

(1) $\iint_D \mathrm{d}\sigma$, $D: x^2 + y^2 \leqslant R^2$　　　(2) $\iint_D \sqrt{1-x^2-y^2}\mathrm{d}\sigma$, $D: x^2+y^2 \leqslant 1$

3. 比较下列积分的大小．

(1) $\iint_D (x+y)^2 \mathrm{d}\sigma$ 与 $\iint_D (x+y)^3 \mathrm{d}\sigma$，其中 D 由 x 轴、y 轴及直线 $x+y=1$ 围成．

(2) $\iint_D \ln(x+y)\mathrm{d}\sigma$ 与 $\iint_D [\ln(x+y)]^2 \mathrm{d}\sigma$，其中 D 是由矩形闭区域 $3 \leqslant x \leqslant 5, 0 \leqslant y \leqslant 1$ 围成．

4. 试用二重积分表达下列曲顶柱体的体积，并用不等式组表示曲顶柱体在 xOy 坐标面上的底．

(1) 由平面 $\dfrac{x}{2}+\dfrac{y}{3}+\dfrac{z}{4}=1$, $x=0$, $y=0$, $z=0$ 所围成的立体．

(2) 由椭圆抛物面 $z=2x^2+y$，抛物柱面 $y=x^2$ 及平面 $y=4$，$Z=0$ 所围成的立体．

7.2 二重积分的计算与应用

7.2.1 二重积分的计算

二重积分的计算，可以归结为求两次定积分．下面介绍在直角坐标系和极坐标系中如

何把二重积分化为两次单积分（即两次定积分）来计算.

1. 利用直角坐标计算二重积分

设函数 $z=f(x,y)$ 在区域 D 上连续，且当 $(x,y)\in D$ 时，$f(x,y)\geqslant 0$. 如果区域 D 是由直线 $x=a$，$x=b$ 与连续曲线 $y=\varphi_1(x)$，$y=\varphi_2(x)$ 所围成（图 7-3），即

$$D=\{(x,y)|a\leqslant x\leqslant b,\ \varphi_1(x)\leqslant y\leqslant \varphi_2(x)\}$$

则称 D 为 x 型区域，且二重积分 $\iint\limits_D f(x,y)\mathrm{d}\sigma$ 是区域 D 上以曲面 $z=f(x,y)$ 为顶的曲顶柱体的体积.

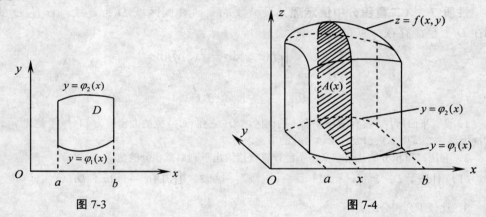

图 7-3　　　　　　　　　图 7-4

在区间 $[a,b]$ 上任取一点 x，过点 x 作垂直于 x 轴的平面，设它与曲顶柱体相交的截面为 $A(x)$（图 7-4），则曲顶柱体的体积为

$$V=\int_a^b A(x)\mathrm{d}x$$

由图 7-4 可见，该截面是一个以区间 $[\varphi_1(x),\varphi_2(x)]$ 为底边、以曲线 $z=f(x,y)$（x 是固定的）为曲边的曲边梯形，其面积又可表示为

$$A(x)=\int_{\varphi_1(x)}^{\varphi_2(x)} f(x,y)\mathrm{d}y$$

将 $A(x)$ 代入上式，则曲顶柱体的体积

$$V=\int_a^b\left[\int_{\varphi_1(x)}^{\varphi_2(x)} f(x,y)\mathrm{d}y\right]\mathrm{d}x$$

于是，x 型区域 D 上的二重积分

$$\iint\limits_D f(x,y)\mathrm{d}\sigma=\int_a^b\left[\int_{\varphi_1(x)}^{\varphi_2(x)} f(x,y)\mathrm{d}y\right]\mathrm{d}x$$

通常写成
$$\iint_D f(x,y)\mathrm{d}\sigma = \int_a^b \mathrm{d}x \int_{\varphi_1(x)}^{\varphi_2(x)} f(x,y)\mathrm{d}y$$

右端的积分叫作**二次积分**. 它是先对 y 后对 x 的二次积分，曲线 $y=\varphi_1(x)$ 称为 D 的下边界曲线，曲线 $y=\varphi_2(x)$ 称为 D 的上边界曲线.

由此看到，二重积分可化为计算两次定积分. 第一次计算单积分 $\int_{\varphi_1(x)}^{\varphi_2(x)} f(x,y)\mathrm{d}y$ 时，x 应看做常数，这时 y 是积分变量；第二次积分时，x 是变量.

类似地，如果积分区域 D 是 y 型区域，即 D 可以用不等式
$$\psi_1(y) \le x \le \psi_2(y), \quad c \le y \le d$$
来表示（图 7-5），其中 $\psi_1(y)$ 及 $\psi_2(y)$ 在 $[c,d]$ 上连续，那么有
$$\iint_D f(x,y)\mathrm{d}\sigma = \int_c^d \mathrm{d}y \int_{\psi_1(y)}^{\psi_2(y)} f(x,y)\mathrm{d}x$$

右端的积分是先对 x 后对后对 y 的积分. 曲线 $x=\psi_1(y)$ 将为 D 的左边界曲线，曲线 $x=\psi_2(y)$ 将为 D 的右边界曲线.

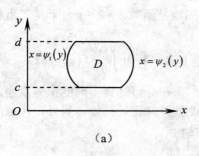

图 7-5

这就是把二重积分化为先对 x 后对 y 的积分的二重积分的公式.

二重积分化为累次积分时，关键是根据所给出的积分区域 D，定出两次定积分的上、下限. 因此，计算二重积分时，要先画出积分区域 D 的图形，然后根据图形的特性选择应用的公式.

例 2 试将 $\iint_D f(x,y)\mathrm{d}\sigma$ 化为两种不同次序的累次积分，其中 D 是由 $y=x^2$，$y=2-x$ 和 x 轴所围成的图形.

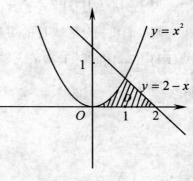

图 7-6

解一 先画出区域 D（图 7-6），求出边界曲线的交点 $(0,0)$，$(1,1)$ 和 $(2,0)$.

将 D 看做 x 型区域，如图 7-6，可化为先对 y 后对 x 积分. D 在 x 轴上的投影是区间 $[0,1]$，下边界曲线是函数 $y = 0$（x 轴），上边界曲线是函数 $y = x^2$ 及 $y = 2 - x$. 由于上边界曲线表达式不同，故要把区域 D 分成两块小区域 D_1、D_2，分别在这两小块区域上求积分，并化为累次积分.

$$\iint_{D_1} f(x,y) \, d\sigma = \int_0^1 dx \int_0^{x^2} f(x,y) \, dy$$

$$\iint_{D_2} f(x,y) \, d\sigma = \int_1^2 dx \int_0^{2-x} f(x,y) \, dy$$

然后，由二重积分对积分区域具有可加性，可以得到

$$\iint_D f(x,y) \, d\omega = \iint_{D_1} f(x,y) \, d\sigma + \iint_{D_2} f(x,y) \, d\sigma$$

$$= \int_0^1 dx \int_0^{x^2} f(x,y) \, dy + \int_1^2 dx \int_0^{2-x} f(x,y) \, dy$$

解二 将 D 看做 y 型区域，如图 7-6，可化为先对 x 后对 y 积分. D 在 y 轴上的投影是区间 $[0,1]$，D 的左边界曲线是函数 $x = \sqrt{y}$，D 的右边界曲线是函数 $x = 2 - y$，于是二重积分化为累次积分：

$$\iint_D f(x,y) \, d\sigma = \int_0^1 dy \int_{\sqrt{y}}^{2-y} f(x,y) \, dx$$

上例表明，计算二重积分可选择不同的积分次序，恰当地选择积分次序，有可能使计算比较简便. 另外，区域的边界曲线一定要用函数来表达.

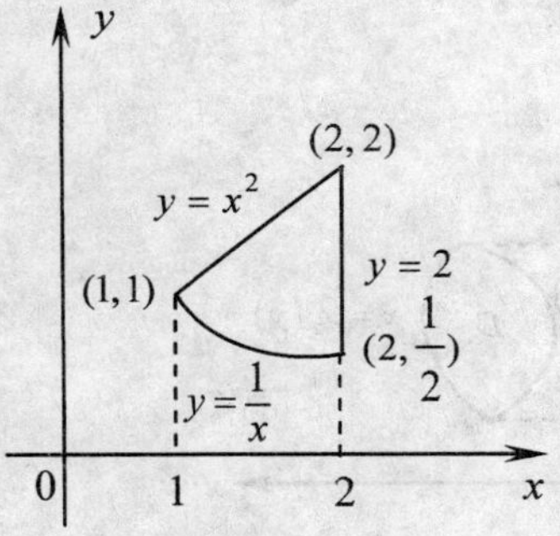

图 7-7

例 3 计算 $\iint_D \dfrac{x^2}{y^2} d\sigma$，其中 D 是由直线 $y = x$，$x = 2$ 及双曲线 $xy = 1$ 所围成的区域.

解 画出积分区域 D 的图形，如图 7-7 所示，这是 x 型区域. 求出 D 的边界曲线的交点 $(1,1)$、$(2,2)$ 和 $\left(2, \dfrac{1}{2}\right)$. D 在 x 轴上投影是区间 $[1,2]$，下边界曲线 $y = \dfrac{1}{x}$，上边界曲线 $y = x$.

所以

$$\iint_D \dfrac{x^2}{y^2} d\sigma = \int_1^2 dx \int_{\frac{1}{x}}^{x} \dfrac{x^2}{y^2} dy$$

$$= \int_1^2 \left(-\dfrac{x^2}{y}\right)\bigg|_{\frac{1}{x}}^{x} dx$$

$$= \int_1^2 (x^3 - x) \, dx$$
$$= \left(\frac{1}{4}x^4 - \frac{1}{2}x^2 \right) \Big|_1^2$$
$$= \frac{9}{4}$$

例 4 计算 $\iint\limits_D xy \, d\sigma$，其中 D 是抛物线 $y^2 = 2x$ 与直线 $y = x - 4$ 所围成的区域.

解 画出积分区域 D，如图 7-8 所示，这是 y 型区域. 求出 D 的边界曲线的交点 $(2, -2)$ 和 $(8,4)$，D 在 y 轴上投影区间为 $[-2, 4]$，左边界曲线为 $x = \frac{1}{2}y^2$，右边界曲线为 $x = y + 4$，于是

$$\iint\limits_D xy \, d\sigma = \int_{-2}^4 dy \int_{\frac{y^2}{2}}^{y+4} xy \, dx$$
$$= \int_{-2}^4 \left[y \frac{x^2}{2} \right] \Big|_{\frac{y^2}{2}}^{y+4} dy$$
$$= \frac{1}{2} \int_{-2}^4 (y^3 + 8y^2 + 16y - \frac{y^5}{4}) \, dy$$
$$= 90$$

本题若将 D 视为 x 型区域，而选择先对 y 后对 x 积分，计算较为繁琐，读者可试之.

例 5 计算 $\iint\limits_D e^{-y^2} d\sigma$，其中 D 是由直线 $y = x$，$y = 1$，及 $x = 0$ 所围成的区域.

解 画出积分区域 D 的图形，如图 7-9 所示. 求出 D 的边界曲线的交点 $(0,0)$，$(1,1)$ 和 $(0,1)$. 由于 e^{-y^2} 无法先对 y 积分（因其原函数不是初等函数），所以应先对 x 积分，于是需将 D 看作 y 型区域，因此得

$$\iint\limits_D e^{-y^2} d\sigma = \int_0^1 dy \int_0^y e^{-y^2} dx$$
$$= \int_0^1 \left[x e^{-y^2} \right] \Big|_0^y dy = \int_0^1 y e^{-y^2} dy$$
$$= -\frac{1}{2} \left[e^{-y^2} \right] \Big|_0^1 = \frac{1}{2} \left(1 - \frac{1}{e} \right)$$

综上所述，积分次序的选择，不仅要看积分区域的特征，还需考虑被积函数的特点，恰当选择积分次序.

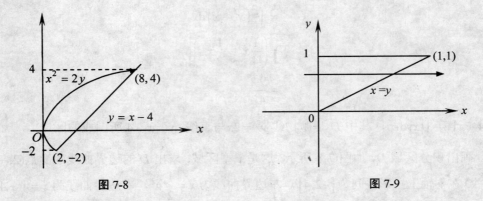

图 7-8　　　　　　　　　　　图 7-9

2. 利用极坐标计算二重积分

有些二重积分用极坐标计算可能会比较简单,现考虑用极坐标来变换.

如果选取极点 O 为直角坐标系的原点,极轴为 x 轴,则极坐标与直角坐标的关系为

$$\begin{cases} x = r\cos\theta, \\ y = r\sin\theta. \end{cases}$$

因此

$$f(x,y) = f(r\cos\theta, r\sin\theta).$$

为了求得极坐标系中的面积元素 $d\sigma$,用以极点为中心的一族同心圆($r=$ 常数)以及从极点出发的一族射线($\theta=$ 常数来分割区域 D)(图 7-10).

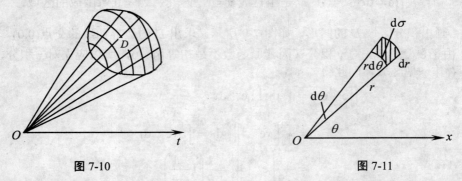

图 7-10　　　　　　　　　　　图 7-11

设 $d\sigma$ 是 r 到 $r+dr$ 和 θ 到 $\theta+d\theta$ 之间的小区域(图 7-11),当分割很细时,图 7-11 中阴影所示的面积近似于以 $rd\theta$ 为长、dr 为宽的矩形面积,因此在极坐标系中的面积元素可记为

$$d\sigma = r\,dr\,d\theta$$

于是,二重积分的极坐标形式为

$$\iint_D f(x,y)\mathrm{d}\sigma = \iint_D f(r\cos\theta, r\sin\theta) r \mathrm{d}r\mathrm{d}\theta$$

极坐标系下的二重积分，同样可化为累次积分．积分区域分为 3 种类型：

（1）极点在 D 外（图 7-12）

D：$\alpha \leqslant \theta \leqslant \beta$，$\varphi_1(\theta) \leqslant r \leqslant \varphi_2(\theta)$，

则

$$\iint_D f(x,y)\mathrm{d}\sigma = \iint_D f(r\cos\theta, r\sin\theta) r \mathrm{d}r\mathrm{d}\theta$$
$$= \int_\alpha^\beta \mathrm{d}\theta \int_{\varphi_1(\theta)}^{\varphi_2(\theta)} f(r\cos\theta, r\sin\theta) r \mathrm{d}r$$

（2）极点在 D 的边界上（图 7-13）

D：$\alpha \leqslant \theta \leqslant \beta$，$0 \leqslant r \leqslant \varphi(\theta)$，

则

$$\iint_D f(x,y)\mathrm{d}\sigma = \iint_D f(r\cos\theta, r\sin\theta) r \mathrm{d}r\mathrm{d}\theta$$
$$= \int_\alpha^\beta \mathrm{d}\theta \int_0^{\varphi(\theta)} f(r\cos\theta, r\sin\theta) r \mathrm{d}r$$

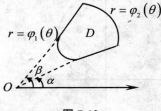

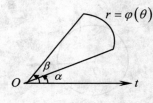

图 7-12　　　　　　　　　图 7-13

（3）极点在 D 内（图 7-14）

D：$0 \leqslant \theta \leqslant 2\pi$，$0 \leqslant r \leqslant \varphi(\theta)$，

则

$$\iint_D f(x,y)\mathrm{d}\sigma = \iint_D f(r\cos\theta, r\sin\theta) r \mathrm{d}r\mathrm{d}\theta.$$
$$= \int_0^{2\pi} \mathrm{d}\theta \int_0^{\varphi(\theta)} f(r\cos\theta, r\sin\theta) r \mathrm{d}r$$

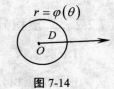

图 7-14

例 6　计算 $\iint_D \mathrm{e}^{-x^2-y^2}\mathrm{d}\sigma$，其中 D 是圆域 $x^2 + y^2 \leqslant R^2\ (R>0)$．

解　这个二重积分在直角坐标系中无法积出（无论先对那个变量积分），现用极坐标计算，如图 7-15 所示，原点在 D 内，且边界曲线的方程 $r = R$，所以

$$\iint\limits_D e^{-x^2-y^2} d\sigma = \iint\limits_D e^{-r^2} r dr d\theta = \int_0^{2\pi} d\theta \int_0^R r e^{-r^2} dr$$

$$= 2\pi \int_0^R r e^{-r^2} dr = -\pi e^{-r^2} \Big|_0^R = \pi(1-e^{-R^2})$$

例 7 计算 $\iint\limits_D \sqrt{x^2+y^2} d\sigma$，其中 D 是由圆 $x^2+y^2=2y$ 所围的区域.

解 画出 D 的图形，如图 7-16 所示. 圆 $x^2+y^2=2y$ 的极坐标方程是 $r=2\sin\theta$，θ 由 0 变到 π，所以

$$\iint\limits_D \sqrt{x^2+y^2} d\sigma = \iint\limits_D r \cdot r dr d\theta = \int_0^\pi d\theta \int_0^{2\sin\theta} r^2 dr = \int_0^\pi \left(\frac{r^3}{3}\right)\Big|_0^{2\sin\theta} = \frac{8}{3}\int_0^\pi \sin^3\theta d\theta$$

$$= \frac{8}{3}\int_0^\pi (\cos^2\theta - 1) d\cos\theta = \frac{8}{3}\left(\frac{1}{3}\cos^3\theta - \cos\theta\right)\Big|_0^\pi = \frac{8}{3} \cdot \frac{4}{3} = \frac{32}{9}$$

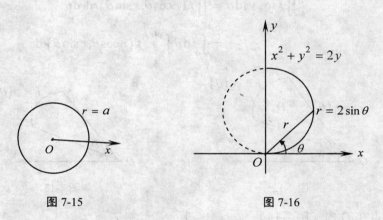

图 7-15　　　　图 7-16

7.2.2 二重积分的简单应用

1. 求体积

根据二重积分的几何意义，当 $f(x,y) \geq 0$ 时，以 D 为底、曲面 $z=f(x,y)$ 为顶的曲顶柱体体积.

$$V = \iint\limits_D f(x,y) d\sigma$$

例 8 求由圆柱面 $x^2+y^2=R^2$ 与 $x^2+z^2=R^2$ 所围成的立体的体积.

解 由立体的对称性，可先求出在第 I 卦限部分的体积. 画出它在第 I 卦限部分的图

形（图 7-17），该立体在第 I 象限部分可以看成是以圆柱面 $z = \sqrt{R^2 - x^2}$ 为顶、以 xOy 平面上四分之一的圆域 D（图 7-18）为底的曲顶柱体，其体积为

$$V_1 = \iint_D \sqrt{R^2 - x^2}\, d\sigma$$
$$= \int_0^R dx \int_0^{\sqrt{R^2-x^2}} \sqrt{R^2 - x^2}\, dy$$
$$= \int_0^R (R^2 - x^2)\, dx$$
$$= \frac{2}{3} R^3$$

因此，所求立体的体积为

$$V = 8V_1 = \frac{16}{3} R^3$$

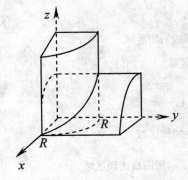

图 7-17

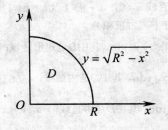

图 7-18

2. 求曲面的面积

设空间曲面 Σ 的方程为 $z = f(x, y)$，它在 xOy 平面上的投影区域为 D，函数 $f(x, y)$ 在 D 上具有连续的偏导数 $f'_x(x, y)$、$f'_y(x, y)$，则曲面 Σ 的面积

$$S = \iint_D \sqrt{1 + f_x'^2 + f_y'^2}\, d\sigma$$

例 9 求半径为 R 的球面面积.

解 取球心为坐标原点，则该球面方程为 $x^2 + y^2 + z^2 = R^2$. 由球面的对称性，该球面面积是它在第 I 卦限部分的 8 倍.

因为第 I 卦限内球面方程为

$$Z = \sqrt{R^2 - x^2 - y^2}$$

所以有
$$f'_x = \frac{-x}{\sqrt{R^2-x^2-y^2}}, \quad f'_y = \frac{-y}{\sqrt{R^2-x^2-y^2}}$$

区域 D 是半径为 R 的四分之一的圆域，因此该球面面积为
$$S = 8\iint_D \sqrt{1+f'^2_x+f'^2_y}\,d\sigma = 8\iint_D \frac{R}{\sqrt{R^2-x^2-y^2}}d\sigma$$
$$= 8\int_0^{\frac{\pi}{2}}d\theta\int_0^R \frac{R}{\sqrt{R^2-r^2}}r\,dr = 4\pi R(-\sqrt{R^2-r^2})\Big|_0^R = 4\pi R^2$$

习 题 7.2

1. 化二重积分 $\iint_D f(x,y)d\sigma$ 为累次积分（用两种不同的积分次序），其中区域 D 是

(1) 由直线 $y=x$ 及抛物线 $y^2=4x$ 所围成的闭区域.

(2) 由直线 $y=x$，$x=2$ 及双曲线 $y=\frac{1}{x}(x>0)$ 所围成的闭区域.

(3) 由直线 $x=0$，$x+y=1$ 及 $x-y=1$ 所围成的闭区域.

2. 计算下列二重积分.

(1) $\iint_D (x^2+y^2)d\sigma$，其中 D 是矩形区域：$|x|\leq 1, |y|\leq 1$.

(2) $\iint_D x\sqrt{y}\,d\sigma$，其中 D 是由曲线 $y=\sqrt{x}$，$y=x^2$ 所围成的闭区域.

(3) $\iint_D y\,d\sigma$，其中 D 是由直线 $y=x$，$y=x-1$，$y=0$ 及 $y=1$ 所围成的闭区域.

(4) $\iint_D x\cos(x+y)\,d\sigma$，其中 D 是顶点分别为 $(0,0)$、$(\pi,0)$ 及 (π,π) 的三角形区域.

(5) $\iint_D x^2 e^{-y^2}d\sigma$，其中 D 是由直线 $x=0$，$y=1$ 及 $y=x$ 所围成的闭区域.

3. 改变下列二次积分的次序.

(1) $\int_0^1 dy\int_{\sqrt{y}}^{2-y} f(x,y)dx$　　(2) $\int_0^1 dx\int_{-\sqrt{x}}^{\sqrt{x}} f(x,y)dy + \int_1^4 dx\int_{x-2}^{\sqrt{x}} f(x,y)dy$　　(3) $\int_0^1 dy\int_{-\sqrt{1-y^2}}^{\sqrt{1-y^2}} f(x,y)dx$

4. 改变积分 $I = \int_0^{\frac{1}{2}}dx\int_x^{2x} e^y dy + \int_{\frac{1}{2}}^1 dx\int_x^1 e^y dy$ 的积分次序，并计算 I.

5. 计算 $\iint_D \ln(1+x^2+y^2)\,d\sigma$，其中 D 是由圆 $x^2+y^2=1$ 及坐标轴所围成的在第 I 象限内的闭区域.

6. 计算 $\iint_D x^2 d\sigma$，其中 D 是由圆 $x^2+y^2=1$，$x^2+y^2=4$ 所围成的环形区域.

7. 计算 $\iint_D \sin\sqrt{x^2+y^2}\,d\sigma$，其中 D：$\pi^2 \leq x^2+y^2 \leq 4\pi^2$.

8. 计算由曲面 $z=4-x^2$, $2x+y=4$, $x=0$, $y=0$, $Z=0$ 所围成的立体在第 I 象限部分的体积.

9. 求双曲抛物面 $z=xy$ 被圆柱面 $x^2+y^2=a^2$ 及 $x=0$, $y=0$ 在第 I 象限中所割出的面积.

10. 设 $f(x)$ 是区间 $[a,b]$ 上的连续函数，证明：对于任意 $x\in(a,b)$，总有

$$\int_a^b dx \int_a^x f(y)dy = \int_a^b f(x)(b-x)dx$$

11. 如果二重积分 $\iint_D f(x,y)d\sigma$ 的被积函数 $f(x,y)$ 是两个函数 $f_1(x)$ 及 $f_2(y)$ 的乘积，即 $f(x)=f_1(x)f_2(y)$，积分区域 D 为 $a\le x\le b, c\le y\le d$，证明这个二重积分等于两个单积分的乘积，即

$$\iint_D f_1(x)f_2(y)d\sigma = \int_a^b f_1(x)dx \cdot \int_c^d f_2(y)dy$$

复 习 题 7

一、选择题.

1. 设 D 由 $0\le x\le 1, -1\le y\le 1$ 围成，则 $\iint_D x^2 y d\sigma = (\quad)$.

   A. 1　　　　　　　　　　　　　　　B. -1
   C. 2　　　　　　　　　　　　　　　D. 0

2. 设 D 是平面区域 $\{a^2\le x^2+y^2\le b^2,$ 其中 $0<a<b\}$，则 $\iint_D d\sigma = (\quad)$.

   A. $(a^2+b^2)\pi$　　　　　　　　　　B. $a^2\pi$
   C. $(b^2-a^2)\pi$　　　　　　　　　　D. $b^2\pi$

3. 设区域 D 是由直线 $y=x$, $x=1$ 和 $y=0$ 围成，则 $\iint_D f(x,y)d\sigma = (\quad)$.

   A. $\int_0^1 dx \int_0^1 f(x,y)dy$　　　　　　B. $\int_0^1 dx \int_x^1 f(x,y)dy$
   C. $\int_0^y dx \int_0^1 f(x,y)dy$　　　　　　D. $\int_0^1 dx \int_y^1 f(x,y)dy$

4. 设 D 是平面区域 $\{0\le x\le\sqrt{2}, 1\le y\le e\}$，则 $\iint_D \frac{x}{y}d\sigma = (\quad)$.

   A. 1　　　　　　　　　　　　　　　B. $\frac{\sqrt{2}}{2}$
   C. e　　　　　　　　　　　　　　　D. $\frac{1}{2}$

5. $I=\int_0^1 dx \int_{x^2}^x f(x,y)dy$ 交换积分次序得 $I=(\quad)$.

   A. $\int_{x^2}^x dy \int_0^1 f(x,y)dx$　　　　　B. $\int_0^1 dy \int_y^{\sqrt{y}} f(x,y)dx$

C. $\int_0^1 dy \int_{y^2}^y f(x,y)dx$ D. $\int_0^{\sqrt{y}} dy \int_0^1 f(x,y)dx$

6. 设 $f(x,y)$ 是连续函数，区域 $D = \{(x,y) | x^2+y^2 \le 1 \text{ 且 } y > 0\}$，则 $\iint_D f(\sqrt{x^2+y^2})d\sigma = ($　　$)$

A. $\pi\int_0^1 f(r)dr$　　　　　　　　B. $2\pi\int_0^1 f(r)dr$

C. $\pi\int_0^1 rf(r)dr$　　　　　　　D. $2\pi\int_0^1 rf(r)dr$

二、填空题.

1. 如果在区域 D 上 $f(x,y) = 1$，则二重积分 $\iint_D f(x,y)d\sigma$ 等于其积分区域 D 的 ＿＿＿＿＿＿．

2. 设 D 由 $-2 \le x \le 2$，$-1 \le y \le 1$ 所围成，则二重积分 $\iint_D (3x+2y)d\sigma =$ ＿＿＿＿＿＿．

3. 累次积分 $\int_0^1 dx \int_0^{x^2} f(x,y)dy$ 的积分次序交换后应为 ＿＿＿＿＿＿．

4. 设 D 是圆形闭区域：$x^2+y^2 \le 4$，则 ＿＿＿＿＿＿ $\le \iint_D (x^2+4y^2+9)d\sigma \le$ ＿＿＿＿＿＿．

5. 设 D：$a^2 \le x^2+y^2 \le b^2$（$0 < a < b$），则二重积分 $\iint_D f(x,y)d\sigma$ 表为极坐标形式的二重积分为 ＿＿＿＿＿＿．

三、计算下列二重积分.

1. 求 $\iint_D xe^{xy}d\sigma$，其中 $D = \{(x,y) | 0 \le x \le 1, 0 \le y \le 1\}$

2. 求 $\iint_D xyd\sigma$，其中 D 是由曲线 $y = x^2+1$ 及直线 $y = 2x$ 和 $x = 0$ 所围成．

3. 求 $\iint_D \dfrac{\sin x}{x}d\sigma$，其中 D 是由直线 $y = x$，$y = \dfrac{x}{2}$ 及 $x = 2$ 所围成．

4. 求 $\iint_D (1+x)d\sigma$，其中 D 是由曲线 $y = x^2$，直线 $x+y = 2$ 及 $y = 0$ 所围成．

5. 求 $\iint_D \dfrac{y}{x}d\sigma$，其中 D 是由曲线 $y = \ln x$，直线 $x = 1$，$x = e$ 及 $y = 0$ 所围成．

6. 求 $\iint_D (1-x^2-y^2)d\sigma$，其中 D 是由 $y = x$，$y = 0$，$x^2+y^2 = 1$ 在第 I 象限所围成的区域．

7. 用二重积分表示以 $z = \sqrt{R^2-x^2-y^2}$ 为顶、区域 $D = \{(x,y) | x^2+y^2 \le R^2\}$ 为底的曲顶柱体的体积．

8. 设平面薄板所占 xoy 平面上的区域 D 为 $1 \le x^2+y^2 \le 4$，$x \ge 0$，$y \ge 0$，其面密度为 $u(x,y) = x^2+y^2$，求该薄板的质量 m．

第8章 无穷级数

学习要求：
1. 理解无穷级数收敛、发散概念，了解其基本性质.
2. 掌握数项级数敛散性的判断方法.
3. 理解幂级数概念，会求幂级数的收敛半径及收敛域.
4. 了解函数展开成幂级数的方法，会将一些简单的函数展开成幂级数.

无穷级数是高等数学的一个重要组成部分，它是表示函数、研究函数性质以及进行数值计算的一种主要工具，在自然科学与工程技术中有着极其广泛的应用．本章主要介绍数项级数及幂级数的概念、性质以及敛散性的判别法，并利用麦克劳林级数将一些常用函数展开成幂级数．

8.1 数项级数

8.1.1 数项级数的概念

在 1.3 节中，我们考虑这样的问题：把每天截取的木棒加在一起，问长度是多少？

第一天的截取长度为 $\frac{1}{2}$，第二天的截取长度为 $\frac{1}{4}$，第三天的截取长度为 $\frac{1}{8}$，……，第 n 天的截取长度为 $\frac{1}{2^n}$，得数列：$\frac{1}{2}, \frac{1}{4}, \frac{1}{8}, \cdots, \frac{1}{2^n}, \cdots$.

把每天截取的木棒加在一起，其长度为

$$\frac{1}{2} + \frac{1}{4} + \frac{1}{8} + \cdots + \frac{1}{2^n} + \cdots = 1 \quad （是所给木棒的长度）$$

上式是用无穷多个数之和来表示一个确定的数，它就是一个无穷级数．下面给出无穷级数的定义：

定义 1 设给定一个数列 $u_1, u_2, \cdots, u_n, \cdots$，将

$$u_1 + u_2 + \cdots + u_n + \cdots$$

称为**无穷级数**（简称**级数**），记做 $\sum_{n=1}^{\infty} u_n$. 级数中的第 n 项 u_n 称为级数的一般项（或**通项**）.

若级数的每一项都是常数，则称为数项级数；若级数的每一项都是函数，则称为函数项级数. 对于函数项级数来说，在对自变量给出一个确定值之后，函数项级数即转化为常数项级数.

一般称 $u_1 + u_2 + \cdots + u_n$ 为无穷级数的前 n 项和（或称**部分和**），记为 S_n. 当 n 依次取 $1,2,3,\cdots$ 时，前 n 项和构成一个新的数列

$$S_1 = u_1,\ S_2 = u_1 + u_2,\ S_3 = u_1 + u_2 + u_3,\ \cdots,\ S_n = u_1 + u_2 + \cdots + u_n,\ \cdots$$

这一数列 $S_1, S_2, \cdots$ 称为无穷级数的**部分和数列**，记为 $\{S_n\}$.

如果无穷级数 $\sum_{n=1}^{\infty} u_n$ 的部分和数列 $\{S_n\}$ 的极限存在，即 $\lim_{n\to\infty} S_n = S$，则称 $\sum_{n=1}^{\infty} u_n$ **收敛**，并称 S 为级数 $\sum_{n=1}^{\infty} u_n$ 的**和**，记做 $\sum_{n=1}^{\infty} u_n = \lim_{n\to\infty} S_n = S$；如果部分和数列 $\{S_n\}$ 的极限不存在，则称级数 $\sum_{n=1}^{\infty} u_n$ **发散**，发散级数没有和.

显然，当级数 $\sum_{n=1}^{\infty} u_n$ 收敛时，前 n 项和 S_n 是级数的和 S 的近似值. 它们之间的差值 $r_n = S - S_n = u_{n+1} + u_{n+2} + \cdots$ 叫做**级数的余项**. r_n 的绝对值 $|r_n|$ 叫做用 S_n 代替 S 所产生的**误差**.

由于 $\lim_{n\to\infty} r_n = \lim_{n\to\infty}(S - S_n) = S - S = 0$，所以，当 $n \to \infty$ 时，r_n 为无穷小量. 即用 S_n 近似代替 S 时，n 越大，产生的误差越小. 这为求收敛级数和的近似值提供了可靠的保障.

例 1 讨论等比级数 $\sum_{n=1}^{\infty} aq^{n-1} = a + aq + aq^2 + \cdots + aq^{n-1} + \cdots (a \neq 0)$ 的收敛性.

解 如果 $q \neq 1$，则部分和 $S_n = a + aq + aq^2 + \cdots + aq^{n-1} = \dfrac{a(1-q^n)}{1-q}$.

当 $|q| < 1$ 时，由 $\lim_{n\to\infty} q^n = 0$，知 $\lim_{n\to\infty} S_n = \lim_{n\to\infty} \dfrac{a(1-q^n)}{1-q} = \dfrac{a}{1-q}$，即级数收敛，且和为 $\dfrac{a}{1-q}$.

当 $|q| > 1$ 时，由于 $\lim_{n\to\infty} q^n = \infty$，所以 $\lim_{n\to\infty} S_n = \lim_{n\to\infty} \dfrac{a(1-q^n)}{1-q} = \infty$，即级数发散.

如果 $q = 1$，$S_n = na$，$\lim_{n\to\infty} S_n = \infty$，级数发散.

如果 $q = -1$，$S_n = a - a + a - a + \cdots + (-1)^{n-1} a = \begin{cases} 0 & n\text{为偶数} \\ a & n\text{为奇数} \end{cases}$，所以 $\lim_{n\to\infty} S_n$ 不存在，级数发散.

综上所述，当 $|q|<1$ 时，等比级数收敛，且和为 $\dfrac{a}{1-q}$；当 $|q|\geq 1$ 时，等比级数发散. 在引例中 $\dfrac{1}{2}+\dfrac{1}{2^2}+\cdots+\dfrac{1}{2^n}+\cdots$ 是等比级数 $\sum\limits_{n=1}^{\infty}\dfrac{1}{2}(\dfrac{1}{2})^{n-1}$，相当于 $a=\dfrac{1}{2}$，$q=\dfrac{1}{2}<1$，所以级数 $\sum\limits_{n=1}^{\infty}\dfrac{1}{2}(\dfrac{1}{2})^{n-1}$ 收敛，且和为 $\dfrac{a}{1-q}=1$.

例 2 讨论级数 $\sum\limits_{n=2}^{\infty}\dfrac{1}{n(n-1)}$ 的收敛性.

解 $S_n=\dfrac{1}{1\times 2}+\dfrac{1}{2\times 3}+\cdots+\dfrac{1}{n(n-1)}$

$=(1-\dfrac{1}{2})+(\dfrac{1}{2}-\dfrac{1}{3})+\cdots+(\dfrac{1}{n-1}-\dfrac{1}{n})$

$=1-\dfrac{1}{n}$

由于 $\lim\limits_{n\to\infty}S_n=1$，所以级数 $\sum\limits_{n=2}^{\infty}\dfrac{1}{n(n-1)}$ 收敛且和为 1.

例 3 讨论级数 $\sum\limits_{n=1}^{\infty}\ln(1+\dfrac{1}{n})$ 的收敛性.

解 $S_n=\ln(1+1)+\ln(1+\dfrac{1}{2})+\ln(1+\dfrac{1}{3})+\cdots+\ln(1+\dfrac{1}{n})$

$=\ln\dfrac{2}{1}+\ln\dfrac{3}{2}+\ln\dfrac{4}{3}+\cdots+\ln\dfrac{n+1}{n}$

$=\ln(\dfrac{2}{1}\dfrac{3}{2}\dfrac{4}{3}\cdots\dfrac{n+1}{n})=\ln(1+n)$

因为 $\lim\limits_{x\to\infty}S_n=\lim\limits_{x\to\infty}\ln(1+n)=+\infty$，所以级数 $\sum\limits_{n=1}^{\infty}\ln(1+\dfrac{1}{n})$ 发散.

从上面的例子可看出，利用级数收敛的定义判断一个级数的收敛性是求其部分和 S_n 的极限，在一般情况下，求级数的前 n 项和 S_n 很难，因此需要寻找判别级数收敛的简单易行的办法. 为此先研究级数的基本性质.

8.1.2 数项级数的性质

性质 1 若常数 $k\neq 0$，则级数 $\sum\limits_{n=1}^{\infty}u_n$ 与 $\sum\limits_{n=1}^{\infty}ku_n$ 有相同的收敛性.

性质 2　若级数 $\sum\limits_{n=1}^{\infty} u_n$ 与 $\sum\limits_{n=1}^{\infty} v_n$ 均收敛，则级数 $\sum\limits_{n=1}^{\infty}(u_n \pm v_n)$ 也收敛，且 $\sum\limits_{n=1}^{\infty}(u_n \pm v_n) = \sum\limits_{n=1}^{\infty} u_n \pm \sum\limits_{n=1}^{\infty} v_n$．也就是说，两个收敛级数逐项相加或逐项相减所组成的新级数仍然收敛．

性质 3　增加、减少或改变级数的有限项，不改变级数的收敛性，但可能会改变收敛级数的和．

性质 4　（级数收敛的必要条件）如果级数 $\sum\limits_{n=1}^{\infty} u_n$ 收敛，则 $\lim\limits_{n\to\infty} u_n = 0$．

性质 4 表明，如果级数的一般项不趋于 0，则级数发散，这是判定级数发散的一种有效方法．

值得注意的是，级数的一般项趋于 0，并不是级数收敛的充分条件，有些级数虽然一般项趋于 0，但仍然是发散的，如例 3．

例 4　判别下列级数的收敛性．

（1）$\sum\limits_{n=1}^{\infty}\left(\dfrac{1}{2^n}+\dfrac{1}{3^n}\right)$
　　　　　　　　　　（2）$\dfrac{1}{2}+\dfrac{2}{3}+\dfrac{3}{4}+\cdots+\dfrac{n}{n+1}+\cdots$

解　（1）由例 1 知，级数 $\sum\limits_{n=1}^{\infty}\dfrac{1}{2^n}$ 和 $\sum\limits_{n=1}^{\infty}\dfrac{1}{3^n}$ 都收敛，根据性质 2，所以级数 $\sum\limits_{n=1}^{\infty}\left(\dfrac{1}{2^n}+\dfrac{1}{3^n}\right)$ 一定收敛．

（2）由于通项的极限 $\lim\limits_{n\to\infty} u_n = \lim\limits_{n\to\infty}\dfrac{n}{n+1}=1 \neq 0$，不满足级数收敛的必要条件，所以级数 $\sum\limits_{n=1}^{\infty}\dfrac{n}{n+1}$ 发散．

判定级数的敛散性是级数的一个基本问题，对于常数项级数的收敛性，下面将分为正项级数与任意项级数分别讨论．首先讨论正项级数的收敛性．

8.1.3 正项级数收敛的判别法

定义 2　如果级数 $\sum\limits_{n=1}^{\infty} u_n$ 的一般项 $u_n \geqslant 0 (n=1,2,\cdots)$，则称此级数为**正项级数**．

正项级数有一个明显的特点，即它的部分和数列 $\{S_n\}$ 是一个单调增加数列．容易证明，单调增加有上界数列必有极限．因此对正项级数来说，只要部分和数列 $\{S_n\}$ 有上界，则 $\lim\limits_{n\to\infty} S_n$ 一定存在，级数一定收敛．反之也成立．因此有如下定理：

定理 1　正项级数收敛的充分必要条件是它的部分和数列有上界．

下面给出正项级数收敛性的几个基本判别法．

1. 比较判别法

设有两个正项级数 $\sum_{n=1}^{\infty}u_n$ 和 $\sum_{n=1}^{\infty}v_n$，且从某一项开始恒有 $u_n \leq v_n$，则（1）若级数 $\sum_{n=1}^{\infty}v_n$ 收敛，$\sum_{n=1}^{\infty}u_n$ 也收敛；（2）若级数 $\sum_{n=1}^{\infty}u_n$ 发散，$\sum_{n=1}^{\infty}v_n$ 也发散．

也就是说，"大"的收敛，"小"的也收敛；"小"的发散，"大"的也发散．

例 5 判别调和级数 $\sum_{n=1}^{\infty}\dfrac{1}{n}$ 的收敛性．

解 显然调和级数是正项级数．利用不等式 $\ln(1+x) < x \ (x>0)$ 有 $\ln\left(1+\dfrac{1}{n}\right) < \dfrac{1}{n}(n=1,2,\cdots)$．注意到 $\sum_{n=1}^{\infty}\ln\left(1+\dfrac{1}{n}\right)$ 是正项级数，且由例 3 知道级数 $\sum_{n=1}^{\infty}\ln\left(1+\dfrac{1}{n}\right)$ 是发散的，所以由比较判别法知调和级数 $\sum_{n=1}^{\infty}\dfrac{1}{n}$ 是发散的．

例 6 求证 p 级数 $\sum_{n=1}^{\infty}\dfrac{1}{n^p} = 1 + \dfrac{1}{2^p} + \dfrac{1}{3^p} + \cdots + \dfrac{1}{n^p} + \cdots (p>0$ 常数$)$ 当 $p>1$ 时，级数收敛；当 $p \leq 1$ 时，级数发散．

证 显然 p 级数是正项级数．当 $p \leq 1$ 时，$\dfrac{1}{n^p} \geq \dfrac{1}{n}$．且调和级数 $\sum_{n=1}^{\infty}\dfrac{1}{n}$ 发散．由比较判别法知 p 级数 $\sum_{n=1}^{\infty}\dfrac{1}{n^p}$ 发散．

当 $p>1$ 时，$p-1>0$．对于任意的正整数 $n>1$，总有正整数 m，使 $n < 2^{m+1} - 1 = k$．于是有

$$S_n < S_k = 1 + \left(\dfrac{1}{2^p} + \dfrac{1}{3^p}\right) + \left(\dfrac{1}{4^p} + \dfrac{1}{5^p} + \dfrac{1}{6^p} + \dfrac{1}{7^p}\right) + \cdots + \left[\dfrac{1}{(2^m)^p} + \cdots + \dfrac{1}{(2^{m+1} \cdot 1)^p}\right]$$

$$< 1 + \dfrac{2}{2^p} + \dfrac{4}{4^p} + \cdots + \dfrac{2^m}{(2^m)^p} = 1 + \dfrac{1}{2^{p-1}} + \cdots + \dfrac{1}{(2^{p-1})^m}$$

$$= \dfrac{1 - \dfrac{1}{(2^{p-1})^{m+1}}}{1 - \dfrac{1}{2^{p-1}}} < \dfrac{1}{1 - \dfrac{1}{2^{p-1}}}$$

即 S_n 有上界，因此 p 级数收敛．

例 7 判别下列正项级数的收敛性．

(1) $\sum_{n=1}^{\infty} \dfrac{1}{n^2+1}$ (2) $\sum_{n=1}^{\infty} \dfrac{1}{2n-1}$

解（1）因为 $\dfrac{1}{n^2+1} < \dfrac{1}{n^2}$，且 $\sum_{n=1}^{\infty} \dfrac{1}{n^2}$ 收敛，由比较判别法知 $\sum_{n=1}^{\infty} \dfrac{1}{n^2+1}$ 收敛.

（2）因为 $\dfrac{1}{2n-1} > \dfrac{1}{2n}$，且 $\sum_{n=1}^{\infty} \dfrac{1}{2n} = \dfrac{1}{2}\sum_{n=1}^{\infty} \dfrac{1}{n}$ 发散，由比较判别法知 $\sum_{n=1}^{\infty} \dfrac{1}{2n-1}$ 发散.

利用比较判别法判定一个级数的收敛性时，必须恰当地选取一个已知敛散性的级数（一般选等比级数或 p 级数）与之比较，并建立比较判别法所要求的不等式. 而这往往需要将不等式的放大或缩小，常常是很麻烦的. 为克服这一困难，常用比较判别法的极限形式代替上述的比较判别法.

2. 比较判别法的极限形式

设有两个正项级数 $\sum_{n=1}^{\infty} u_n$ 和 $\sum_{n=1}^{\infty} v_n (v_n \neq 0)$，且 $\lim\limits_{n \to \infty} \dfrac{u_n}{v_n} = A$，则

（1）当 $0 < A < +\infty$ 时，级数 $\sum_{n=1}^{\infty} u_n$ 与 $\sum_{n=1}^{\infty} v_n$ 有相同的敛散性.

（2）当 $A = 0$ 时，若级数 $\sum_{n=1}^{\infty} v_n$ 收敛，则 $\sum_{n=1}^{\infty} u_n$ 收敛.

（3）当 $A = +\infty$ 时，若级数 $\sum_{n=1}^{\infty} v_n$ 发散，则 $\sum_{n=1}^{\infty} u_n$ 发散.

例 8 判别下列级数的收敛性.

（1）$\sum_{n=1}^{\infty} \sin\dfrac{\pi}{n}$ （2）$\sum_{n=1}^{\infty} \dfrac{1}{2n^2(2n-1)}$

解 （1）取 $u_n = \sin\dfrac{\pi}{n}$，$v_n = \dfrac{\pi}{n}$，由于 $\lim\limits_{n \to \infty} \dfrac{\sin\dfrac{\pi}{n}}{\dfrac{\pi}{n}} = 1 > 0$，且级数 $\sum_{n=1}^{\infty} \dfrac{\pi}{n}$ 发散，根据比较判别法的极限形式，可知级数 $\sum_{n=1}^{\infty} \sin\dfrac{\pi}{n}$ 也发散.

（2）因为 $\lim\limits_{n \to \infty} \dfrac{\dfrac{1}{2n^2(2n-1)}}{\dfrac{1}{n^3}} = \lim\limits_{n \to \infty} \dfrac{n^3}{4n^3 - 2n^2} = \dfrac{1}{4}$，且级数 $\sum_{n=1}^{\infty} \dfrac{1}{n^3}$ 收敛，所以级数 $\sum_{n=1}^{\infty} \dfrac{1}{2n^2(2n-1)}$ 收敛.

通过上面例题可以看到，利用比较判别法的极限形式来判断级数的收敛性，同样必须

适当选取一个已知敛散性的级数（如等比级数或 p 级数）．但要选哪个级数与所给级数进行比较往往很难确定．下面介绍利用级数本身的特点来判别级数的敛散性．

3. **比值判别法（达朗贝尔判别法）**

设正项级数 $\sum_{n=1}^{\infty} u_n$，如果满足 $\lim\limits_{n\to\infty}\dfrac{u_{n+1}}{u_n} = \rho(0 \leqslant \rho < +\infty)$，则

(1) 当 $\rho < 1$ 时，级数收敛．

(2) 当 $\rho > 1$ 时，级数发散，且 $\lim\limits_{n\to\infty} u_n = +\infty$．

(3) 当 $\rho = 1$ 时，级数可能收敛，也可能发散，此时比值判别法失效．

例 9 判断下列正项级数的收敛性．

(1) $\sum\limits_{n=1}^{\infty} \dfrac{n^n}{n!}$ 　　　　　　　　(2) $\sum\limits_{n=1}^{\infty} \dfrac{2n-1}{3n+1}$

解 (1) $\lim\limits_{n\to\infty}\dfrac{u_{n+1}}{u_n} = \lim\limits_{n\to\infty}\dfrac{(n+1)^{n+1}}{(n+1)!}\cdot\dfrac{n!}{n^n} = \lim\limits_{n\to\infty}(\dfrac{n+1}{n})^n = \lim\limits_{n\to\infty}(1+\dfrac{1}{n})^n = e > 1$，

根据比值判别法可知级数 $\sum \dfrac{n^n}{n!}$ 发散．

(2) $\lim\limits_{n\to\infty}\dfrac{u_{n+1}}{u_n} = \lim\limits_{n\to\infty}\dfrac{2n+1}{3n+4}\cdot\dfrac{3n+1}{2n-1} = 1$

比值判别法失效．因为 $\lim\limits_{n\to\infty} u_n = \lim\limits_{n\to\infty}\dfrac{2n-1}{3n+1} = \dfrac{2}{3} \neq 0$，所以级数 $\sum\limits_{n=1}^{\infty}\dfrac{2n-1}{3n+1}$ 发散．

8.1.4 交错级数的莱布尼兹判别法

定义 3 设 $u_n > 0(n = 1,2,3,\cdots)$，级数

$$\sum_{n=1}^{\infty}(-1)^{n-1}u_n = u_1 - u_2 + u_3 - u_4 + \cdots \text{ 或 } \sum_{n=1}^{\infty}(-1)^n u_n = -u_1 + u_2 - u_3 + u_4 - \cdots$$

称为**交错级数**．关于交错级数的敛散性有以下判别方法：

对于交错级数 $\sum\limits_{n=1}^{\infty}(-1)^{n-1}u_n$，如果满足

(1) $u_n \geqslant u_{n-1}(n = 1,2,\cdots)$

(2) $\lim\limits_{n\to\infty} u_n = 0$

则此交错级数收敛且其和 $S \leqslant u_1$．

这一判别法称**莱布尼兹判别法**，其条件称为**莱布尼兹条件**．

例 10 判别下列级数的收敛性.

(1) $\sum_{n=1}^{\infty}(-1)^{n-1}\dfrac{1}{n}$　　　　　　(2) $\sum_{n=2}^{\infty}(-1)^{n}\dfrac{\ln n}{n}$

解 (1) 这是交错级数. 因为 $u_n=\dfrac{1}{n}$，$u_{n+1}=\dfrac{1}{n+1}$，显然有 $u_n>u_{n+1}$ 以及 $\lim\limits_{n\to\infty}u_n=\lim\limits_{n\to\infty}\dfrac{1}{n}=0$，满足莱布尼兹条件，故交错级数 $\sum\limits_{n=1}^{\infty}(-1)^{n-1}\dfrac{1}{n}$ 收敛.

(2) 这是交错级数. $u_n=\dfrac{\ln n}{n}$，且满足 $\lim\limits_{n\to\infty}\dfrac{1}{n}=0$，下面证明满足 $u_n>u_{n+1}$：

考虑连续函数 $f(x)=\dfrac{\ln x}{x}(x\geqslant 2)$，由于 $f'(x)=\dfrac{1-\ln x}{x^2}$，当 $x\geqslant 2$ 时，$f'(x)<0$，即 $f(x)$ 单调递减，所以，级数从第 2 项起满足 $u_n>u_{n+1}$.

综上所述，交错级数 $\sum\limits_{n=2}^{\infty}(-1)^{n}\dfrac{\ln n}{n}$ 满足莱布尼兹条件，所以收敛.

8.1.5　一般数项级数的收敛性

定义 4　级数各项为任意实数（正数、负数、0）的级数称为一般项级数，也称任意项级数. 对于一般数项级数，有以下收敛性：

若任意数 $\sum\limits_{n=1}^{\infty}u_n$ 各项绝对值所组成的级数 $\sum\limits_{n=1}^{\infty}|u_n|$ 收敛，则称级数 $\sum\limits_{n=1}^{\infty}u_n$ 绝对收敛；若级数 $\sum\limits_{n=1}^{\infty}|u_n|$ 发散，而级数 $\sum\limits_{n=1}^{\infty}u_n$ 收敛，则称级数 $\sum\limits_{n=1}^{\infty}u_n$ 条件收敛.

注意：绝对收敛的级数必收敛.

例 11　判别下列级数的收敛性.

(1) $\sum\limits_{n=1}^{\infty}\dfrac{(-1)^n n^3}{2^n}$　　　　　　(2) $\sum\limits_{n=1}^{\infty}\dfrac{(-1)^{n+1}}{\sqrt{n}}$

解 (1) 对级数的每一项取绝对值，得正项级数 $\sum\limits_{n=1}^{\infty}\dfrac{n^3}{2^n}$，对此级数利用比值判别法，有

$$\lim_{n\to\infty}\dfrac{u_{n+1}}{u_n}=\lim_{n\to\infty}\dfrac{(n+1)^3}{2^{n+1}}\dfrac{2^n}{n^3}=\lim_{n\to\infty}\dfrac{1}{2}\left(\dfrac{n+1}{n}\right)^3=\dfrac{1}{2}<1$$

所以，级数 $\sum\limits_{n=1}^{\infty}\left|\dfrac{(-1)^n n^3}{2^n}\right|=\sum\limits_{n=1}^{\infty}\dfrac{n^3}{2^n}$ 收敛，因此任意项级数 $\sum\limits_{n=1}^{\infty}\dfrac{(-1)^n n^3}{2^n}$ 绝对收敛.

（2）每项取绝对值，得级数 $\sum_{n=1}^{\infty} \frac{1}{\sqrt{n}}$，由于 $p = \frac{1}{2} < 1$，根据 p 级数的结论知，$\sum_{n=1}^{\infty} \frac{1}{\sqrt{n}}$ 发散，所以原级数非绝对收敛. 注意到这是交错级数，而且

$$\lim_{n \to \infty} u_n = \lim_{n \to \infty} \frac{1}{\sqrt{n}} = 0, \quad u_n = \frac{1}{\sqrt{n}} > u_{n+1} = \frac{1}{\sqrt{n+1}},$$

满足莱布尼兹条件，可知该级数收敛，因此原级数条件收敛.

对于一般项级数的收敛性，往往先从判别其是否为绝对收敛开始，若不是绝对收敛，再看其是否为条件收敛.

习 题 8.1

1. 利用无穷级数的定义或基本性质判别下列级数收敛性.

(1) $\sum_{n=1}^{\infty} \frac{1}{(2n-1)(2n+1)}$

(2) $\sum_{n=1}^{\infty} \frac{1}{\sqrt{n+1} - \sqrt{n}}$

(3) $\sum_{n=1}^{\infty} \left(\frac{n+1}{n+2}\right)^n$

(4) $\sum_{n=1}^{\infty} \sqrt{\frac{n}{2n+1}}$

2. 用比较判别法判别下列级数的收敛性.

(1) $\sum_{n=1}^{\infty} \frac{1}{n^2 + 3}$

(2) $\sum_{n=1}^{\infty} \frac{1}{(2n-1)^2}$

(3) $\sum_{n=1}^{\infty} \frac{1}{(n+1)(n+4)}$

(4) $\sum_{n=1}^{\infty} \frac{1}{n!}$

3. 用比值判别法判别下列级数的收敛性.

(1) $\sum_{n=1}^{\infty} \frac{n+2}{2^n}$

(2) $\sum_{n=1}^{\infty} \frac{n^n}{n!}$

(3) $\sum_{n=1}^{\infty} n^2 \sin \frac{\pi}{2^n}$

(4) $\sum_{n=1}^{\infty} \frac{4^n}{n^2}$

4. 判别下列级数是否收敛. 如果收敛，是绝对收敛还是条件收敛？

(1) $1 - \frac{1}{\sqrt{2}} + \frac{1}{\sqrt{3}} - \frac{1}{2} + \cdots$

(2) $\frac{1}{\ln 2} - \frac{1}{\ln 3} + \frac{1}{\ln 4} - \frac{1}{\ln 5} + \cdots$

(3) $1 - \frac{1}{3^2} + \frac{1}{5^2} - \frac{1}{7^2} + \cdots$

(4) $\frac{1}{\pi^2} \sin \frac{\pi}{2} - \frac{1}{\pi^3} \sin \frac{\pi}{3} + \frac{1}{\pi^4} \sin \frac{\pi}{4} - \frac{1}{\pi^5} \sin \frac{\pi}{5}$

8.2 幂级数

8.2.1 幂级数及其收敛性

定义 5 形如

$$\sum_{n=0}^{\infty} a_n x^n = a_0 + a_1 x + a_2 x^2 + \cdots + a_n x^n + \cdots$$

的函数项级数称为**幂级数**. 其中常数 $a_0, a_1, a_2, \cdots, a_n, \cdots$ 称为幂级数的**系数**.

更一般形式的幂级数是

$$\sum_{n=0}^{\infty} a_n (x - x_0)^n = a_0 + a_1 (x - x_0) + a_2 (x - x_0)^2 + \cdots + a_n (x - x_0)^n + \cdots$$

但只要作平移代换,即作代换 $t = x - x_0$,便可化为 $\sum_{n=0}^{\infty} a_n t^n$ 形式的幂级数. 因此,下面重点讨论形如 $\sum_{n=0}^{\infty} a_n x^n$ 的幂级数,也称为 x 的幂级数(而幂级数 $\sum_{n=0}^{\infty} a_n (x - x_0)^n$ 也称为 $(x - x_0)$ 的幂级数).

取 $x = x_0$ 时幂级数 $\sum_{n=0}^{\infty} a_n x^n$,就成为常数项级数 $\sum_{n=0}^{\infty} a_n x_0^n$. 如果级数 $\sum_{n=0}^{\infty} a_n x_0^n$ 收敛,则称 x_0 是幂级数的**收敛点**,全体收敛点集合称为**收敛域**;若级数 $\sum_{n=1}^{\infty} a_n x_0^n$ 发散,则称 x_0 为幂级数的**发散点**,所有发散点的集合称为**发散域**.

幂级数 $\sum_{n=0}^{\infty} a_n x^n$ 在哪些点处收敛? 它的收敛域具有什么样的特征? 为得出相应结果,首先考察幂级数 $1 + x + x^2 + \cdots + x^n + \cdots$ 的敛散性.

注意到此级数是公比为 x 的等比级数,则当 $|x| < 1$ 时,该级数收敛;当 $|x| > 1$ 时,该级数发散. 因此,这个幂级数在开区间 $(-1, 1)$ 收敛,且当 x 在区间 $(-1, 1)$ 内取值时,有

$$1 + x + x^2 + \cdots + x^n + \cdots = \frac{1}{1 - x}$$

对于一般的幂级数 $\sum_{n=0}^{\infty} a_n x^n$,显然点 $x = 0$ 是收敛点,其和为 a_0. 对于任意点 x_0,幂级数 $\sum_{n=0}^{\infty} a_n x_0^n$ 是一个任意级数,可以利用比值判别法判定它的敛散性. 考察极限

$$\lim_{n \to \infty} \left| \frac{u_{n+1}}{u_n} \right| = \lim_{n \to \infty} \left| \frac{a_{n+1} x_0^{n+1}}{a_n x_0^n} \right| = \lim_{n \to \infty} \left| \frac{a_{n+1}}{a_n} \right| |x_0|$$

等式右端的极限中 $|x_0|$ 是给定的,a_n 是幂级数的系数,若 $\lim_{n \to \infty} \left| \frac{a_{n+1}}{a_n} \right| = \rho$(存在),则当 $\rho |x_0| < 1$ 时,点 x_0 是幂级数 $\sum_{n=0}^{\infty} a_n x^n$ 的收敛点;若 $\rho |x_0| > 1$,则 x_0 是幂级数 $\sum_{n=0}^{\infty} a_n x^n$ 的发散点;

$\rho|x_0|=1$，需分别讨论，因此有以下定理：

定理 2 已知幂级数 $\sum_{n=0}^{\infty} a_n x^n$，且

$$\lim_{n\to\infty}\left|\frac{a_{n+1}}{a_n}\right|=\rho,$$

（1）若 $0<\rho<+\infty$，则当 $|x|<\dfrac{1}{\rho}$ 时，幂级数 $\sum_{n=0}^{\infty} a_n x^n$ 绝对收敛；当 $|x|>\dfrac{1}{\rho}$ 时，幂级数 $\sum_{n=0}^{\infty} a_n x^n$ 发散．

（2）若 $\rho=0$，则对任一 x，幂级数 $\sum_{n=0}^{\infty} a_n x^n$ 绝对收敛．

（3）若 $\rho=+\infty$，则幂级数 $\sum_{n=0}^{\infty} a_n x^n$ 仅在 $x=0$ 处收敛．

这个定理说明，当 $0<\rho<+\infty$ 时，幂级数 $\sum_{n=0}^{\infty} a_n x^n$ 在开区间 $(-\dfrac{1}{\rho},\dfrac{1}{\rho})$ 内绝对收敛，在 $(-\infty,-\dfrac{1}{\rho})$、$(\dfrac{1}{\rho},+\infty)$ 内发散，在 $x=\dfrac{1}{\rho}$ 及 $x=-\dfrac{1}{\rho}$ 两点处可能收敛也可能发散．

令 $R=\dfrac{1}{\rho}$，称 R 为幂级数 $\sum_{n=0}^{\infty} a_n x^n$ 的**收敛半径**．开区间 $(-R,R)$ 称为幂级数的**收敛区间**．由以上定理可知，当 $\rho=0$ 时，幂级数处处收敛，规定收敛半径 $R=+\infty$，收敛区间为 $(-\infty,+\infty)$；当 $\rho=+\infty$ 时幂级数仅在 $x=0$ 处收敛，规定收敛半径 $R=0$，于是有以下求幂级数收敛半径的方法：

设幂级数 $\sum_{n=0}^{\infty} a_n x^n$，且 $\lim\limits_{n\to\infty}\left|\dfrac{a_{n+1}}{a_n}\right|=\rho$．

（1）若 $\rho\ne 0$，则 $R=\dfrac{1}{\rho}$．

（2）若 $\rho=0$，则 $R=+\infty$．

（3）若 $\rho=+\infty$，则 $R=0$．

例 12 求下列幂级数的收敛半径．

（1） $\sum_{n=1}^{\infty}(-1)^n \dfrac{x^n}{n}$ （2） $\sum_{n=1}^{\infty} n!\, x^n$

解 （1）因

$$\rho = \lim_{n\to\infty}\left|\frac{a_{n+1}}{a_n}\right| = \lim_{n\to\infty}\left|\frac{\frac{(-1)^{n+1}}{n+1}}{\frac{(-1)^n}{n}}\right| = \lim_{n\to\infty}\frac{n}{n+1} = 1$$

故收敛半径 $R = \dfrac{1}{\rho} = 1$.

（2）由于 $\rho = \lim\limits_{n\to\infty}\left|\dfrac{a_{n+1}}{a_n}\right| = \lim\limits_{n\to\infty}\left|\dfrac{(n+1)!}{n!}\right| = \lim\limits_{n\to\infty}(n+1) = +\infty$，所以收敛半径 $R = 0$.

例 13 求下列幂级数的收敛区间.

（1）$\sum\limits_{n=1}^{\infty}\dfrac{x^n}{n!}$ （2）$\sum\limits_{n=1}^{\infty}\dfrac{x^{2n-1}}{2^n}$ （3）$\sum\limits_{n=1}^{\infty}\dfrac{(x-3)^n}{n}$

解 （1）由于 $\rho = \lim\limits_{n\to\infty}\left|\dfrac{a_{n+1}}{a_n}\right| = \lim\limits_{n\to\infty}\left|\dfrac{n!}{(n+1)!}\right| = \lim\limits_{n\to\infty}\dfrac{1}{(n+1)} = 0$，故收敛半径 $R = +\infty$，因此幂级数收敛区间为 $(-\infty, +\infty)$.

（2）由于所给级数缺少 x 的偶次项，故不能直接用上述方法求级数的收敛半径. 因

$$\lim_{n\to\infty}\left|\frac{u_{n+1}(x)}{u_n(x)}\right| = \lim_{n\to\infty}\left|\frac{x^{2n+1}}{2^{n+1}}\frac{2^n}{x^{2n-1}}\right| = \frac{|x|^2}{2},$$

故当 $\dfrac{|x|^2}{2} < 1$，即 $|x| < \sqrt{2}$ 时，此幂级数绝对收敛；当 $\dfrac{|x|^2}{2} > 1$，即 $|x| > \sqrt{2}$ 时，此幂级数发散.

所以，收敛半径 $R = \sqrt{2}$，幂级数的收敛区间为 $(-\sqrt{2}, \sqrt{2})$.

（3）由于

$$\lim_{n\to\infty}\left|\frac{u_{n+1}(x)}{u_n(x)}\right| = \lim_{n\to\infty}\left|\frac{(x-3)^{n+1}}{(n+1)}\frac{n}{(x-3)^n}\right| = |x-3|$$

所以当 $|x-3| < 1$ 时收敛，$|x-3| > 1$ 时发散，收敛半径 $R = 1$. 因为 $-1 < x-3 < 1$，即 $2 < x < 4$，所以幂级数的收敛区间为 $(2,4)$.

注意到 $\rho = \lim\limits_{n\to\infty}\left|\dfrac{a_{n+1}}{a_n}\right| = \lim\limits_{n\to\infty}\left|\dfrac{\frac{1}{n+1}}{\frac{1}{n}}\right| = 1$，而 $\dfrac{1}{\rho} = 1 = R$，因此本例说明对于 $(x-x_0)$ 的幂级数 $\sum\limits_{n=0}^{\infty}a_n(x-x_0)^n$ 的函数半径也可用 x 的幂级数 $\sum\limits_{n=0}^{\infty}a_nx^n$ 的函数半径的求法来求.

8.2.2 幂级数运算性质

性质 1 设幂级数 $\sum\limits_{n=0}^{\infty}a_n x^n$ 与 $\sum\limits_{n=0}^{\infty}b_n x^n$ 的收敛半径为 R_1、$R_2 > 0$，记 $R=\min(R_1,R_2)$. 则有

$$\sum_{n=0}^{\infty}a_n x^n \pm \sum_{n=0}^{\infty}b_n x^n = \sum_{n=0}^{\infty}(a_n \pm b_n)x^n, \quad x\in(-R,R).$$

性质 2 幂级数 $\sum\limits_{n=0}^{\infty}a_n x^n$ 的和函数 $S(x)$ 在收敛区间上连续.

性质 3 设幂级数 $\sum\limits_{n=0}^{\infty}a_n x^n$ 的收敛半径为 R，则幂级数的和函数 $S(x)$ 在 $(-R,R)$ 内可以逐项求导，即

$$S'(x)=\left(\sum_{n=0}^{\infty}a_n x^n\right)'=\sum_{n=0}^{\infty}\int_0^x (a_n x^n)'=\sum_{n=1}^{\infty}na_n x^{n-1}, \quad x\in(-R,R)$$

性质 4 设幂级数 $\sum\limits_{n=0}^{\infty}a_n x^n$ 的收敛半径为 R，则幂级数的和函数 $S(x)$ 在 $(-R,R)$ 内可以逐项积分. 即

$$\int_0^x S(x)\mathrm{d}x = \int_0^x \sum_{n=0}^{\infty}a_n x^n \mathrm{d}x = \sum_{n=0}^{\infty}\int_0^x a_n x^n \mathrm{d}x = \sum_{n=0}^{\infty}\frac{a_n}{n+1}x^{n+1}, \quad x\in(-R,R)$$

应注意逐项积分或函数求导后所得到的幂级数和原级数有相同的收敛半径 R. 以上这些幂级数性质有助于求幂级数的和函数.

例 14 求幂级数 $\sum\limits_{n=1}^{\infty}\dfrac{(-1)^{n-1}}{n}x^n, x\in(-1,1)$ 的和函数.

解 该幂级数的函数半径为 1（请读者自求）.

现设 $S(x)=\sum\limits_{n=1}^{\infty}\dfrac{(-1)^{n-1}}{n}x^n = x-\dfrac{1}{2}x^2+\dfrac{1}{3}x^3-\cdots+\dfrac{(-1)^{n-1}}{n}+\cdots$,

则

$$S'(x)=\sum_{n=1}^{\infty}\left[\dfrac{(-1)^{n-1}}{n}x^n\right]' = \sum_{n=1}^{\infty}\dfrac{(-1)^{n-1}}{n}nx^n = 1-x+x^2-x^3+\cdots+(-1)^{n-1}x^{n-1}+\cdots$$

右端是首项为 1、公比为 $-x$ 的等比级数，其和为 $\dfrac{1}{1+x}$，$x\in(-1,1)$，即

$$S'(x)=\dfrac{1}{1+x},$$

由 $S(0)=0$，可得

$$S(x) = \int_0^x \frac{1}{1+x} dx = \ln(1+x), \quad x \in (-1,1).$$

例 15 求幂级数 $\sum_{n=0}^{\infty}(n+1)x^n, x \in (-1,1)$ 的和函数.

解 设 $S(x) = \sum_{n=0}^{\infty}(n+1)x^n = 1 + 2x + 3x^2 + \cdots + (n+1)x^n + \cdots$，因其函数半径为 1，故 $x \in (-1,1)$ 时有

$$\int_0^x S(x)dx = \sum_{n=1}^{\infty}\int_0^x (n+1)x^n dx = \sum_{n=1}^{\infty} x^{n+1} = x + x^2 + x^3 + \cdots x^{n+1} + \cdots$$

这是首项为 x、公比为 x 的等比级数，其和为 $\dfrac{x}{1-x}$，所以

$$S(x) = (\int_0^x S(x)dx)' = (\frac{x}{1-x})' = \frac{1}{(1-x)^2}, \quad x \in (-1,1)$$

习 题 8.2

1. 求下列幂级数的收敛半径及收敛区间：

(1) $\sum_{n=1}^{\infty} \dfrac{x^n}{2n!}$ 　　　　　　　　　　　(2) $\sum_{n=0}^{\infty} 4^n x^n$

(3) $\sum_{n=1}^{\infty} \dfrac{(-1)^{n-1}}{n^2+1} x^n$ 　　　　　　　(4) $\sum_{n=0}^{\infty} \dfrac{n!}{2^n} x^n$

(5) $\sum_{n=1}^{\infty} \dfrac{(x-3)^n}{\sqrt{n}}$ 　　　　　　　　(6) $\sum_{n=1}^{\infty} \dfrac{(-1)^n x^{2n}}{3^n+1}$

2. 求下列幂级数的收敛区间及和函数：

(1) $\sum_{n=1}^{\infty} \dfrac{x^{n+1}}{n(n+1)}$ 　　　　　　　　(2) $\sum_{n=1}^{\infty} \dfrac{1}{4n+1} x^{4n+1}$

(3) $\sum_{n=1}^{\infty} \left(\dfrac{x^2}{2}\right)^n$ 　　　　　　　　　(4) $\sum_{n=1}^{\infty} \dfrac{1}{2} n(n+1) x^{n-1}$

8.3　函数展开成幂级数

由于幂级数在收敛区间内确定了一个和函数，因此就有可能利用幂级数来表示函数. 对于给定的函数 $f(x)$，当它满足什么条件时，能用幂级数表示？这样的幂级数如果存在，其形式是怎样的？这些就是本节要讨论的问题.

8.3.1 泰勒级数

利用一元函数微分知识，可以证明（证明从略），若函数 $f(x)$ 在 $x=x_0$ 的某一邻域内具有直到 $(n+1)$ 阶的导数，则有 n 阶泰勒公式

$$f(x) = f(x_0) + f'(x_0)(x-x_0) + \frac{f''(x_0)}{2!}(x-x_0)^2 + \cdots + \frac{f^{(n)}(x_0)}{n!}(x-x_0)^n + R_n(x)$$

成立。其中 $R_n(x)$ 为拉格朗日型余项．

$$R_n(x) = \frac{f^{(n+1)}(\xi)}{(n+1)!}(x-x_0)^{n+1}$$

ξ 是 x 与 x_0 之间的某个值．这时，$f(x)$ 可以用 n 次泰勒多项式

$$p_n(x) = f(x_0) + f'(x_0)(x-x_0) + \frac{f''(x_0)}{2!}(x-x_0)^2 + \cdots + \frac{f^{(n)}(x_0)}{n!}(x-x_0)^n$$

来近似代替，并且误差等于 $|R_n(x)|$．显然，如果 $|R_n(x)|$ 随着 n 的增大而减小，那么就可以用增加泰勒多项式 $p_n(x)$ 项数的办法来提高精度．如果让 n 无限制的增大，那么这时 n 次泰勒多项式就成为一个幂级数了，下面来讨论在什么条件下，这个幂级数收敛于 $f(x)$．

设 $f(x)$ 在 $x=x_0$ 某个邻域内具有各阶导数，则把下列级数

$$f(x_0) + f'(x_0)(x-x_0) + \frac{f''(x_0)}{2!}(x-x_0)^2 + \cdots + \frac{f^{(n)}(x_0)}{n!}(x-x_0)^n + \cdots$$

称为 $f(x)$ 在 x_0 处的泰勒级数．

不难看出，$f(x)$ 的 n 次泰勒多项式 $p_n(x)$ 就是 $f(x)$ 的泰勒级数的前 $n+1$ 项部分和 $S_{n+1}(x)$．显然有

$$f(x) - S_{n+1}(x) = R_n(x)$$

由此可知，在所论邻域内，如果 $\lim_{n\to\infty} R_n(x) = 0$，那么

$$\lim_{n\to\infty}[f(x) - S_{n+1}(x)] = \lim_{n\to\infty} R_n(x) = 0$$

即 $f(x) = \lim_{n\to\infty} S_{n+1}(x)$，这表明 $f(x)$ 的泰勒级数收敛，且以 $f(x)$ 为和函数．

这样得到了下面的重要结论：

设 $f(x)$ 在 $x=x_0$ 的某个邻域内具有各阶导数，且 $f(x)$ 的泰勒公式中的余项 $R_n(x) \to 0 (n \to \infty)$，则在该邻域内，有

$$f(x) = f(x_0) + f'(x_0)(x-x_0) + \frac{f''(x_0)}{2!}(x-x_0)^2 + \cdots + \frac{f^{(n)}(x_0)}{n!}(x-x_0)^n + \cdots$$

并称之为 $f(x)$ 的泰勒级数展开式．

将函数展开成泰勒级数，也就是用幂级数表示函数，可以证明这种展开式是惟一的（证明从略）．因此 $f(x)$ 的泰勒级数展开式也称为 $f(x)$ 的幂级数展开式．

若 $x_0 = 0$，则 $f(x)$ 的泰勒级数展开式也称为麦克劳林级数展开式，也就是 x 的幂级数展开式，即

$$f(x) = f(x_0) + f'(0)x + \frac{f''(0)}{2!}x^2 + \cdots + \frac{f^{(n)}(0)}{n!}x^n + \cdots$$

8.3.2 函数展开成幂级数

下面着重讨论把函数展开成麦克劳林级数，其步骤如下．

（1）求出 $f(x)$ 的各阶导数 $f'(x)$，$f''(x)$，$\cdots$，$f^{(n)}(x)$，$\cdots$．

（2）求出 $f(0) + f'(0)$，$f''(0)$，$\cdots$，$f^{(n)}(0)\cdots$．

（3）求出幂级数

$$f(0) + f'(0)x + \frac{f''(0)}{2}x^2 \cdots + \frac{f^{(n)}(0)}{n!} + \cdots$$

的收敛半径 R．

（4）考察当 x 在收敛区间 $(-R, R)$ 内时余项 $R_n(x)$ 的极限

$$\lim_{n \to \infty} R_n(x) = \lim_{n \to \infty} \frac{f^{(n+1)}(\xi)}{(n+1)!} x^{n+1} \quad (\xi \text{ 在 } 0 \text{ 与 } x \text{ 之间})$$

是否为 0．如果为 0，那么第 3 步求出的幂函数就是函数 $f(x)$ 幂级数展开式．

例 16 将 $f(x) = e^x$ 展开成 x 的幂级数．

解 x 的幂级数，即为麦克劳林级数．显然由 $f^{(n)}(x) = e^x$，得 $f^{(n)}(0) = 1$

于是 $f(x)$ 的幂级数

$$1 + x + \frac{1}{2!}x^2 + \cdots + \frac{1}{n!}x^n + \cdots$$

它的收敛区间为 $(-\infty, +\infty)$．

对于任何有限实数 x，

$$R_n(x) = \frac{e^\xi}{(n+1)!} x^{n+1} \quad (\xi \text{ 在 } 0 \text{ 与 } x \text{ 之间})$$

$$|R_n(x)| = \left| \frac{e^\xi}{(n+1)!} x^{n+1} \right| \leq e^{|x|} \frac{|x|^{n+1}}{(n+1)!}.$$

因 $\dfrac{|x|^{n+1}}{(n+1)!}$ 是收敛级数 $\sum\limits_{n=1}^{\infty} \dfrac{|x|^{n+1}}{(n+1)!}$ 的通项，故

$$\lim_{n \to \infty} \frac{1}{(n+1)} |x|^{n+1} = 0$$

而 $e^{|x|}$ 是与 n 无关的有限正实数，于是

$$\lim_{n\to\infty}\frac{e^{|x|}}{(n+1)!}|x|^{n+1}=0$$

即 $\lim\limits_{n\to\infty}|R_n(x)|=0$，从而 e^x 的展开式为

$$e^x=1+x+\frac{1}{2!}x^2+\cdots+\frac{1}{n!}x^n+\cdots,\quad -\infty<x<+\infty$$

例 17　将函数 $f(x)=\sin x$ 展开成 x 的幂级数.

解　因为 $f^{(n)}(x)=\sin(x+\frac{n\pi}{2})$，$n=1,2,\cdots$，所以 $f^{(n)}(0)=\sin\frac{n\pi}{2}$，故 $f(x)$ 的幂级数为

$$x-\frac{1}{3!}x^3+\frac{1}{5!}x^5-\frac{1}{7!}x^7+\cdots+(-1)^{n-1}\frac{x^{2n-1}}{(2n-1)!}+\cdots$$

它的收敛区间为 $(-\infty,+\infty)$.

对于任何有限实数 x，上述级数是否收敛于 $\sin x$，只要检查 $R_n(x)$ 是否为 0. 因

$$R_n(x)=\frac{\sin\left(\xi+\frac{n+1}{2}\pi\right)}{(n+1)!}x^{n+1}\quad(\xi\text{在}0\text{与}x\text{之间})$$

显然有 $|R_n(x)|\leq\dfrac{|x|^{n+1}}{(n+1)!}$，由上题可知 $\lim\limits_{n\to\infty}R_n(x)=0$，从而得 $f(x)=\sin x$ 的幂级数展开式为

$$\sin x=x-\frac{1}{3!}x^3+\frac{1}{5!}x^5-\frac{1}{7!}x^7+\cdots+(-1)^{n-1}\frac{x^{2n-1}}{(2n-1)!}+\cdots,\quad x\in(-\infty,+\infty).$$

对于等比级数，有

$$1+x+x^2+x^3+x^4+\cdots+x^n+\cdots=\frac{1}{1-x},\quad x\in(-1,1).$$

因此 $f(x)=\dfrac{1}{1-x}$ 展开成 x 的幂级数为

$$\frac{1}{1-x}=1+x+x^2+x^3+x^4+\cdots+x^n+\cdots,\quad x\in(-1,1)$$

在以上将函数展开成幂级数的例子中，采用的是直接展开的方法. 用这种方法还可以求出二项式函数的幂级数（二项式级数）

$$(1+x)^\alpha=\sum_{n=1}^{\infty}\frac{\alpha(\alpha-1)\cdots(\alpha-n+1)}{n!}x^n,\quad x\in(-1,1)$$

其中 α 为常数.

用直接法将函数展开成 x 的幂级数是相当麻烦的. 一方面 n 阶导数的一般式不易写出，

另一方面证明余项趋于 0 也是一件较难的事. 所以除了几个常用函数的 x 的幂级数展开式外, 通常利用幂级数的基本性质及几个特殊展开式将初等函数展开为幂级数, 这种方法就是间接法. 下面举例说明这种间接展开法.

例 18 将 $f(x)=\cos x$ 展开成 x 的幂级数.

解 因为 $\sin x = x - \dfrac{1}{3!}x^3 + \dfrac{1}{5!}x^5 - \dfrac{1}{7!}x^7 + \cdots + (-1)^{n-1}\dfrac{x^{2n+1}}{(2n+1)!} + \cdots, \ x \in (-\infty, +\infty)$.

由幂级数的逐项求导性质可得

$$\cos x = (\sin x)' = \left[x - \dfrac{1}{3!}x^3 + \dfrac{1}{5!}x^5 - \dfrac{1}{7!}x^7 + \cdots + (-1)^{n-1}\dfrac{x^{2n+1}}{(2n+1)!} + \cdots \right]'$$

$$= 1 - \dfrac{1}{2!}x^2 + \dfrac{1}{4!}x^4 - \cdots + (-1)^{n-1}\dfrac{x^{2n}}{(2n)!} + \cdots,$$

于是 $f(x) = \cos x$ 的展开式为

$$\cos x = 1 - \dfrac{1}{2!}x^2 + \dfrac{1}{4!}x^4 - \cdots + (-1)^{n-1}\dfrac{x^{2n}}{(2n)!} + \cdots, \ x \in (-\infty, +\infty)$$

例 19 将 $\ln(1+x)$ 展开成 x 的幂级数.

解 因为 $\left[\ln(1+x)\right]' = \dfrac{1}{1+x}$, 而

$$\dfrac{1}{1-x} = 1 + x + x^2 + x^3 + \cdots + x^n + \cdots, \ x \in (-1,1)$$

故将 x 换成 $-x$, 即得

$$\dfrac{1}{1+x} = 1 - x + x^2 - x^3 + \cdots + (-1)^n x^n + \cdots, \ x \in (-1,1)$$

于是

$$\ln(1+x) = \int_0^x \left[\ln(1+x)\right]' dx = \int_0^x \dfrac{1}{1+x} dx$$

$$= \int_0^x \left[1 - x + x^2 - \cdots + (-1)^n x^n + \cdots \right] dx$$

$$= x - \dfrac{1}{2}x^2 + \dfrac{1}{3}x^3 - \cdots + (-1)^n \dfrac{x^{n+1}}{n+1} + \cdots, \ x \in (-1,1)$$

当 $x = 1$ 时,

$$x - \dfrac{1}{2}x^2 + \dfrac{1}{3}x^3 - \cdots + (-1)^n \dfrac{x^{n+1}}{n+1} + \cdots$$

为一交错级数,是收敛的. 于是有

$$\ln(1+x) = x - \frac{1}{2}x^2 + \frac{1}{3}x^3 + \cdots + (-1)^n \frac{x^{n+1}}{n+1} + \cdots, \quad x \in (-1, 1]$$

例 20 将 $f(x) = e^{-x^2}$ 展开成 x 的幂级数.

解 因为

$$e^x = 1 + x + \frac{1}{2!}x^2 + \cdots + \frac{1}{n!}x^n + \cdots, \quad x \in (-\infty, +\infty)$$

所以将 $-x^2$ 代入 x 即可得

$$e^{-x^2} = 1 - x^2 + \frac{1}{2}(-x^2)^2 - \cdots + \frac{1}{n!}(-x^2)^n + \cdots \quad x \in (-\infty, +\infty)$$

$$= 1 - x^2 + \frac{1}{2}x^2 \cdots + (-1)^n \frac{x^{2n}}{n!} + \cdots, \quad x \in (-\infty, +\infty)$$

例 21 将 $f(x) = \dfrac{1}{3-x}$ 在 $x = 1$ 处展开成泰勒级数.

解 先将 $\dfrac{1}{3-x}$ 变换成 $\dfrac{1}{1-t}$ 的形式

$$\frac{1}{3-x} = \frac{1}{2-(x-1)} = \frac{1}{2}\frac{1}{1-\frac{x-1}{2}}$$

令 $\dfrac{x-1}{2} = t$, 有

$$\frac{1}{3-x} = \frac{1}{2}\frac{1}{1-t} = \frac{1}{2}(1 + t + t^2 + \cdots + t^n + \cdots) = t \in (-1, 1)$$

将 t 换成 $\dfrac{x-1}{2}$ 有

$$\frac{1}{3-x} = \frac{1}{2}(1 + \frac{x-1}{2} + \frac{(x-1)^2}{2^2} + \cdots + \frac{(x-1)^n}{2^n} + \cdots), \quad x \in (-1, 3)$$

习 题 8.3

1. 用间接展开法将下列函数展开成 x 的幂级数.
   (1) $f(x) = e^{-x}$
   (2) $f(x) = a^x$ ($a > 0$)
   (3) $f(x) = \ln(2+x)$
   (4) $f(x) = \cos^2 x$

2. 将下列函数在指定点处展开成泰勒级数.
   (1) $f(x) = \dfrac{1}{x}$, $x_0 = 3$
   (2) $f(x) = \ln x$, $x_0 = 2$

复习题 8

一、选择题.

1. 已知级数 $\sum_{n=1}^{\infty} u_n$ 收敛，S_n 是它的前 n 项部分和，则级数的和是（   ）.

   A. S_n　　　　　B. u_n　　　　　C. $\lim\limits_{n\to\infty} S_n$　　　　　D. $\lim\limits_{n\to\infty} u_n$

2. 若级数 $\sum_{n=1}^{\infty} \dfrac{1}{n^{p+1}}$ 发散，则（   ）.

   A. $p \leqslant 0$　　　　　B. $P > 0$　　　　　C. $p \leqslant 1$　　　　　D. $P < 1$

3. 正项级数 $\sum_{n=1}^{\infty} u_n$ 和 $\sum_{n=1}^{\infty} v_n$ 满足关系式 $u_n \leqslant v_n$，则一定（   ）.

   A. 若 $\sum_{n=1}^{\infty} u_n$ 收敛，则 $\sum_{n=1}^{\infty} v_n$ 收敛　　　　　B. 若 $\sum_{n=1}^{\infty} v_n$ 收敛，则 $\sum_{n=1}^{\infty} u_n$ 收敛

   C. 若 $\sum_{n=1}^{\infty} u_n$ 发散，则 $\sum_{n=1}^{\infty} v_n$ 发散　　　　　D. 若 $\sum_{n=1}^{\infty} v_n$ 发散，则 $\sum_{n=1}^{\infty} u_n$ 发散

4. 下列级数中绝对收敛的是（   ）.

   A. $\sum_{n=1}^{\infty} (-1)^{n-1} \dfrac{1}{n}$　　　B. $\sum_{n=1}^{\infty} (-1)^{n-1} \dfrac{1}{2^n}$　　　C. $\sum_{n=1}^{\infty} (-1)^{n-1} n$　　　D. $\sum_{n=1}^{\infty} \sin \dfrac{n\pi}{3}$

5. 下列级数中收敛的是（   ）.

   A. $a - \dfrac{a}{2} + \dfrac{a}{3} - \dfrac{a}{4} + \cdots$　　　　　B. $\dfrac{1}{3} + \dfrac{1}{6} + \dfrac{1}{9} + \dfrac{1}{12} + \cdots$

   C. $1 + \dfrac{1}{2} + \dfrac{1}{3} + \dfrac{1}{4} + \cdots$　　　　　D. $\sum_{n=1}^{\infty} \dfrac{3^n + 2^n}{3^n}$

6. 幂函数 $x - \dfrac{x^3}{3} + \dfrac{x^5}{5} - \cdots$ 的收敛区间是（   ）.

   A. $[-1, 1]$　　　　　B. $[-1, 1)$
   C. $(-1, 1]$　　　　　D. $(-1, 1)$

7. 级数 $\sum_{n=1}^{\infty} \dfrac{1}{3^n} x^n$ 的收敛区间是（   ）.

   A. $\left[-\dfrac{1}{3}, \dfrac{1}{3}\right]$　　　B. $\left[-\dfrac{1}{3}, \dfrac{1}{3}\right]$　　　C. $[-3, 3]$　　　D. $[-3, 3]$

8. 已知 $\dfrac{1}{1-x} = \sum_{n=0}^{\infty} x^n$，$|x| < 1$，则 $\dfrac{1}{1+x^2}$ 的马克劳林展开式为（   ）.

   A. $1 + x^2 + x^4 + \cdots$　　　　　B. $-1 + x^2 - x^4 + \cdots$
   C. $-1 - x^2 - x^4 + \cdots$　　　　　D. $-1 - x^2 + x^4 + \cdots$

二、填空题.

1. 几何级数 $\sum_{n=1}^{\infty} q^{n-1}$（当 $|q|<1$ 时）收敛，其和 = _____.

2. 设级数 $\sum_{n=1}^{\infty}(1-u_n)$ 收敛，则 $\lim_{n\to\infty} u_n =$ _____.

3. 幂级数 $\sum_{n=1}^{\infty} \dfrac{x^n}{2^n}$ 的收敛半径是 _____.

4. 级数 $\sum_{n=0}^{\infty}(-1)^n \dfrac{x^{2n}}{(8n)!}$ 的和函数是 _____.

三、解答题.

1. 判断下列函数的收敛性.

（1）$\sum_{n=1}^{\infty}\left(\dfrac{\ln 2}{2}\right)^n$ 　　　　　（2）$\sum_{n=1}^{\infty} \dfrac{n^n}{n!}$

（3）$\sum_{n=1}^{\infty} \dfrac{1}{3^n - 2^n}$ 　　　　　（4）$\sum_{n=1}^{\infty}(-1)^n \dfrac{1}{\ln n}$

2. 求下列幂级数的收敛半径和收敛区间.

（1）$\sum_{n=0}^{\infty}(\ln x)^n$ 　　　　　（2）$\sum_{n=1}^{\infty} \dfrac{3^n}{n}(x-1)^n$

3. 将函数 $f(x) = \dfrac{x}{2+x}$ 展开成 x 的幂级数.

4. 将函数 $f(x) = \dfrac{1}{x+2}$ 展开成 $x-2$ 的幂级数.

5. 利用幂级数 $\sum_{n=0}^{\infty}(-1)^n x^{2n}$ 的逐项求导或逐项积分求级数 $\sum_{n=0}^{\infty}(-1)^n \dfrac{x^{2n+1}}{2n+1}(-1\leqslant x\leqslant 1)$（$1\leqslant x\leqslant 1$）的和函数，并求 $\sum_{n=0}^{\infty} \dfrac{(-1)^n}{2n+1}$.

第 9 章 Mathematica 数学软件简介

学习要求：
1. 初步认识 Mathematica 数学软件的基本功能.
2. 掌握用 Mathematica 数学软件进行微积分运算的基本技能.
3. 掌握用 Mathematica 数学软件作函数图形的基本方法.

Mathematica 是处理数学问题的一种应用软件，它的功能非常强大，几乎可以解决所有初等数学、高等数学中的问题. 本章结合教材内容，以 Mathematica 4.0 为例进行简单介绍，有兴趣的读者可以参考有关 Mathematica 的资料，进一步地学习提高.

9.1 算 术 运 算

在安装有 Mathematica 应用软件的计算机上，启动并进入 Mathematica 工作界面，就可以进行算术运算了，下面通过例子加以说明.

例 1 计算 15+6−11.

解 在工作窗口中输入 15+6−11，按小键盘 Enter，得到运算结果如下

In[1]: = 15+6 − 11
Out[1] = 10

其中"In[1]: = "称为系统提示符，方括号里的数字是输入表达式的编号，第一次为数字 1，以后为 2、3、…，等号后面为输入表达式．"Out[1] = "为系统运算结果显示符，方括号的数字与相应的输入一致，等号后面是计算结果. In 与 Out 以后的括号中的数字都是 Mathematica 自动生成的，不需专门输入.

在 Mathematica 中，"＋"、"－"、"×"、"÷"分别用"＋"、"－"、"*"、"/"、"a^b"表示，其中*可以用空格代替.

例 2 求 $100^{0.25} \times \left(\dfrac{1}{9}\right)^{-\frac{1}{2}} + 8^{-\frac{1}{3}} \times \left(\dfrac{5}{9}\right)^{0.5} \pi + \left(\dfrac{8}{9}\right)^0$ 的值.

解 In[2] = 100^0.25*(1/9)^(− 1/2)+8^(− 1/3)*(5/9)^0.5*Pi+(8/9)^0
Out[2] = 10.4868+0.333333Pi

上式用 Pi 表示圆周率 π，今后还会遇到 E 表示自然对数的 e = 2.718286…，用 Degree 表示角度 1°，用 I 表示虚数单位 i，用 Infinity 表示无穷大"∞"，它们都称为数学常数.

算式中若有一个参与运算的数是浮点数（即带有小数点的数），将被系统认可为求整个式子的近似值，结果以浮点数的形式给出（含有数学常数的式子除外）.

精确数转换的浮点数有以下方式：

N[a]——表示求数 a 的近似值，有效位数为 6 位.

a//N——与 N[a]的结果相同.

N[a,n]——求 a 的近似值，有效位数由 n 的取值确定.

例 3 用浮点数表示例 2 的结果.

解 In[2]: = N[%]

　　　Out[2] = 11.534

　　　In[3] = N[%%，16]

　　　Out[3] = 11.53403053170173

例 3 中的"%"、"%%"符号分别用于表示上次、上上次的计算结果，一般地用"%n"表示第 n 次输入的计算结果，即 Out[n]的值. 为了叙述方便，后面例子不再带有系统提示符.

9.2　代数式与代数运算

Mathematica 不仅能进行算术运算，而且也能进行代数公式运算，即符号运算. 如果想展开一个多项式，那么用 Expand 操作，即 Expand[多项式]；反过来，想将多项式因式分解，用 Factor 操作，即 Factor[多项式].

例 4 设有多项式 $p_1 = 2x^2 - 5x - 3$，$p_2 = x^2 - 9$.

(1) 将 $p_1 p_2$ 展开成单项式之和.

(2) 将 $p_1 p_2$ 因式分解.

解 In[1]: = p$_1$ = 2*x^2 − 5*x − 3

　　　Out[1] = − 3 − 5x+2x^2

　　　In[2]: = p$_2$ = x^2 − 9

　　　Out[2] = − 9+x^2

　　　In[3]: = p$_1$ * p$_2$

　　　Out[3] = (− 3 − 5x+ x^2)(− 9+ x^2)

　　　In[4]: = Expand[p$_1$ * p$_2$]

Out[4] = $27 + 45x - 21x^2 - 5x^3 + 2x^4$
In[5]:= Factor[$p_1 * p_2$]
Out[5] = $(3+x)(-3+x)^2(1+2x)$

这里的 Factor、Expand 都是 Mathematica 的代数式操作函数，它们不是数学意义上的函数，而是要求计算机做某种工作的命令，可以作用到表达式上，得到另一个表达式，完成一种数学演算．在这个系统中还有很多这种函数，比如作图函数和解方程函数．

Plot[f([x],{x,a,b})](*作 $y=f(x)$ 在区间$[a,b]$上的图形*)

Solve[$f(x)$ ==0,x](*求方程 $f(x)=0$ 的根*)

Solve[{f[x,y]==0,g[x,y]==0},{x,y}] (*求方程组 $\begin{cases} f(x,y)=0 \\ g(x,y)=0 \end{cases}$ 的解*)

例 5 解下列方程（组）．

（1）$x^2+2x-15=0$ （2）$\begin{cases} x^2+y^2=1 \\ x+3y=0 \end{cases}$

解 （1）$x^2+2x-15=0$

（2）键入：Solve[x^2+2x-15==0,x]，按小键盘 Enter 键，得

（3）$\begin{cases} x^2+y^2=1 \\ x+3y=0 \end{cases}$

键入：Solve[{x^2+y^2==1, x+3y==0}, {x,y}]

按小键盘 Enter 键，得

$$\{\{x \to -5\},\{x \to 3\}\}, \left\{\left\{x \to -\frac{3}{\sqrt{10}},\ y \to \frac{1}{\sqrt{10}}\right\},\left\{x \to \frac{3}{\sqrt{10}},\ y \to -\frac{1}{\sqrt{10}}\right\}\right\}$$

Mathematica 系统中，常用的数学函数如下：

（1）幂函数：Sprt[x]（$\sqrt{x}$）

（2）指数函数：Exp[x]（e^x）

（3）对数函数：Log[x]（ln$x$）

（4）三角函数：Sin[x],Cos[x],Tan[x], Cot[x],Sec[x],Csc[x]

（5）反三角函数：ArcSin[x],ArcCos[x],ArcTan[x],ArcCot[x],ArcSec[x],ArcCsc[x]

（6）双曲线函数：Sinh[x],Cosh[x],Tanh[x],Coth[x],Sech[x],Csch[x]

（7）反双曲线函数：ArcSinh[x],ArcCosh[x],ArcTanh[x],ArcCoth[x]，ArcSech[x],ArcCsch[x]

其他函数的名称要使用时可以从手册中查到．这里值得一提的是，输入函数名称时，第一个字母必须大写，若由几个段构成的（如 ArcSin[x]），则每一段第一个字母都必须大写，并且字符间不能有空格．

在运算过程中，有时需自定义函数，定义一元函数的规则如是："f[x_]:="或"f[x_]"的后面紧跟一个以 x 为自变量的表达式，其中"x_"称为形式参数.

例 6 设函数 $f(x)=x^2+1$，求 $f(2)$ 的值.

解：键入：f[x_] = x^2+1

按下小键盘 Enter 键，得 $1+x^2$.

再键入：f[x]/.{x→2}

按下小键盘 Enter 键，得 5.

9.3 微积分运算

Mathematica 系统为求导数、积分、级数展开等提供一批进行符号运算的函数，其格式如下.

Limt[f[x],x→x₀]   (*计算 $\lim\limits_{x \to x_0} f(x)$ *)

Limt[f[x],x→x₀，Direction→1]   (*计算 $\lim\limits_{x \to x_0^+} f(x)$ *)

Limt[f[x],x→x₀，Direction→ −1]   (*计算 $\lim\limits_{x \to x_0^-} f(x)$ *)

D[f,x] (*表示 f 对 x 求一阶导数或对 x 求一阶偏导数*)

D[f,{x,n}]   (*表示 f 对 x 求 n 阶导数或对 x 求 n 阶偏导数*)

D[f,x,y]   (*表示 f 对 x，y 求二阶混合偏导数*)

Integrate[f,x](*计算 $\int f(x)\mathrm{d}x$ *)

Integrate[f,{x,a,b}](*计算 $\int_a^b f(x)\mathrm{d}x$ *)

Integrate[f,{x,x_{min},x_{max}},{y,y_{min},y_{max}}]   (*计算 $\iint\limits_d f(x,y)\mathrm{d}x\mathrm{d}y$ *)

Dslove[eqn,y[x],x]   (*解 $y(x)$ 为未知函数的微分方程 eqn，x 为自变量*)

Dslove[eqn,y[a]==y[0],y[x],x](*求微分方程 eqn 满足初始条件 $y(a)=y_0$ 的特解*)

Series[f,{x,x₀,n}]   (*把函数 f 在 x_0 处展开到 x 的 n 次幂*)

例 7 求下列极限.

(1) $\lim\limits_{x \to 4} \dfrac{\sqrt{1+2x}-3}{\sqrt{x}-2}$

(2) $\lim\limits_{x \to 4} \dfrac{1-\cos x}{x^2}$

(3) $\lim\limits_{x \to \infty} \left(\dfrac{2x-1}{2x+1}\right)^{x+2}$

(4) $\lim\limits_{x \to 0^-} \dfrac{\sin ax}{\sqrt{1-\cos x}}$

解 （1） $\lim\limits_{x\to 4}\dfrac{\sqrt{1+2x}-3}{\sqrt{x}-2}$

键入：Limt[(sqrt[1+2*x]−3)/(sqrt[x]−2),x→4]，

按小键盘 Enter 键，得 $\dfrac{4}{3}$.

（2） $\lim\limits_{x\to 0}\dfrac{1-\cos x}{x^2}$

键入：Limt[(1−cos[x])/x^2,x→0]，

按小键盘 Enter 键，得 $\dfrac{1}{2}$.

（3） $\lim\limits_{x\to\infty}\left(\dfrac{2x-1}{2x+1}\right)^{x+2}$

键入：Limit[（(2*x−1)/(2*x+1)）^(x+2),x→Infinity]，

按小键盘 Enter 键，得 $\dfrac{1}{e}$.

（4） $\lim\limits_{x\to 0^-}\dfrac{\sin ax}{\sqrt{1-\cos x}}$

键入：Limit[sin[a*x]/sqrt(1−cos[x]),x→0,Direcxion→ −1]，

按小键盘 Enter 键，得 $\sqrt{2}a$.

例 8 求下列函数的导数.

（1） $y = x^3 + 4x^2 - 3$，求 y'.

（2） $y = e^{-x^2}$，求 y''.

（3） $z = x^2 y + y^2$，求 $\dfrac{\partial^2 z}{\partial x \partial y}$, $\dfrac{\partial^2 z}{\partial x^2}$, $\dfrac{\partial^2 z}{\partial x}$, $\dfrac{\partial^2 z}{\partial y^2}$.

解 （1） $y = x^3 + 4x^2 - 3$，键入：D[x^3+4x^2−3,x]，按小键盘 Enter 键，得 $3x^2 + 8x$.

（2） $y = e^{-x^2}$

键入：D[Exp(−x^2),{x,2}]，按小键盘 Enter 键，得 $2e^{-x^2}(2x-1)$.

（3） $z = x^2 y + y^2$

键入：D[x^2y+y^2,x,y]，按小键盘 Enter 键，得 $2x$.

键入：D[x^2y+y^2,{x,2}]，按小键盘 Enter 键，得 $2y$.

键入：D[x^2y+y^2,{y,2}]，按小键盘 Enter 键，得 2.

例9 求下列积分.

(1) $\int e^x dx$ (2) $\int_0^1 e^{-x} dx$

(3) $\int_0^{+\infty} e^{-x} dx$ (4) $\int_0^2 \int_0^x (x+y) dx dy$

解 (1) $\int e^{-x} dx$

键入：Integrate[Exp[−x],x]，按小键盘 Enter 键，得 $-e^{-x}$.

(2) $\int_0^1 e^{-x} dx$

键入：Integrate[Exp[−x],{x,0,1}]，按小键盘 Enter 键，得 $1-\dfrac{1}{e}$.

(3) $\int_0^{+\infty} e^{-x} dx$

键入：Integrate[Exp−x],{x,0,Infinity}]，按小键盘 Enter 键，得 1.

(4) $\int_0^2 \int_0^x (x+y) dx dy$

键入：Integrate[x+y,{x,0,2},{y,0,x}]，按小键盘 Enter 键，得 4.

例10 求解下列微分方程.

(1) $xy' = y + \dfrac{x}{\ln x}$

(2) $y'' - y' - 6y = 0$

(3) $y' = ay, y(0) = 1$

解 (1) $xy' = y + \dfrac{x}{\ln x}$

键入：DSolve[x*y′[x]==y[x]+$\dfrac{x}{\log[x]}$, y[x], x]，按小键盘 Enter 键，得 {{y[x] → x (C[1]+log[log[x]])}}

(2) $y'' - y' - 6y = 0$

键入：DSolve[y″[x]−y′[x]−6y[x]==0,y[x],x]，按小键盘 Enter 键，得 {{y[x] → e^{-2x}C[1]+ e^{3x}C[2]}}.

(3) $y' = ay, y(0) = 1$

键入：DSolve[{y′[x]==ay[x], y(0)==1},y[x],x]，按小键盘 Enter 键，得

{{y[x] → $\dfrac{x\cos[x]}{3}$+C[2]cos[2x]+ $\dfrac{2\sin[x]}{9}$ − C[1]sin[2x]}}

例11 将 $y = \ln(1+x)$ 在 $x = 2$ 处展开到 x 的 5 次幂.

解 键入：Serles[log[1+x], {x, 2, 5}]，按小键盘 Enter 键，得

$$\text{Log}[3] + \frac{-2+x}{3} - \frac{(-2+x)^2}{18} + \frac{(-2+x)^2}{18} - \frac{(-2+x)^3}{18} - \frac{(-2+x)^4}{324} + \frac{(-2+4)^5}{1215} + 0((-2+x)^6)$$

9.4 函数作图

Mathematica 系统不仅能进行代数运算和微积分运算,也能很方便地作函数图形,下面是几个常见的作函数图形的格式.

(1) 作 $y = f(x)$ 在 $[a,b]$ 上的图形,其格式为:

Plot[f[x],{x,a,b}]

(2) 作 $y = f_1(x), y = f_2(x), \cdots$ 在 $[a,b]$ 上的图形,其格式为:

Plot[{f_1[x],f_2[x],L},{x,a,b}]

(3) 作 $z = f(x,y)$ 在 $[a,b]\times[c,d]$ 上的图形,其格式为:

Plot3D[f [(x,y)]],{x,a,b},{y,c,d_3}]

(4) 作参数方程 $\begin{cases} x = x(u,v) \\ y = y(u,v) \\ z = z(u,v) \end{cases}$ $(a \le u \le b,\ c \le v \le d)$ 的图形,其格式为:

ParametricPlot3D[{x[u,v],y[u,v],z[u,v]} {u,a,b} {v,c,d}]

例 12 作 $y = \sin x$ 在 $[-2\pi, 2\pi]$ 上的图形.

解 键入: Plot[{Sin[x],{x,-2Pi,2Pi}]

按小键盘 Enter 键,得函数图形(图 9-1).

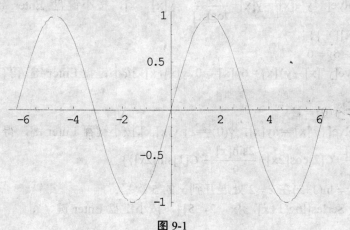

图 9-1

例 13 在 $[-2\pi, 2\pi]$ 上把 $y=\sin x$，$y=\cos x$，$y=\tan x$ 画在同一张图上.

解 键入：Plot[{Sin[x],Cos[x],Tan[x]},{x,-2Pi,2Pi}]

按小键盘 Enter 键，得函数图形（图 9-2）.

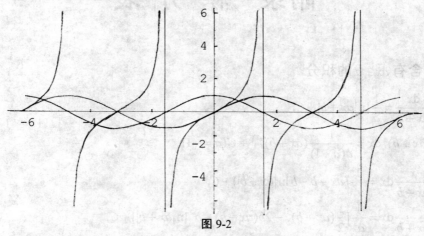

图 9-2

例 14 作 $y=\sqrt{x^2+y^2}$ 在 $[-5,5]\times[-5,5]$ 上的图形.

解 键入：Plot3D[Sin[Sqrt[x^2+y^2]],{x,-5,5},{y,-5,5}]

按小键盘 Enter 键，得函数图形（图 9-3）

例 15 作圆环面 $\begin{cases} x=(2-\cos u)\cos v \\ y=(2-\cos u)\sin v \\ z=\sin u \end{cases}$ $(0 \leqslant u \leqslant 2\pi, 0 \leqslant v \leqslant 2\pi)$ 的图形.

解 键入：

ParametricPlot3D[{(2-Cos[u])Cos[v],(2-Cos[u])Sin[v],Sin[u]},{u,0,2Pi},{v,0,2Pi}]，

按小键盘 Enter 键，得函数图形（图 9-4）.

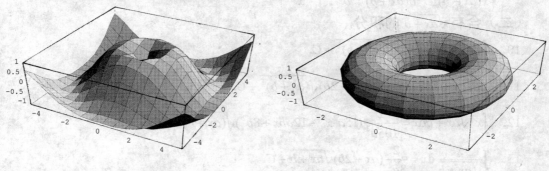

图 9-3 图 9-4

附录　积分表

（一）含有 $ax+b$ 的积分

1. $\displaystyle\int\frac{\mathrm{d}x}{ax+b}=\frac{1}{a}\ln|ax+b|+C.$

2. $\displaystyle\int(ax+b)^a\,\mathrm{d}x=\frac{1}{a(a+1)}(ax+b)^{a+1}+C\,(a\neq-1).$

3. $\displaystyle\int\frac{x}{ax+b}\,\mathrm{d}x=\frac{1}{a^2}(ax+b-b\ln|ax+b|)+C.$

4. $\displaystyle\int\frac{x}{ax+b}\,\mathrm{d}x=\frac{1}{a^3}[\frac{1}{2}(ax+b)^2-2b(ax+b)+b^2\ln|ax+b|]+C.$

5. $\displaystyle\int\frac{\mathrm{d}x}{x(ax+b)}=-\frac{1}{b}\ln\left|\frac{ax+b}{x}\right|+C.$

6. $\displaystyle\int\frac{\mathrm{d}x}{x^2(ax+b)}=-\frac{1}{bx}+\frac{a}{b^2}\ln\left|\frac{ax+b}{x}\right|+C.$

7. $\displaystyle\int\frac{x}{(ax+b)^2}\,\mathrm{d}x=\frac{1}{a^2}+[\ln|ax+b|+\frac{b}{ax+b}]+C.$

8. $\displaystyle\int\frac{x^2}{(ax+b)^2}\,\mathrm{d}x=\frac{1}{a^3}+[ax+b-2b\ln|ax+b|-\frac{b^2}{ax+b}]+C.$

9. $\displaystyle\int\frac{\mathrm{d}x}{x(ax+b)^2}=\frac{1}{b(ax+b)}-\frac{1}{b^2}\ln\left|\frac{ax+b}{x}\right|+C.$

（二）含有 $\sqrt{ax+b}$ 的积分

10. $\displaystyle\int\sqrt{ax+b}\,\mathrm{d}x=\frac{2}{3a}\sqrt{(ax+b)^3}+C.$

11. $\displaystyle\int x\sqrt{ax+b}\,\mathrm{d}x=\frac{2}{15a^2}(3ax-2b)\sqrt{(ax+b)^3}+C.$

12. $\displaystyle\int x^2\sqrt{ax+b}\,\mathrm{d}x=\frac{2}{105a^3}(15a^2x^2-12abx+8b^2)\sqrt{(ax+b)^3}+C.$

13. $\displaystyle\int\frac{x}{\sqrt{ax+b}}\,\mathrm{d}x=\frac{2}{3a^2}(ax-2b)\sqrt{ax+b}+C.$

14. $\int \dfrac{x^2}{\sqrt{ax+b}} dx = \dfrac{2}{15a^3}(3a^2x^2 - 4abx + 8b^2)\sqrt{ax+b} + C.$

15. $\int \dfrac{dx}{x\sqrt{ax+b}} = \begin{cases} \dfrac{1}{\sqrt{b}} \mathrm{Ln} \left| \dfrac{\sqrt{ax+b} - \sqrt{b}}{\sqrt{ax+b} + \sqrt{b}} \right| + C & b > 0. \\ \dfrac{2}{\sqrt{-b}} \arctan \sqrt{\dfrac{ax+b}{-b}} + C & b < 0. \end{cases}$

16. $\int \dfrac{dx}{x^2\sqrt{ax+b}} = -\dfrac{\sqrt{ax+b}}{bx} - \dfrac{a}{2b} \int \dfrac{dx}{x\sqrt{ax+b}}.$

17. $\int \dfrac{\sqrt{ax+b}}{x} dx = 2\sqrt{ax+b} + b \int \dfrac{dx}{x\sqrt{ax+b}}.$

18. $\int \dfrac{\sqrt{ax+b}}{x^2} dx = -\dfrac{\sqrt{ax+b}}{x} + \dfrac{a}{2} \int \dfrac{dx}{x\sqrt{ax+b}}.$

（三）含有 $x^2 \pm a^2$ 的积分

19. $\int \dfrac{dx}{x^2 + a^2} = \dfrac{1}{a} \arctan \dfrac{x}{a} + C, \ a \neq 0.$

20. $\int \dfrac{dx}{(x^2+a^2)^n} = \dfrac{x}{2(n-1)a^2(x^2+a^2)^{n-1}} + \dfrac{2n-3}{2(n-1)a^2} \int \dfrac{dx}{(x^2+a^2)^{n-1}}.$

21. $\int \dfrac{dx}{x^2 - a^2} = \dfrac{1}{2a} \mathrm{Ln} \left| \dfrac{x-a}{x+a} \right| + C.$

（四）含有 $ax^2 + b(a>0)$ 的积分

22. $\int \dfrac{dx}{ax^2+b} = \begin{cases} \dfrac{1}{2\sqrt{-ab}} \ln \left| \dfrac{\sqrt{a}x - \sqrt{-b}}{\sqrt{a}x + \sqrt{-b}} \right| + C & b < 0. \\ \dfrac{2}{\sqrt{ab}} \arctan \sqrt{\dfrac{a}{b}} x + C & b > 0. \end{cases}$

23. $\int \dfrac{x}{ax^2+b} dx = \dfrac{1}{2a} \ln |ax^2+b| + C.$

24. $\int \dfrac{x^2}{ax^2+b} dx = \dfrac{x}{a} - \dfrac{b}{a} \int \dfrac{dx}{ax^2+b}.$

25. $\int \dfrac{dx}{x(ax^2+b)} = \dfrac{1}{2b} \ln \dfrac{x^2}{|ax^2+b|} + C.$

26. $\int \dfrac{\mathrm{d}x}{x^2(ax^2+b)} = -\dfrac{1}{bx} - \dfrac{a}{b}\int \dfrac{\mathrm{d}x}{ax^2+b}.$

27. $\int \dfrac{\mathrm{d}x}{x^3(ax^2+b)} = \dfrac{a}{2b^2}\ln\dfrac{|ax^2+b|}{x^2} - \dfrac{1}{2bx^2} + C.$

28. $\int \dfrac{\mathrm{d}x}{(ax^2+b)^2} = \dfrac{x}{2b(ax^2+b)} + \dfrac{1}{2b}\int \dfrac{\mathrm{d}x}{ax^2+b}.$

（五）含有 $ax^2+bx+c\,(a>0)$ 的积分

29. $\int \dfrac{\mathrm{d}x}{ax^2+bx+c} = \begin{cases} \dfrac{1}{\sqrt{b^2-4ac}}\ln\left|\dfrac{2ax+b-\sqrt{b^2-4ac}}{2ax+b+\sqrt{b^2-4ac}}\right| + C & b^2>4ac. \\ \dfrac{2}{\sqrt{4ac-b^2}}\arctan\dfrac{2ax+b}{\sqrt{4ac-b^2}} + C & b^2<4ac. \end{cases}$

30. $\int \dfrac{x}{ax^2+bx+c}\mathrm{d}x = \dfrac{1}{2a}\ln|ax^2+bx+c| - \dfrac{b}{2a}\int \dfrac{\mathrm{d}x}{ax^2+bx+c}.$

（六）含有 $\sqrt{x^2+a^2}$ （$a>0$）的积分

31. $\int \dfrac{\mathrm{d}x}{\sqrt{x^2+a^2}} = \ln(x+\sqrt{x^2+a^2}) + C.$

32. $\int \dfrac{\mathrm{d}x}{\sqrt{(x^2+a^2)^3}} = \dfrac{x}{a^2\sqrt{x^2+a^2}} + C.$

33. $\int \dfrac{x}{\sqrt{x^2+a^2}}\mathrm{d}x = \sqrt{x^2+a^2} + C.$

34. $\int \dfrac{x}{\sqrt{(x^2+a^2)^3}}\mathrm{d}x = -\dfrac{1}{\sqrt{x^2+a^2}} + C.$

35. $\int \dfrac{x^2}{\sqrt{x^2+a^2}}\mathrm{d}x = \dfrac{x}{2}\sqrt{x^2+a^2} - \dfrac{a^2}{2}\ln(x+\sqrt{x^2+a^2}) + C.$

36. $\int \dfrac{x^2}{\sqrt{(x^2+a^2)^3}}\mathrm{d}x = -\dfrac{x}{\sqrt{x^2+a^2}} + \ln(x+\sqrt{x^2+a^2}) + C.$

37. $\int \dfrac{\mathrm{d}x}{x\sqrt{x^2+a^2}} = \dfrac{1}{a}\ln\dfrac{\sqrt{x^2+a^2}}{|x|} + C.$

38. $\int \dfrac{\mathrm{d}x}{x^2\sqrt{x^2+a^2}} = -\dfrac{\sqrt{x^2+a^2}}{a^2 x} + C.$

39. $\int \sqrt{x^2+a^2}\,dx = \dfrac{x}{2}\sqrt{x^2+a^2} + \dfrac{a^2}{2}\ln(x+\sqrt{x^2+a^2}) + C.$

40. $\int \sqrt{(x^2+a^2)^3}\,dx = \dfrac{x}{8}(2x^2+5a^2)\sqrt{x^2+a^2} + \dfrac{3a^4}{8}\ln(x+\sqrt{x^2+a^2}) + C.$

41. $\int x\sqrt{x^2+a^2}\,dx = \dfrac{1}{3}\sqrt{(x^2+a^2)^3} + C.$

42. $\int x^2\sqrt{x^2+a^2}\,dx = \dfrac{x}{8}(2x^2+a^2)\sqrt{x^2+a^2} - \dfrac{a^4}{8}\ln(x+\sqrt{x^2+a^2}) + C.$

43. $\int \dfrac{\sqrt{x^2+a^2}}{x}\,dx = \sqrt{x^2+a^2} + a\ln\dfrac{\sqrt{x^2+a^2}-a}{|x|} + C.$

44. $\int \dfrac{\sqrt{x^2+a^2}}{x^2}\,dx = -\dfrac{\sqrt{x^2+a^2}}{x} + \ln(x+\sqrt{x^2+a^2}) + C.$

（七）含有 $\sqrt{x^2-a^2}$ （$a>0$）的积分

45. $\int \dfrac{dx}{\sqrt{x^2-a^2}} = \ln\left|x+\sqrt{x^2-a^2}\right| + C.$

46. $\int \dfrac{dx}{\sqrt{(x^2-a^2)^3}} = -\dfrac{x}{a^2\sqrt{x^2-a^2}} + C.$

47. $\int \dfrac{x}{\sqrt{x^2-a^2}}\,dx = \sqrt{x^2-a^2} + C.$

48. $\int \dfrac{x}{\sqrt{(x^2-a^2)^3}}\,dx = -\dfrac{1}{\sqrt{x^2-a^2}} + C.$

49. $\int \dfrac{x^2}{\sqrt{x^2-a^2}}\,dx = \dfrac{x}{2}\sqrt{x^2-a^2} + \dfrac{a^2}{2}\ln\left|x+\sqrt{x^2-a^2}\right| + C.$

50. $\int \dfrac{x^2}{\sqrt{(x^2-a^2)^3}}\,dx = -\dfrac{x}{\sqrt{x^2-a^2}} + \ln\left|x+\sqrt{x^2-a^2}\right| + C.$

51. $\int \dfrac{dx}{x\sqrt{x^2-a^2}} = \dfrac{1}{a}\arccos\dfrac{a}{|x|} + C.$

52. $\int \dfrac{dx}{x^2\sqrt{x^2-a^2}} = \dfrac{\sqrt{x^2-a^2}}{a^2 x} + C.$

53. $\int \sqrt{x^2-a^2}\,dx = \dfrac{x}{2}\sqrt{x^2-a^2} - \dfrac{a^2}{2}\ln\left|x+\sqrt{x^2-a^2}\right| + C.$

54. $\int \sqrt{(x^2-a^2)^3}\,dx = \dfrac{x}{8}(2x^2-5a^2)\sqrt{x^2-a^2} + \dfrac{3a^4}{8}\ln\left|x+\sqrt{x^2-a^2}\right| + C.$

55. $\int x\sqrt{x^2-a^2}\,dx = \frac{1}{3}\sqrt{(x^2-a^2)^3} + C.$

56. $\int x^2\sqrt{x^2-a^2}\,dx = \frac{x}{8}(2x^2-a^2)\sqrt{x^2-a^2} - \frac{a^4}{8}\ln\left|x+\sqrt{x^2-a^2}\right| + C.$

57. $\int \frac{\sqrt{x^2-a^2}}{x}\,dx = \sqrt{x^2-a^2} - a\arccos\frac{a}{|x|} + C.$

58. $\int \frac{\sqrt{x^2-a^2}}{x^2}\,dx = -\frac{\sqrt{x^2-a^2}}{x} + \ln\left|x+\sqrt{x^2-a^2}\right| + C.$

（八）含有 $\sqrt{a^2-x^2}$ （$a>0$）的积分

59. $\int \frac{dx}{\sqrt{a^2-x^2}} = \arcsin\frac{x}{a} + C.$

60. $\int \frac{dx}{\sqrt{(a^2-x^2)^3}} = \frac{x}{a^2\sqrt{a^2-x^2}} + C.$

61. $\int \frac{x}{\sqrt{a^2-x^2}}\,dx = -\sqrt{a^2-x^2} + C.$

62. $\int \frac{x}{\sqrt{(a^2-x^2)^3}}\,dx = \frac{1}{\sqrt{a^2-x^2}} + C.$

63. $\int \frac{x^2}{\sqrt{a^2-x^2}}\,dx = -\frac{x}{2}\sqrt{a^2-x^2} + \frac{a^2}{2}\arcsin\frac{x}{a} + C.$

64. $\int \frac{x^2}{\sqrt{(a^2-x^2)^3}}\,dx = \frac{x}{\sqrt{a^2-x^2}} - \arcsin\frac{x}{a} + C.$

65. $\int \frac{dx}{x\sqrt{a^2-x^2}} = \frac{1}{a}\ln\frac{a-\sqrt{a^2-x^2}}{|x|} + C.$

66. $\int \frac{dx}{x^2\sqrt{a^2-x^2}} = -\frac{\sqrt{a^2-x^2}}{a^2 x} + C.$

67. $\int \sqrt{a^2-x^2}\,dx = \frac{x}{2}\sqrt{a^2-x^2} + \frac{a^2}{2}\arcsin\frac{x}{a} + C.$

68. $\int \sqrt{(a^2-x^2)}\,dx = \frac{x}{8}(5a^2-2x^2)\sqrt{a^2-x^2} + \frac{3a^4}{8}\arcsin\frac{x}{a} + C.$

69. $\int x\sqrt{a^2-x^2}\,dx = -\frac{1}{3}\sqrt{(x^2-a^2)} + C.$

70. $\int x^2\sqrt{a^2-x^2}\,dx = \frac{x}{8}(2x^2-a^2)\sqrt{a^2-x^2} + \frac{a^4}{8}\arcsin\frac{x}{a} + C.$

71. $\int \dfrac{\sqrt{a^2-x^2}}{x}\mathrm{d}x = \sqrt{a^2-x^2} + a\ln\dfrac{a-\sqrt{a^2-x^2}}{|x|} + C.$

72. $\int \dfrac{\sqrt{a^2-x^2}}{x^2}\mathrm{d}x = -\dfrac{\sqrt{a^2-x^2}}{x} - \arcsin\dfrac{x}{a} + C.$

（九）含有 $\sqrt{\pm ax^2+bx+c}$ （$a>0$）的积分

73. $\int \dfrac{\mathrm{d}x}{\sqrt{ax^2+bx+c}} = \dfrac{1}{\sqrt{a}}\ln\left|2ax+b+2\sqrt{a}\sqrt{ax^2+bx+c}\right| + C.$

74. $\int \sqrt{ax^2+bx+c}\,\mathrm{d}x = \dfrac{2ax+b}{4a}\sqrt{ax^2+bx+c} +$
$\dfrac{4ac-b^2}{8\sqrt{a^3}}\ln\left|2ax+b+2\sqrt{a}\sqrt{ax^2+bx+c}\right| + C.$

75. $\int \dfrac{x}{\sqrt{ax^2+bx+c}}\mathrm{d}x = \dfrac{1}{a}\sqrt{ax^2+bx+c} - \dfrac{b}{2\sqrt{a^3}}\ln\left|2ax+b+2\sqrt{a}\sqrt{ax^2+bx+c}\right|$
$+ 2\sqrt{a}\sqrt{ax^2+bx+c} + C.$

76. $\int \dfrac{\mathrm{d}x}{\sqrt{c+bx-ax^2}} = -\dfrac{1}{\sqrt{a}}\arcsin\dfrac{2ax-b}{\sqrt{b^2+4ac}} + C.$

77. $\int \sqrt{c+bx-ax^2}\,\mathrm{d}x = \dfrac{2ax-b}{4a}\sqrt{c+bx-ax^2} + \dfrac{b^2+4ac}{8\sqrt{a^3}}\arcsin\dfrac{2ax-b}{\sqrt{b^2+4ac}} + C.$

78. $\int \dfrac{x}{\sqrt{c+bx-ax^2}}\mathrm{d}x = -\dfrac{1}{a}\sqrt{c+bx-ax^2} + \dfrac{b}{2\sqrt{a^3}}\arcsin\dfrac{2ax-b}{\sqrt{b^2+4ac}} + C.$

（十）含有 $\sqrt{\pm\dfrac{x-a}{x-b}}$ 或 $\sqrt{(x-a)(b-x)}$ 的积分

79. $\int \sqrt{\dfrac{x-a}{x-b}}\,\mathrm{d}x = (x-b)\sqrt{\dfrac{x-a}{x-b}} + (b-a)\mathrm{Ln}(\sqrt{|x-a|} + \sqrt{|x-b|}) + C$

80. $\int \sqrt{\dfrac{x-a}{b-x}}\,\mathrm{d}x = (x-b)\sqrt{\dfrac{x-a}{b-x}} + (b-a)\arcsin\sqrt{\dfrac{x-a}{b-a}} + C.$

81. $\int \dfrac{\mathrm{d}x}{\sqrt{(x-a)(b-x)}} = 2\arcsin\sqrt{\dfrac{x-a}{b-a}} + C \quad (a<b).$

82. $\int \sqrt{(x-a)(b-x)}\,\mathrm{d}x = \dfrac{2x-a-b}{4}\sqrt{(x-a)(b-x)} + \dfrac{(b-a)^2}{4}\arcsin\sqrt{\dfrac{x-a}{b-a}} + C \quad (a<b).$

（十一）含有三角函数的积分

83. $\int \sin x \, dx = -\cos x + C.$

84. $\int \cos x \, dx = \sin x + C.$

85. $\int \tan x \, dx = -\ln|\cos x| + C.$

86. $\int \cot x \, dx = \ln|\sin x| + C.$

87. $\int \sec x \, dx = \ln\left|\tan\left(\dfrac{\pi}{4}+\dfrac{x}{2}\right)\right| + C = \ln|\sec x + \tan x| + C.$

88. $\int \csc x \, dx = \ln\left|\tan\dfrac{x}{2}\right| + C = \ln|\csc x - \cot x| + C.$

89. $\int \sec^2 x \, dx = \tan x + C.$

90. $\int \csc^2 x \, dx = -\cot x + C.$

91. $\int \sec x \tan x \, dx = \sec x + C.$

92. $\int \csc x \cot x \, dx = -\csc x + C.$

93. $\int \sin^2 x \, dx = \dfrac{x}{2} - \dfrac{1}{4}\sin 2x + C.$

94. $\int \cos^2 x \, dx = \dfrac{x}{2} + \dfrac{1}{4}\sin 2x + C.$

95. $\int \sin^n x \, dx = -\dfrac{1}{n}\sin^{n-1} x \cos x + \dfrac{n-1}{n}\int \sin^{n-2} x \, dx.$

96. $\int \cos^n x \, dx = \dfrac{1}{n}\cos^{n-1} x \sin x + \dfrac{n-1}{n}\int \cos^{n-2} x \, dx.$

97. $\int \dfrac{dx}{\sin^n x} = -\dfrac{1}{n-1}\dfrac{\cos x}{\sin^{n-1} x} + \dfrac{n-2}{n-1}\int \dfrac{dx}{\sin^{n-2} x}.$

98. $\int \dfrac{dx}{\cos^n x} = \dfrac{1}{n-1}\dfrac{\sin x}{\cos^{n-1} x} + \dfrac{n-2}{n-1}\int \dfrac{dx}{\cos^{n-2} x}.$

99. $\int \cos^m x \sin^n x \, dx = \dfrac{1}{m+n}\cos^{m-1} x \sin^{n+1} x \sin^{n+1} x + \dfrac{m-1}{m+n}\int \cos^{n-2} x \sin^n x \, dx$

$\qquad = -\dfrac{1}{m+n}\cos^{m+1} x \sin^{n-1} x + \dfrac{n-1}{m+n}\int \cos^m x \sin^{n-2} x \, dx.$

100. $\int \sin ax \cos bx \, dx = -\dfrac{1}{2(a+b)}\cos(a+b)x - \dfrac{1}{2(a-b)}\cos(a-b)x + C \quad (a \neq b).$

101. $\int \sin ax \sin bx \, dx = -\dfrac{1}{2(a+b)}\sin(a+b)x + \dfrac{1}{2(a-b)}\sin(a-b)x + C \quad (a \neq b).$

102. $\int \cos ax \cos bx \, dx = \dfrac{1}{2(a+b)}\sin(a+b)x + \dfrac{1}{2(a-b)}\sin(a-b)x + C \quad (a \neq b).$

103. $\int \dfrac{dx}{a + b\sin x} = \dfrac{2}{\sqrt{a^2 - b^2}} \arctan \dfrac{a\tan\dfrac{x}{2} + b}{\sqrt{a^2 - b^2}} + C \quad (a^2 > b^2).$

104. $\int \dfrac{dx}{a + b\sin x} = \dfrac{1}{\sqrt{b^2 - a^2}} \ln \left| \dfrac{a\tan\dfrac{x}{2} + b - \sqrt{b^2 - a^2}}{a\tan\dfrac{x}{2} + b + \sqrt{b^2 - a^2}} \right| + C \quad (a^2 < b^2).$

105. $\int \dfrac{dx}{a + b\cos x} = \dfrac{1}{a + b}\sqrt{\dfrac{a+b}{b-a}} \ln \left| \dfrac{\tan\dfrac{x}{2} + \sqrt{\dfrac{a+b}{b-a}}}{\tan\dfrac{x}{2} - \sqrt{\dfrac{a+b}{b-a}}} \right| + C \quad (a^2 < b^2).$

106. $\int \dfrac{dx}{a + b\cos x} = \dfrac{2}{a + b}\sqrt{\dfrac{a+b}{a-b}} \arctan \left(\sqrt{\dfrac{a-b}{a+b}} \tan\dfrac{x}{2} \right) + C \quad (a^2 > b^2).$

107. $\int \dfrac{dx}{a^2 \cos^2 x + b^2 \sin^2 x} = \dfrac{1}{ab} \arctan \left(\dfrac{b}{a} \tan x \right) + C.$

108. $\int \dfrac{dx}{a^2 \cos^2 x - b^2 \sin^2 x} = \dfrac{1}{2ab} \ln \left| \dfrac{b\tan x + a}{b\tan x - a} \right| + C.$

109. $\int x \sin ax \, dx = \dfrac{1}{a^2} \sin ax - \dfrac{1}{a} x \cos ax + C.$

110. $\int x^2 \sin ax \, dx = -\dfrac{1}{a} x^2 \cos ax + \dfrac{2}{a^2} x \sin ax + \dfrac{2}{a^3} x \cos ax + C.$

111. $\int x \cos ax \, dx = \dfrac{1}{a^2} \cos ax + \dfrac{1}{a} x \sin ax + C.$

112. $\int x^2 \cos ax \, dx = \dfrac{1}{a} x^2 \sin ax + \dfrac{2}{a^2} x \cos x - \dfrac{2}{a^3} \sin ax + C.$

（十二）含有反三角函数的积分（其中 $a > 0$）

113. $\int \arcsin \dfrac{x}{a} \, dx = x \arcsin \dfrac{x}{a} + \sqrt{a^2 - x^2} + C.$

114. $\int x \arcsin \dfrac{x}{a} \, dx = \left(\dfrac{x^2}{2} - \dfrac{a^2}{4} \right) \arcsin \dfrac{x}{a} + \dfrac{x}{4} \sqrt{a^2 - x^2} + C.$

115. $\int x^2 \arcsin \dfrac{x}{a} dx = \dfrac{x^3}{3} \arcsin \dfrac{x}{a} + \dfrac{1}{9}\left(x^2 + 2a^2\right)\sqrt{a^2 - x^2} + C.$

116. $\int \arccos \dfrac{x}{a} dx = x \arccos \dfrac{x}{a} - \sqrt{a^2 - x^2} + C.$

117. $\int x \arccos \dfrac{x}{a} dx = \left(\dfrac{x^2}{2} - \dfrac{a^2}{4}\right) \arccos \dfrac{x}{a} - \dfrac{x}{4}\sqrt{a^2 - x^2} + C.$

118. $\int x^2 \arccos \dfrac{x}{a} dx = \dfrac{x^3}{3} \arccos \dfrac{x}{a} - \dfrac{1}{9}\left(x^2 + 2a^2\right)\sqrt{a^2 - x^2} + C.$

119. $\int \arctan \dfrac{x}{a} dx = x \arctan \dfrac{x}{a} - \dfrac{a}{2} \ln\left(a^2 + x^2\right) + C.$

120. $\int x \arctan \dfrac{x}{a} dx = \dfrac{1}{2}\left(a^2 + x^2\right) \arctan \dfrac{x}{a} - \dfrac{a}{2} x + C.$

121. $\int x^2 \arctan \dfrac{x}{a} dx = \dfrac{1}{3} x^3 \arctan \dfrac{x}{a} - \dfrac{a}{6} x^2 + \dfrac{a^3}{6} \ln\left(a^2 + x^2\right) + C.$

(十三) 含有指数函数的积分

122. $\int a^x dx = \dfrac{1}{\ln a} a^x + C.$

123. $\int e^{ax} dx = \dfrac{1}{a} e^{ax} + C.$

124. $\int x e^{ax} dx = \dfrac{1}{a^2}(ax - 1) e^{ax} + C.$

125. $\int x^n e^{ax} dx = \dfrac{1}{a} x^n e^{ax} - \dfrac{n}{a} \int x^{n-1} e^{ax} dx.$

126. $\int x a^x dx = \dfrac{x}{\ln a} a^x - \dfrac{1}{(\ln a)^2} a^x + C.$

127. $\int x^n a^x dx = \dfrac{1}{\ln a} x^n a^x - \dfrac{n}{\ln a} \int x^{n-1} a^x dx.$

128. $\int e^{ax} \sin bx\, dx = \dfrac{1}{a^2 + b^2} e^{ax}(a \sin bx - b \cos bx) + C.$

129. $\int e^{ax} \cos bx\, dx = \dfrac{1}{a^2 + b^2} e^{ax}(b \sin bx + a \cos bx) + C.$

130. $\int e^{ax} \sin^n bx\, dx = \dfrac{1}{a^2 + b^2 n^2} e^{ax} \sin^{n-1} bx(a \sin bx - nb \cos bx) + \dfrac{n(n-1)b^2}{a^2 + b^2 n^2} \int e^{ax} \sin^{n-2} bx\, dx.$

131. $\int e^{ax} \cos^n bx\, dx = \dfrac{1}{a^2 + b^2 n^2} e^{ax} \cos^{n-1} bx(a \cos bx + nb \cos bx)$

$$+\frac{n(n-1)b^2}{a^2+b^2n^2}\int e^{ax}\cos^{n-2}bx\mathrm{d}x.$$

(十四) 含有对数函数的积分

132. $\int \ln x \mathrm{d}x = x\ln x - x + C.$

133. $\int \dfrac{\mathrm{d}x}{x\ln x} = \ln|\ln x| + C.$

134. $\int x^n \ln x \mathrm{d}x = \dfrac{1}{n+1}x^{n+1}\left(\ln x - \dfrac{1}{n+1}\right) + C.$

135. $\int (\ln x)^n \mathrm{d}x = x(\ln x)^n - n\int (\ln x)^{n-1} \mathrm{d}x.$

136. $\int x^m (\ln x)^n \mathrm{d}x = \dfrac{1}{m+1}x^{m+1}(\ln x)^n - \dfrac{n}{m+1}\int x^m (\ln x)^{n-1} \mathrm{d}x.$

(十五) 定积分

137. $\int_{-\pi}^{\pi} \cos nx \mathrm{d}x = \int_{-\pi}^{\pi} \sin nx \mathrm{d}x = 0.$

138. $\int_{-\pi}^{\pi} \cos mx \sin nx \mathrm{d}x = 0.$

139. $\int_{-\pi}^{\pi} \cos mx \cos nx \mathrm{d}x = \begin{cases} 0 & m \neq n. \\ \pi & m = n. \end{cases}$

140. $\int_{-\pi}^{\pi} \sin mx \sin nx \mathrm{d}x = \begin{cases} 0 & m \neq n. \\ \pi & m = n. \end{cases}$

141. $\int_{0}^{\pi} \sin mx \sin nx \mathrm{d}x = \int_{0}^{\pi} \cos mx \cos nx \mathrm{d}x = \begin{cases} 0 & m \neq n. \\ \dfrac{\pi}{2} & m = n. \end{cases}$

142. $I_n = \int_{0}^{\frac{\pi}{2}} \sin^n x \mathrm{d}x = \int_{0}^{\frac{\pi}{2}} \cos^n x \mathrm{d}x,\ I_n = \dfrac{n-1}{n}I_{n-2},\ I_1 = 1,\ I_0 = \dfrac{\pi}{2}.$

参 考 答 案

第 1 章

习 题 1.1

1. （1） $[3,9]$ （2） $(-\infty,0]$
   （3） $(2,+\infty)\cup(-\infty,-2)$ （4） $[-4,8]$
2. （1） $[-2,-1]\cup(-1,1)\cup(1,+\infty)$ （2） $[-1,0]\cup(0,1]$
   （3） $(-2,2)$ （4） $(-\infty,1)\cup(1,2)\cup(2,+\infty)$
3. $\varphi(\frac{\pi}{6})=\frac{1}{2}$, $\varphi(\frac{\pi}{4})=\frac{\sqrt{2}}{2}$, $\varphi(-\frac{\pi}{4})=\frac{\sqrt{2}}{2}$, $\varphi(-2)=0$
4. （1）奇函数   （2）偶函数
   （3）奇函数   （4）非奇非偶函数
5. （1） 6π （2） 2π
   （3）不是周期函数   （4）不是周期函数
6. （1）在 R 上为减函数   （2）在 $(-\infty,0]$ 上单调增，在 $[0,+\infty)$ 上单调减
7. （1） $y=-\sqrt{x}$ 定义域为 $[0,+\infty)$ （2） $y=\lg x-1$ 定义域为 $(0,+\infty)$
   （3） $y=\dfrac{1-x}{1+x}$ 定义域为 $(-\infty,-1)\cup(-1,+\infty)$ （4） $y=\sqrt{1+10^x}$ 定义域为 R

习 题 1.2

1. （1） $y=\sin u$, $u=3x$ 复合而成   （2） $y=u^2$, $u=\cos v$, $v=3x+1$ 复合而成
   （3） $y=\ln u$, $u=1+x^2$ 复合而成   （4） $y=2^u$, $u=\text{arctan}\,v$, $v=x^2$ 复合而成
2. $f(\cos x)=2+2\cos^2 x$
3. $\dfrac{x+1}{x+2}$
4. $V=\dfrac{\partial^2 R^3\sqrt{4\pi^2-\partial^2}}{24\pi^2}$

习 题 1.3

1. （1）无穷大量　　（2）无穷大量　　（3）无穷小量　　（4）无穷大量
2. （1）1　　（2）∞　　（3）$\dfrac{1}{6}$　　（4）2
   （5）$\dfrac{3}{5}$　　（6）2　　（7）-1　　（8）$\dfrac{1}{e}$
   （9）e　　（10）-1

习 题 1.4

1. 在[0,2]上连续
2. 2
3. （1）2　　（2）2　　（3）e^2　　（4）0
   （5）$\dfrac{2}{\pi}$　　（6）$\cos\partial$　　（7）1　　（8）e^3
4. $a=1$

复 习 题 1

一、选择题.

1. D　　2. A　　3. B　　4. D　　5. B
6. D　　7. C　　8. B　　9. B　　10. B

二、填空题.

1. $(0,+\infty)\cup(-\infty,0)$　　2. x^2+1　　3. 2^{x^2}　　4. 15　　5. 2
6. $\dfrac{5}{7}$　　7. -2　　8. $x=0, x=1$　　9. 1　　10. 2

三、解答题.

1. $a=1, b=c=0$
2. 偶函数
3. 1
5. （1）1　　（2）6
6. $C(x)=\begin{cases}10x & x\leqslant 20\\ 7x+60 & 20<x\leqslant 200\\ 5x+460 & x>200\end{cases}$

第 2 章

习 题 2.1

2. （1）切线方程 $x-4y+4=0$，法线方程 $4x+y-18=0$
   （2）切线方程 $y=-x$，法线方程 $y=x$
3. $a+b=1$
4. （1） $(0,0)$ （2） $(\frac{1}{2},\frac{1}{4})$ （3） $(1,1)$
5. $T'(t)$

习 题 2.2

1. （1） $4x-1$ （2） $1+\ln x$
   （3） $e^x(\cos x-\sin x)$ （4） $\tan x+x\sec^2 x-2\sec x\tan x$
   （5） $\dfrac{1-2\ln 3}{x^3}$

2. （1） $15(3x+1)^4$ （2） $x(1-x^2)^{\frac{3}{2}}$
   （3） $2\cos(2x+1)$ （4） $\dfrac{2x}{1+x^2}$
   （5） $2x\cos x^2+\sin 2x$ （6） $\dfrac{1}{x\ln x}$

3. （1） $\dfrac{2}{\sqrt{1-(1+2x)^2}}$ （2） $\dfrac{1}{x\sqrt{x^2-1}}$
   （3） $-\dfrac{1}{2}e^{\frac{x}{2}}\cos 3x-3e^{\frac{x}{2}}\sin 3x$ （4） $\dfrac{1}{2}\dfrac{1}{\sqrt{x-x^2}}e^{\arcsin\sqrt{x}}$

4. （1） $-\dfrac{y}{x+y}$ （2） $\dfrac{-2x\sin(x^2+y^2)}{1+2y\sin(x^2+y^2)}$
   （3） $\dfrac{xy\ln y-y^2}{xy\ln x-y^2}$ （4） $\dfrac{e^{x-y}-y}{x+e^{x-y}}$

5. （1） $\dfrac{2}{5}$ （2） $-\dfrac{1}{2}$

习 题 2.3

1. $\Delta y=0.0302, dy=0.03$
2. （1） $(6x+4)dx$ （2） $(\sin x+x\cos x)dx$

(3) $\dfrac{2}{1-x^2}\mathrm{d}x$ (4) $\dfrac{\arcsin x}{\sqrt{1-x^2}}\mathrm{d}x$

3. (1) $\dfrac{2}{t}$ (2) $\dfrac{t}{2}$

4. (1) 0.8747   (2) 1.0066

习 题 2.4

1. (1) 满足,$\pm\dfrac{\sqrt{3}}{3}$ (2) 满足,$\sqrt{\dfrac{4}{\pi}-1}$

2. (1) $\dfrac{3}{4}$ (2) 0   (3) $+\infty$

   (4) 2   (5) $\dfrac{1}{\sqrt{a}}$ (6) 0

习 题 2.5

1. (1) 单增   (2) 单减区间为 $(-\infty,-1)$,单增区间为 $(-1,+\infty)$

3. (1) 极大值 $y(-1)=-2$,极小值 $y(1)=2$ (2) 极小值 $y(1)=0$,极大值 $y(\mathrm{e}^2)=\dfrac{4}{\mathrm{e}^2}$

   (3) 极小值 $y\left(-\dfrac{1}{2}\ln 2\right)=2\sqrt{2}$ (4) 极大值 $y(1)=2$

习 题 2.6

1. (1) 最大值 2,最小值 -10 (2) 最大值 $\dfrac{3}{5}$,最小值 -1

2. $\dfrac{a}{6}$

习 题 2.7

1. (1) $(-\infty,1)$ 凹, $(1,+\infty)$ 凸, $(1,2)$ 拐点

   (2) $(-1,1)$ 凹, $(-\infty,1)$、$(1,+\infty)$ 凸, $(-1,\ln 2)$、$(1,\ln 2)$ 拐点

2. $a=-\dfrac{3}{2}$,$b=\dfrac{9}{2}$

3. 水平渐近线 $y=0$,垂直渐近线 $x=-3$ 和 $x=1$

习 题 2.8

1. (1) 80,265,185 (2) 95,45,−50
2. 需求量 $\dfrac{5}{4}$，最大利润 $\dfrac{25}{4}$
3. $1+x, 1-x$
4. (1) $-\dfrac{P}{4}$ (2) -0.875，-1，-1，125

复 习 题 2

一、选择题.

1. B 2. A 3. A 4. B
5. D 6. C 7. D 8. B
9. C 10. A

二、填空题.

1. $-\dfrac{1}{x^2}$ 2. $2e^x\cos x$ 3. 12
4. $\dfrac{1}{x^2}(\sin\dfrac{1}{x}-x)dx$ 5. $\dfrac{y-e^y}{xe^y-x}dx$ 6. $(-\infty,1]$
7. k 8. $(2,2e^{-2})$ 9. $(-\infty,\dfrac{2}{3}),(0,+\infty)$
10. $x=0$

三、解答题.

1. 在 $(-1,0)$ 内单调减少，在 $(0,+\infty)$ 内单调增加
2. 最大值 6，最小值 0
3. 4cm/s
4. $3\dfrac{2}{3}\sqrt{6}\pi$

第 3 章

习 题 3.1

1. (1) $-\dfrac{1}{x}+C$ (2) $-\cos x+C$ (3) e^x+C (4) $\arctan x+C$

   (5) $\dfrac{x^5}{5}+\dfrac{2}{3}x^3+x+C$ (6) $x-\arctan x+C$ (7) $2x+\dfrac{3(\dfrac{2}{3})^x}{\ln 3-\ln 2}+C$

（8） $\tan x - \sec x + C$

2. （1） 27m (2) 7.11s

习 题 3.2

1. （1） $-\dfrac{1}{2}\cos(2x+1)$ (2) $-3e^{-\frac{1}{3}x}+C$ (3) $\dfrac{1}{2}\sin^2 x + C$

   （4） $\arctan e^x + C$ (5) $-\dfrac{1}{3}\sqrt{2-3x^2}+C$ (6) $-2\sqrt{1-x^2}-\arcsin x + C$

2. （1） $\dfrac{1}{2}(x^2+1)\arctan x - \dfrac{1}{2}x + C$ (2) $\dfrac{1}{2}e^x(\sin x + \cos x) + C$

   （3） $\dfrac{1}{2}\sec x \tan x + \dfrac{1}{2}\ln|\sec x + \tan x| + C$ (4) $2(\sqrt{x}-1)e^{\sqrt{x}} + C$

   （5） $\dfrac{1}{2}[(x^2+1)\ln(x^2+1) - x^2] + C$ (6) $3e^{\sqrt[3]{x}}(\sqrt[3]{x^2} - 2\sqrt[3]{x} + 2) + C$

3. （1） $\dfrac{1}{12}(2x-3)^6 + C$ (2) $-\dfrac{1}{2}e^{-x^2} + C$

   （3） $\dfrac{1}{3}\sin^3 x - \dfrac{1}{5}\sin^5 x + C$ (4) $\sqrt{x^2-a^2} - a\cdot\arccos\dfrac{a}{x} + C$

   （5） $2(\sqrt{1+x} - \ln|1+\sqrt{1+x}|) + C$ (6) $\dfrac{2}{5}(x+1)^{\frac{5}{2}} - \dfrac{2}{3}(x+1)^{\frac{3}{2}} + C$

   （7） $\dfrac{1}{4}x^2 - \dfrac{1}{4}x\sin 2x - \dfrac{1}{8}\cos 2x + C$ (8) $2\sqrt{x+1}e^{\sqrt{x+1}} - 2e^{\sqrt{x+1}} + C$

   （9） $2\sin\sqrt{x} - 2\sqrt{x}\cos\sqrt{x} + C$ (10) $\tan x - \sec x + C$

4. $x\cos x - \sin x + C$
5. $xe^x - e^x + C$
6. $\dfrac{1}{2}xf(2x-1) - \dfrac{1}{4}f(2x-1) + C$

习 题 3.3

（1） $-\dfrac{1}{2ax^2} + \dfrac{b}{2a^2}Ln\left|\dfrac{a+bx^2}{x^2}\right| + C$ (2) $\arcsin\dfrac{x+1}{\sqrt{2}} + C$

（3） $-\dfrac{1}{4}\sin^3 x \cos x + \dfrac{3}{4}(\dfrac{x}{2} - \dfrac{1}{4}\sin 2x) + C$ (4) $-e^{-\frac{x}{2}} - \dfrac{1}{\sqrt{2}}\arctan\dfrac{e^{\frac{x}{2}}}{\sqrt{2}} + C$

习 题 3.4

1. （1） 2 (2) 0 (3) $\dfrac{\pi R^2}{4}$

2. (略)

3. (1) $e^{x^2} - x$ (2) $\dfrac{1}{2\sqrt{x}}\cos x(x+1)$

4. (1) $\dfrac{1}{2}\ln 2$ (2) 1 (3) $3e - \dfrac{7}{3}$ (4) $10 - \ln 2$

   (5) 1 (6) 4 (7) $\dfrac{\pi}{3a}$ (8) $\dfrac{8}{3}$

5. (1) $\dfrac{1}{3}$ (2) e

习 题 3.5

1. (1) $\dfrac{1}{4}\pi R^2$ (2) $\dfrac{\pi}{12}$ (3) $2 - \dfrac{\pi}{2}$ (4) $2\ln 2 - 1$

2. (1) $4(2\ln 2 - 2)$ (2) $\dfrac{1}{5}(e^\pi - 2)$ (3) 1 (4) $\dfrac{\pi^2}{4} - 2$

3. (1) 0 (2) $\dfrac{12}{5}$ (3) 0 (4) 0

4. (1) $\dfrac{5\pi}{3\pi}$ (2) $\dfrac{2}{5}$ (3) $\dfrac{16}{15}$ (4) 0

习 题 3.6

(1) $\dfrac{1}{3}$ (2) 发散 (3) $\dfrac{1}{2}$ (4) π

习 题 3.7

1. 32 2. $\dfrac{\pi^2}{4}$ 3. $18375\pi kJ$ 4. 10.76年

复 习 题 3

一、选择题.

1. B 2. B 3. D 4. C 5. B
6. D 7. D 8. D 9. A 10. A

二、填空题.

1. $\dfrac{1}{x}$ 2. $a^x \ln a + \dfrac{1}{2\sqrt{x}}$ 3. $xe^{-x} + e^{-x} + C$ 4. $\lg(2 + \cos x)$

5. 1 6. 1 7. $-\infty$ 8. $\dfrac{1}{2}$

9. $\dfrac{4}{3}$ 10. $\dfrac{3}{10}\pi$

三、解答题.

1.（1） $x^2+\dfrac{4}{3}x^{\frac{3}{2}}-x-2x^{\frac{1}{2}}+C$ （2） $\dfrac{1}{\ln 9e}9^x e^x+C$

（3） $\dfrac{1}{2}x+\sin\dfrac{x}{2}+C$ （4） $-\cot x-\tan x+C$

2.（1） $45\dfrac{1}{6}$ （2） $\dfrac{1}{2}(25-\ln 26)$ （3） $1+\ln 2-\ln(1+e)$ （4） $2(\sqrt{3}-1)$

3.（1） $\dfrac{1}{5}$ （2）发散 （3） $\dfrac{\pi}{2}$ （4） 2

4. $x+2$

5.（1） $A(1,1)$ （2） $y=2x-1$ （3） $V_x=\dfrac{\pi}{30}$

第4章

习 题 4.1

1.（1）一阶 （2）三阶 （3）一阶 （4）二阶
2.（1）不是 （2）是

习 题 4.2

1.（1） $y=Ce^{ax}$ （2） $e^y=e^x+C$

（3） $x^2y=4$ （4） $\ln y=\csc x-\cot x$

2.（1） $x+y=Cx^2$, $x=0$ （2） $x(y-x)=Cy$, $y=0$

（3） $y=Cx(x+y)$, $y=\pm x$ （4） $\sin\left(\dfrac{y}{x}\right)=Cx$

（5） $\ln\left[\dfrac{(x+y)}{x}\right]=Cx$ （6） $\arcsin\left(\dfrac{y}{x}\right)=\ln|Cx|$, $y=\pm x$

3. $R=R_0 e^{-0.000433t}$ （时间以年为单位）

4.（1） $y=e^{-x}(x+C)$ （2） $y=2+Ce^{-x^2}$ （3） $p=\dfrac{2}{3}+Ce^{-3\theta}$

（4） $y=C\cos x-2\cos^2 x$ （5） $y=x\sec x$ （6） $y=\dfrac{1}{x}(\pi-1-\cos x)$

（7） $y\sin x + 5e^{\cos x} = 1$　　　　（8） $2y = x^3 - x^3 e^{\frac{1}{x^2}-1}$

习 题 4.3

1. （1） $y = \dfrac{1}{6}x^3 - \sin x + C_1 x + C_2$　　　　（2） $y = (x-2)e^x + C_1 x + C_2$

　（3） $y = x\arctan x - \dfrac{1}{2}\ln(1+x^2) + C_1 x + C_2$　　　　（4） $y = C_1 e^x - \dfrac{1}{2}x^2 + C_2 - x$

　（5） $y = C_1 \ln|x| + C_2$　　　　（6） $y = -\ln|\cos(x+C_1)| + C_2$

　（7） $y = C_1 \operatorname{sh}\left(\dfrac{x}{C_1} + C_2\right)(y' > 1)$，　　$y = -C_1 \operatorname{sh}\left(\dfrac{x}{C_1} + C_2\right)(y' < -1)$，　　$y = C_1 \sin\left(\dfrac{x}{C_1} + C_2\right)(|y'| < 1)$

　（8） $C_1 y^2 - 1 = (C_1 x + C_2)^2$

2. $s = \dfrac{\ln \operatorname{ch}(uk^2 t)}{k^2}$,　　$k^2 = \dfrac{C^2}{m}$,　　$u^2 = \dfrac{g}{k^2}$

习 题 4.4

1. （1） $y = C_1 e^x + C_2 e^{-2x}$　　　　（2） $y = C_1 + C_2 e^{4x}$

　（3） $y = C_1 \cos x + C_2 \sin x$　　　　（4） $y = e^{-3x}(C_1 \cos 2x + C_2 \sin 2x)$

　（5） $x = (C_1 + C_2 t)e^{\frac{5}{2}t}$　　　　（6） $y = e^{2x}(C_1 \cos x + C_2 \sin x)$

　（7） $y = C_1 e^x + C_2 e^{-x} + C_3 \cos x + C_4 \sin x$　　　　（8） $y = (C_1 + C_2 x)e^x + (C_3 + C_4 x)e^{-x}$

2. （1） $y = 4e^x + 2e^{3x}$　　　　（2） $y = (2+x)e^{-\frac{x}{2}}$

3. （1） $y = C_1 e^{\frac{x}{2}} + C_2 e^{-x} + e^x$　　　　（2） $y = C_1 + C_2 e^{-\frac{5}{2}x} + \dfrac{1}{3}x^3 - \dfrac{3}{5}x^2 + \dfrac{7}{25}x$

　（3） $y = C_1 e^{-x} + C_2 e^{-2x} + \left(\dfrac{3}{2}x^2 + 3x\right)e^{-x}$　　　　（4） $y = (C_1 + C_2 x)e^{3x} + x^2\left(\dfrac{1}{6}x + \dfrac{1}{2}\right)e^{3x}$

4. $x = \dfrac{v_0}{\lambda}(1 - e^{-\lambda t})e^{\frac{1}{2}(\lambda - k_2)t}$，其中 $\lambda = \sqrt{k_2^2 + 4k_1}$

复 习 题 4

一、选择题.

1. D　2. B　3. A　4. C　5. D　6. B　7. C　8. B

二、填空题.

1. $\sqrt{y^2 - 1} = \arctan x + C$　　　　2. $e^{\tan \frac{x}{2}}$　　　　3. $y'' - y' - 2y = 0$

4. $-C_1 \ln |x| + C_2$ 5. $y = x^2$ 6. 0

三、解答题．

1. （1）$\ln^2 x + \ln^2 y = C$ （2）$3e^{-y^2} - 2e^{3x} = C$

   （3）$\tan \dfrac{y}{2} = Ce^{-2\sin x}$ （4）$e^x + \ln(1 - e^y) + C = 0$

   （5）$y = \dfrac{1}{6}x^3 \ln x - \dfrac{5}{36}x^3 + C_1 x + C_2$ （6）$y = \cos x + \sin y + C_1 x^2 + C_2 x + C_3$

   （7）$y = C_1(x + \dfrac{1}{3}x^3) + C_2$ （8）$y = C_1 x^2 + C_2$

2. （1）$\cos x = \sqrt{2} \cos y$ （2）$y = 2e^{-\sin x} - 1 + \sin x$

   （3）$y = \dfrac{x}{x+1}(x + 1 + \ln x)$ （4）$y = e^{-x} - e^{4x}$

   （5）$y = (x + 3)e^{-\frac{1}{3}x}$ （6）$y = 2\cos 5x + \sin 5x$

3. $xy = 2$

4. 略

5. $y = \dfrac{1}{6}x^3 + \dfrac{1}{2}x + 1$

6. $s = \dfrac{v_0^2}{2k}$

第 5 章

习 题 5.1

1. A 在第一象限，B 在第四象限，C 在第八象限，D 在 xOz 面，E 在 Z 轴，F 在第六象限．

2. （1）xOy 面的对称点 $(2,3,-4)$，xOz 面的对称点 $(2,-3,4)$，yOz 面的对称点 $(-2,3,4)$．
（2）x 轴的对称点 $(2,-3,-4)$，y 轴的对称点 $(-2,3,-4)$ z 轴的对称点 $(-2,-3,4)$．
（3）$(-2,-3,-4)$

3. $-\dfrac{1}{2}(a+b), \dfrac{1}{2}(a-b), \dfrac{1}{2}(a+b), -\dfrac{1}{2}(a-b)$．

4. （1）$(16, 0, -20)$ （2）$(3m+2n, 5m+2n, -m+2n)$

5. （1）-1 （2）-5 （3）3
（4）-1 （5）11，   （6）-31．

6. （1）$a \cdot b = -4$ $|a| = 3\sqrt{2}$，$|b| = 3$，$(a, b) = \arccos(-\dfrac{2}{9}\sqrt{2})$

7. （1）$-10\sqrt{2}$ （2）$-54 - 50\sqrt{2}$

8. $3, \sqrt{21}, \sqrt{14}$

9. $2; \dfrac{1}{2}, -\dfrac{1}{2}, -\dfrac{\sqrt{2}}{2}, \dfrac{1}{2}; 120°, 135°, 60°$

10. （1）$3i - 7j - 5k$　　　　（2）$18i - 42j - 30k$　　　（3）$-j - 2k$
　　（4）$-2i + k$　　　　　　（5）$3i - 7j - 5k$　　　　（5）$9i - 21j - 15k$

11. $\dfrac{\sqrt{2}}{2}$

12. $\pm \dfrac{1}{\sqrt{17}}(3i - 2j - 2k)$

习 题 5.2

1. （1）$3(x-1) - (y-1) + 2(z-1) = 0$　　　　　（2）$\dfrac{x}{2} - \dfrac{y}{3} - \dfrac{z}{1} = 1$
　（3）$x + 5y + 3z - 14 = 0$　　　　　　　　　　（4）$3x + 2y + 6z - 12 = 0$

2. （1）$x + 3y = 0$　　　　　　　（2）$x - y - 4 = 0$　　　　（3）$y + 5 = 0$

3. $x + 2y + 2z - 2 = 0$

4. $2, 6, -3;\ \dfrac{x}{2} + \dfrac{y}{6} + \dfrac{z}{-3} = 1$

5. 1

6. （1）$\dfrac{x-2}{3} = \dfrac{y+1}{-1} = \dfrac{z-4}{4}$　　　　　（2）$\dfrac{x-3}{9} = \dfrac{y-4}{-4} = \dfrac{z+4}{2}$
　（3）$\dfrac{x-3}{1} = \dfrac{y+2}{3} = \dfrac{z+1}{3}$

7. （1）$\dfrac{x}{4} = \dfrac{y-4}{1} = \dfrac{z+1}{3}$　　　　　　（2）$\dfrac{x+5}{2} = \dfrac{y-7}{6} = \dfrac{z}{1}$

8. $\dfrac{x-2}{3} = \dfrac{y+3}{-1} = \dfrac{z-4}{1}$

9. $\dfrac{x-3}{1} = \dfrac{y+3}{1} = \dfrac{z-5}{-3}$

10. $\theta = \arccos \dfrac{2}{15}$

习 题 5.3

1. 球心为 $(1, -2, -1)$，半径为 $R = \sqrt{6}$ 的球面.
2. $(x-3)^2 + (y+1)^2 + (z-1)^2 = 21$
3. （1）抛物柱面　　　　（2）双曲柱面　　　　（3）椭圆柱面　　　　（4）平面

4. (1) 由 $\begin{cases} \dfrac{x^2}{4} + \dfrac{y^2}{9} = 1 \\ z = 0 \end{cases}$ 或 $\begin{cases} \dfrac{x^2}{4} + \dfrac{z^2}{9} = 1 \\ y = 0 \end{cases}$ 绕 x 轴旋转而成.

(2) 由 $\begin{cases} x^2 - \dfrac{y^2}{4} = 1 \\ z = 0 \end{cases}$ 或 $\begin{cases} -\dfrac{y^2}{4} + z^2 = 1 \\ x = 0 \end{cases}$ 绕 y 轴旋转而成.

(3) 由 $\begin{cases} x^2 - y^2 = 1 \\ z = 0 \end{cases}$ 或 $\begin{cases} x^2 - z^2 = 1 \\ y = 0 \end{cases}$ 绕 x 轴旋转而成.

(4) 由 $\begin{cases} (z-a)^2 = x^2 \\ y = 0 \end{cases}$ 或 $\begin{cases} (z-a)^2 = y^2 \\ x = 0 \end{cases}$ 绕 z 轴旋转而成.

5. $z = x^2 + y^2 + 1$

6. $x^2 + z^2 = (y-1)^2$

7. (1) 椭球面　　(2) 椭圆抛物面　　(3) 椭圆抛物面　　(4) 球面

8. (1) $\begin{cases} \dfrac{z^2}{4} - \dfrac{y^2}{25} = \dfrac{5}{9} \\ x = z \end{cases}$ 双曲线　　(2) $\begin{cases} \dfrac{x^2}{9} + \dfrac{z^2}{4} = 2 \\ y = 5 \end{cases}$ 椭圆

(3) $\begin{cases} \dfrac{x^2}{9} - \dfrac{y^2}{25} = \dfrac{3}{4} \\ z = 1 \end{cases}$ 双曲线

复 习 题 5

一、选择题.

1. D;　　2. A;　　3. A;　　4. A;　　5. A;
6. D;　　7. C;　　8. B;　　9. C;　　10. D;

二、填空题.

1. $(-1, -6, -2)$;　　2. $\dfrac{1}{2}$　　3. $|a|\cdot|b|$，0;　　4. 2;

5. $\dfrac{x-1}{2} = \dfrac{y-z}{-1} = \dfrac{z+1}{1}$;　　6. $x - y - 3z - 4 = 0$;　　7. $\dfrac{\pi}{3}$

8. $\dfrac{1}{\sqrt{14}}$;　　9. $(1, -1, 0), \sqrt{3}$;　　10. $x^2 + y^2 = 1$

三、解答题.

1. (1) 8　　　　　　　　　　　　　　(2) $\pm\dfrac{\sqrt{70}}{2}$

(3) $\dfrac{1}{7}$　　　　　　　　　　　　(4) -2

2. (1) $\dfrac{x}{-2} = \dfrac{y-2}{3} = \dfrac{z-5}{2}$ (2) $\dfrac{x-1}{-1} = \dfrac{y-2}{2} = \dfrac{8}{5}$

   (3) $\dfrac{x-1}{1} = \dfrac{y+2}{-2} = \dfrac{z-5}{3}$ (4) $\dfrac{x+3}{1} = \dfrac{y-5}{1} = \dfrac{z}{-2}$

3. (1) $\begin{cases}(x-1)^2 + (y-3)^2 + (z-2)^2 = 4 \\ (x-2)^2 + (y-1)^2 + (z-5)^2 = 9\end{cases}$

   (2) $(x-5)^2 + (y+4)^2 + (z-1)^2 = x^2$ (3) $15x^2 + 16y^2 - z^2 = 0$

4. (1) $(x-2)^2 + (y-1)^2 + (z+4)^2 = 16$ (2) $x^2 + z^2 = 6y$

   (3) $y^2 = 5x$ (4) $x^2 + y^2 = 3z^2$

5. (1) 旋转抛物面 (2) 椭圆抛物面

   (3) 旋转抛物面 (4) 椭圆锥面

   (5) 两个相交平面 (6) 椭球面

第 6 章

习 题 6.1

1. $t^2 f(x,y)$ 2. $e^{xy}\sin(x+y)$ 3. $\dfrac{x^2 - xy}{2}$

4. (1) $D = \{(x,y) \mid 4x^2 + y^2 \geqslant 1\}$ (2) $D = \{(x,y) \mid x-y > 0,\ y \neq 0\}$

   (3) $D = \{(x,y) \mid 1 < x^2 + y^2 < 4\}$ (4) $D = \{(x,y) \mid |1-y| \leqslant 1,\ x-y > 0\}$

习 题 6.2

1. 8;   2. $e^2 dx + 2e^2 dy$

3. (1) $\dfrac{\partial z}{\partial x} = y + \dfrac{1}{y},\ \dfrac{\partial z}{\partial y} = x - \dfrac{x}{y^2}$ (2) $\dfrac{\partial z}{\partial x} = ye^{xy} + 2xy,\ \dfrac{\partial z}{\partial y} = xe^{xy} + x^2$

   (3) $\dfrac{\partial z}{\partial x} = \dfrac{x}{x^2+y^2},\ \dfrac{\partial z}{\partial y} = \dfrac{y}{x^2+y^2}$ (4) $\dfrac{\partial z}{\partial x} = -\dfrac{y}{x^2+y^2},\ \dfrac{\partial z}{\partial y} = \dfrac{x}{x^2+y^2}$

   (5) $\dfrac{\partial z}{\partial x} = 2 \cdot 3^{2x+y}\ln 3,\ \dfrac{\partial z}{\partial y} = 3^{2x+y}\ln 3$

   (6) $\dfrac{\partial z}{\partial x} = y[\cos(xy) - \sin(2xy)],\ \dfrac{\partial z}{\partial y} = x[\cos(xy) - \sin(2xy)]$

4. $\dfrac{\partial z}{\partial x} = e^{xy}[y\sin(x-y) + \cos(x-y)]\quad \dfrac{\partial z}{\partial y} = e^{xy}[x\sin(x-y) - \cos(x-y)]$

7. （1）$\dfrac{\partial^2 z}{\partial x^2} = \dfrac{4y}{(x-y)^3}$，$\dfrac{\partial^2 z}{\partial x \partial y} = -\dfrac{2(x+y)}{(x-y)^3}$，$\dfrac{\partial^2 z}{\partial y^2} = \dfrac{4x}{(x-y)^3}$

   （2）$\dfrac{\partial^2 z}{\partial x^2} = \dfrac{x+2y}{(x+y)^2}$，$\dfrac{\partial^2 z}{\partial x \partial y} = \dfrac{y}{(x+y)^2}$，$\dfrac{\partial^2 z}{\partial y^2} = -\dfrac{x}{(x+y)^2}$

8. （1）$\dfrac{\mathrm{d}z}{\mathrm{d}t} = (\sin t)^{\cos t-1} \cos^2 t - (\sin t)^{\cos t+1} \ln \sin t$

   （2）$\dfrac{\mathrm{d}z}{\mathrm{d}t} = -(\mathrm{e}^t + \mathrm{e}^{-t})$

   （3）$\dfrac{\mathrm{d}z}{\mathrm{d}t} = \dfrac{3-12t^2}{\sqrt{1-(3t-4t^3)^2}}$

9. （1）$\mathrm{d}z = 2xy\mathrm{d}x + (x^2+2y)\mathrm{d}y$ （2）$\mathrm{d}z = \dfrac{x}{\sqrt{x^2+y^2}}\mathrm{d}x + \dfrac{y}{\sqrt{x^2+y^2}}\mathrm{d}y$

   （3）$\mathrm{d}z = \dfrac{2x}{1+x^2+y^2}\mathrm{d}x + \dfrac{2y}{1+x^2+y^2}\mathrm{d}y$ （4）$\mathrm{d}z = \dfrac{1}{1+x^2y^2}(y\mathrm{d}x + x\mathrm{d}y)$

10. （1）$z'_x = \dfrac{yz}{z^2-xy}$，$z'_y = \dfrac{xz}{z^2-xy}$ （2）$\dfrac{\partial z}{\partial x} = \dfrac{1}{x+z}$，$\dfrac{\partial z}{\partial y} = \dfrac{z^2}{y(x+z)}$

    （3）$\dfrac{\mathrm{d}y}{\mathrm{d}x} = \dfrac{x+y}{x-y}$ （4）$\dfrac{\partial z}{\partial x} = \dfrac{y-\mathrm{e}^{x+z}}{\mathrm{e}^{x+z}-1}$，$\dfrac{\partial z}{\partial y} = \dfrac{x}{\mathrm{e}^{x+z}-1}$

11. （1）$\dfrac{\partial z}{\partial x} = \dfrac{1}{y}\dfrac{\partial z}{\partial u} + y\dfrac{\partial z}{\partial v}$ $\dfrac{\partial z}{\partial y} = -\dfrac{x}{y^2}\dfrac{\partial z}{\partial u} + x\dfrac{\partial z}{\partial v}$

    （2）$\dfrac{\partial z}{\partial x} = 2x\dfrac{\partial z}{\partial u} + y\mathrm{e}^{xy}\dfrac{\partial z}{\partial v}$ $\dfrac{\partial z}{\partial y} = -2y\dfrac{\partial z}{\partial u} + x\mathrm{e}^{xy}\dfrac{\partial z}{\partial v}$

习 题 6.3

1. 极大值 $f(3,-2) = 30$ 2. 极小值 $f(\dfrac{1}{2},-1) = -\dfrac{\mathrm{e}}{2}$

3. 极小值 $f(\dfrac{1}{2},\dfrac{1}{2}) = \dfrac{1}{2}$

4. 长、宽、高各为 $\sqrt[3]{2v}$、$\sqrt[3]{2v}$、$\dfrac{\sqrt[3]{2v}}{2}$

5. $\dfrac{19}{4}, \dfrac{13}{4}, 42\dfrac{7}{8}$

复 习 题 6

一、选择题.

1. D   2. C   3. A   4. C   5. A   6. B   7. B   8. C

二、填空题.

1. $\dfrac{x^2(1-y)}{1+y}$

2. $\ln(x+y)+\dfrac{x}{x+y}$, $\dfrac{x}{x+y}$, $\dfrac{y}{(x+y)^2}$

3. $(-2,2)$, 8

4. $(2x+x^2y)e^{xy}$, $x^3 e^{xy}$

5. dx

三、计算题.

1. （1） $D=\{(x,y)|x+y>0,\ x-y>0\}$ （2） $D=\{(x,y)|4x\geqslant y^2,\ 0<x^2+y^2<1\}$

2. （1） $z'_x=-\dfrac{y}{x^2+y^2}$, $z'_y=\dfrac{x}{x^2+y^2}$

　　（2） $z'_x=y^2(1+xy)^{y-1}$, $z'_y=(1+xy)^y\left[\ln(1+xy)+\dfrac{xy}{1+xy}\right]$

　　（3） $\dfrac{\partial z}{\partial x}=ye^{xy}+2xy$, $\dfrac{\partial z}{\partial y}=xe^{xy}+x^2$

3. （1） $\dfrac{\partial^2 z}{\partial x^2}=\dfrac{x+2y}{(x+y)^2}$, $\dfrac{\partial^2 z}{\partial y^2}=-\dfrac{x}{(x+y)^2}$, $\dfrac{\partial^2 z}{\partial x\partial y}=\dfrac{y}{(x+y)^2}$

　　（2） $\dfrac{\partial z}{\partial x}=-\dfrac{x}{3z}$, $\dfrac{\partial z}{\partial y}=-\dfrac{2y}{3z}$, $\dfrac{\partial^2 z}{\partial x\partial y}=-\dfrac{2xy}{9z^3}$

4. （1） 极小值 $f(5,2)=30$ 　　（2） 极大值 $f(0,0)=0$, 极小值 $f(2,2)=-8$

5. 最大值 $S\left(\dfrac{1}{2},\dfrac{1}{2}\right)=\dfrac{1}{4}$

6. 当直角两边都是 $\dfrac{L}{\sqrt{2}}$ 时，可得最大周长

第 7 章

习 题 7.1

1. $m=\iint\limits_{D}\rho(x,y)d\sigma$

2. (1) πR^2　(2) $\dfrac{2}{3}\pi$

3. （1） $\iint\limits_{D}(x+y)^2 d\sigma \geqslant \iint\limits_{D}(x+y)^3 d\sigma$

　　（2） $\iint\limits_{D}\ln(x+y)d\sigma \leqslant \iint\limits_{D}[\ln(x+y)]^2 d\sigma$

4. (1) $V = \iint_D 4(1-\dfrac{x}{2}-\dfrac{y}{3})\,d\sigma$, $D: 0 \leqslant x \leqslant 2,\ 0 \leqslant y \leqslant 3(1-\dfrac{x}{2})$

   (2) $V = \iint_D (2x^2+y)\,d\sigma$, $D: -2 \leqslant x \leqslant 2,\ x^2 \leqslant y \leqslant 4$

习 题 7.2

1. (1) $I = \int_0^4 dx \int_x^{2\sqrt{x}} f(x,y)\,dy = \int_0^4 dy \int_{\frac{y^2}{4}}^{y} f(x,y)\,dx$

   (2) $I = \int_1^2 dx \int_{\frac{1}{x}}^{x} f(x,y)\,dy = \int_{\frac{1}{2}}^{1} dy \int_{\frac{1}{y}}^{2} f(x,y)\,dx + \int_1^2 dy \int_y^2 f(x,y)\,dx$

   (3) $I = \int_0^1 dx \int_{x-1}^{1-x} f(x,y)\,dy = \int_{-1}^0 dy \int_0^{1+y} f(x,y)\,dx + \int_0^1 dy \int_0^{1-y} f(x,y)\,dx$

2. (1) $\dfrac{8}{3}$, (2) $\dfrac{6}{55}$, (3) $\dfrac{1}{2}$, (4) $-\dfrac{3}{2}\pi$, (5) 0 $\dfrac{1}{6}-\dfrac{1}{3e}$

3. (1) $\int_0^1 dx \int_0^{x^2} f(x,y)\,dy + \int_1^2 dx \int_0^{2-x} f(x,y)\,dy$

   (2) $\int_{-1}^2 dy \int_{y^2}^{y+2} f(x,y)\,dx$

   (3) $\int_{-1}^1 dx \int_0^{\sqrt{1-x^2}} f(x,y)\,dy$

4. $\int_0^1 dy \int_{\frac{y}{2}}^{y} e^{y^2}\,dx = \dfrac{1}{4}(e-1)$

5. $\dfrac{\pi}{4}(2\ln 2 - 1)$

6. $\dfrac{15}{4}\pi$

7. $-6\pi^2$

8. $\dfrac{40}{3}$

9. $\dfrac{\pi}{6}[(1+a)^{\frac{3}{2}} - 1]$

复 习 题 7

一、选择题.

1. D   2. C   3. D   4. A   5. B   6. C

二、填空题.

1. 面积   2. 0   3. $\int_0^1 dy \int_y^{\sqrt{y}} f(x,y)\,dx$ 4. 36π, 100π

5. $\int_0^{2\pi} d\theta \int_a^b f(r\cos\theta, r\sin\theta) r dr$

三、计算下列三重积分.

1. e^{-2} 2. $\dfrac{1}{12}$ 3. $\dfrac{1}{2}(1-\cos 2)$

4. $\dfrac{7}{4}$ 5. $\dfrac{1}{6}$ 6. $\dfrac{\pi}{16}$

7. $V = \iint\limits_D \sqrt{R^2 - x^2 - y^2} d\sigma$ 8. $\dfrac{15}{8}\pi$

第 8 章

习 题 8.1

1. （1）发散   （2）发散
　（3）收敛   （4）发散
2. （1）收敛   （2）收敛
　（3）收敛   （4）收敛
3. （1）收敛   （2）发散
　（3）收敛   （4）发散
4. （1）收敛，条件收敛   （2）收敛，条件收敛
　（3）收敛，绝对收敛   （4）收敛，绝对收敛

习 题 8.2

1. （1）$(-\infty, +\infty)$ （2）$(-\infty, +\infty)$
　（3）$(-1, 1)$ （4）$X = 0$
　（5）$(2, 4)$ （6）$(-\sqrt{3}, \sqrt{3})$
2. （1）$(-1, 1)$，$S(x) = (1-x)\ln(1-x) + x$ （2）$(-1, 1)$，$s(x) = \dfrac{1}{4}\ln\dfrac{1+x}{1-x} + \dfrac{1}{2}\arctan x - x$
　（3）$(-\sqrt{2}, \sqrt{2})$，$S(x) = \dfrac{2}{2-x}$ （4）$(-1, 1)$，$S(x) = \dfrac{1}{(1-x)^3}$

习 题 8.3

1. （1）$\sum\limits_{n=0}^{\infty} (-1)^{n-1} \dfrac{x^n}{n!}$，$x \in (-\infty, +\infty)$ （2）$\sum\limits_{n=0}^{\infty} \dfrac{(x\ln a)^n}{n!}$，$x \in (-\infty, +\infty)$

参考答案　237

(3) $\ln 2+\sum_{n=1}^{\infty}(-1)^{n-1}\frac{1}{n}(\frac{x}{2})^n$, $x\in(-2,2)$

(4) $\frac{1}{2}+\frac{1}{2}\sum_{n=1}^{\infty}(-1)^n\frac{(2x)^{2n}}{(2n)!}$, $x\in(-\infty,+\infty)$

2. (1) $\sum_{n=0}^{\infty}\frac{(-1)^n}{3^{n+1}}(x-3)^n$, $x\in(0,6)$

(2) $\ln 2+\sum_{n=1}^{\infty}(-1)^{n-1}\frac{1}{n2^n}(x-2)^n$, $x\in(0,4)$

复习题 8

一、选择题.

1. C　　　2. A　　　3. B　　　4. B

5. A　　　6. A　　　7. D　　　8. D

二、填空题.

1. $\frac{1}{1-q}$　　2. 1　　3. 2　　4. $\cos x$

三、解答题.

1. (1) 收敛　　(2) 发散　　(3) 收敛　　(4) 条件收敛

2. (1) $R=1$, $x\in(\frac{1}{e},e)$

(2) $R=\frac{1}{3}$, $\left[\frac{2}{3},\frac{4}{3}\right]$

3. $f(x)=\sum_{n=0}^{\infty}\frac{(-1)^n}{2^{n+1}}x^{n+1}$ $(-2<x<2)$

4. $f(x)=\sum_{n=0}^{\infty}\frac{(-1)^n}{4^{n+1}}(x-2)^n$ $(-2<x<6)$

5. $\sum_{n=0}^{\infty}\frac{(-1)^n x^{2n+1}}{2n+1}(-1\leqslant x\leqslant 1)=\arctan x$, $\sum_{n=0}^{\infty}\frac{(-1)^n}{2n+1}=\frac{\pi}{4}$

$f(x)=f(0)+f'(0)x+\frac{f''(0)x^2}{2!}+\cdots+\frac{f^{(n)}(0)}{n!}x^n+\cdots$, $x\in(-R,R)$